阅城读色

——城市色彩的地理漫步

When City Meets Color—
A Tour of Urban Colors

郭红雨　著

中国建筑工业出版社

图书在版编目（CIP）数据

阅城读色——城市色彩的地理漫步／郭红雨著．—北京：中国建筑工业出版社，2018.11
　　ISBN 978-7-112-22847-8

Ⅰ．①阅… Ⅱ．①郭… Ⅲ．①城市规划－色彩－研究 Ⅳ．①TU984

中国版本图书馆CIP数据核字（2018）第236712号

责任编辑：李　东　陈海娇
版式设计：谭嘉瑜　锋尚设计
责任校对：王　烨

阅城读色——城市色彩的地理漫步
郭红雨　著
*
中国建筑工业出版社出版、发行（北京海淀三里河路9号）
各地新华书店、建筑书店经销
北京锋尚制版有限公司制版
北京富诚彩色印刷有限公司印刷
*
开本：889×1194毫米　1/20　印张：15⅜　字数：360千字
2019年2月第一版　2019年2月第一次印刷
定价：**168.00**元
ISBN 978－7－112－22847－8
　　（32948）

摘要

自改革开放以来，我国的城镇化进程一直处于加速发展期。尤其是近十余年来，高速的城镇建设与不可阻挡的全球化浪潮结伴而来，让我们的城镇在日新月异的变化中，渐趋同质化和无个性化。在这样的时代背景下，本书提出了城市色彩地方特征的表达意义，阐述了地域性城市色彩对地方个性保存与传扬的价值；论述了寻找城市色彩地方色谱，对于解析独特地方基因、诠释城市文脉的重要作用；论证了探寻地域性城市色彩谱系，是保护独特城市色彩风貌、延续城市自身文化脉络、塑造专属城市色彩形象的重要依据，而且还是建设有特色、有内涵的美丽中国城镇的科学路径。

因为城市色彩的地域属性是当地自然环境和文化环境共同作用而生成的城市色彩特征，受地域范围内的气候、地质、土壤等自然环境的制约，也受经济、技术、历史、文化等人文环境的影响。所以，具有强烈地域属性的城市色彩，是在自然的土壤中和文化的脉络中生长出来的，是地域特征在色彩层面上的直观投射。寻找地域性城市色彩谱系的路径，即是沿着城市自然地理的经纬，顺着文化地理的脉络，探寻城市色彩的来源，在研读城市色彩的生长环境中，剖析城市色彩的构成与走向。

因此，本书深入剖析城市色彩的构成因素，一方面，以国内外城市地区的自然环境色彩分析为基础，解析土壤岩石等自然色彩的特点与分布，探讨山川海洋等自然色彩的由来与特征，分析风云气象带来的色彩变迁，展示山海风云间的色彩风景；另一方面，本书通过古今中外的城市色彩例证，研究社会文化观念的色彩表征，提取历史文化演进的色彩印记，分析时代发展变迁的色彩走向，呈现历史与现实中的文化色彩形象。

本书以色彩地理为视角，通过国外20个国家的62个城市和国内55个城市的城市色彩特征解析，展示从亚洲至欧洲，直到美洲的地方色彩特质，图文并茂地解析风貌迥异的地域性城市色彩形象；本书还着重从地域性城市色彩形象的成因角度，剖析典型地方水土蕴育的城市色彩特质，提取城市色彩的基因与谱系，通过分析地域性城市色彩的自然地理和人文环境背景，梳理地域性城市色彩环境的特质和脉络，揭示城市色彩的共性特征和个性差异，研究各地区之间城市色彩的特点与差异变化。

本书的研究视角，拓展了城市色彩的研究视域和范畴，让城市色彩的产生机制和演化规律，都有了地域性的生长依据；而且，针对不同自然环境类型和不同文化分区的城市色彩研究，梳理了城市色彩脉络，发掘了城市的色彩基因，探寻了典型地域环境下城市色彩体系的建构途径，论证了城市色彩地域属性的实现价值，为城市色彩研究与实践探索了新路径；同时，资料翔实、图文精美的地域性城市色彩特征解读，也为城市色彩科学知识的普及提供了信息丰富、趣味性强且极具视觉审美价值的新方法。

本书受到以下科研基金资助：

广州市科技计划项目"阅城读色——城市色彩地域特征解读"（2014KP000069）；2015 年教育部人文社科规划基金项目"基于原型理论的传统岭南水乡城镇色彩特征解读及传承应用"（15YJAZH017）；广东省自然科学基金项目"基于气候适应性的岭南城市色彩谱系提取与设计方法研究"（S2013010014467）。

Abstract

Since the reform and opening up, the process of urbanization is accelerating in China. Especially in recent ten years, high-speed urban construction is underway along with the irresistible globalization. Thus, our cities change dramatically, gradually becoming homogenization and losing characteristics. Under such backdrop of the time, this book puts forward the expressive significance of urban color features, illustrates the value of regional urban color in the preservation and spread of local characteristics, discusses the important role of seeking urban colors' local spectrum for analyzing unique local gene and interpreting urban context; it also explains that exploring regional urban color spectrum is a vital basis of protecting unique urban colors, extending urban cultural context and molding exclusive urban color image, as well as a scientific path to construction of distinctive, intellectual and beautiful Chinese cities.

The regional attribute of urban colors is the urban color feature created together by local natural environment and cultural environment, so it is restricted by the natural environment, such as climate, geology and soil, within the region, and is also influenced by cultural environment, such as economy, technology, history and culture. Thus, urban colors with strong regional attribute grow in the soil of nature and the context of culture and are direct reflection of regional attribute on the level of color. Exploring the path of regional urban color spectrum is equivalent to finding out the origins of urban colors along the city's longitude and latitude of physical geography and its context of cultural geography and analyzing the composition and trend of urban colors during the process of studying the growing environment of urban colors.

Therefore, this book deeply analyzes the component factors of urban colors. On the one hand, based on the analysis of colors of natural environment in some domestic and overseas cities, it interprets the features and distribution of natural colors, such as soil and rocks, discusses the origins and characteristics of mountains' and oceans' colors, analyzes the changes of colors brought by meteorological phenomena and demonstrates the landscape of colors among mountains, oceans, winds and clouds; on the other, through the examples of urban colors across all times and in all countries, it studies the color representations of social and cultural concepts, extracts the color features of historical and cultural evolution, analyzes the color trend of time evolvement and presents the cultural color image in history and reality.

From the perspective of Color Geography, this book demonstrates local color features in Asia, Europe and America and explains the disparate regional urban color images with graphs and texts through the analysis of urban color features in 62 cities of 20 foreign countries and 55 domestic cities; it also analyzes typical urban color features bred by local environment and extracts urban color gene and spectrum especially from the angle of the causes of the regional urban color image. Moreover, through analysis of physical geography and historical and cultural environment of regional urban colors, this book teases the features and context of regional urban color environment, reveals the common features and individual differences of urban colors and studies the features, differences and changes of urban colors between regions.

This book's research perspective broadens the study vision and category of urban colors and brings regional growth basis for the generating mechanism and evolution laws of urban colors; additionally, for urban color study in different types of natural environment and different cultural districts, it teases the context of urban colors, discovers the urban color gene and seeks the urban color system under typical regional environment, exploring a new path for urban color study; in the meanwhile, the interpretation of regional urban color features with detailed materials and elaborate graphs and texts provides a new informative and interesting method with high aesthetic value to popularize the scientific knowledge of urban colors.

This book is supported by the following research funds:
Project No. 2014KP000069 of Guangzhou S&T Planning Program: <Reading Urban Color – Understanding and Interpreting Regional Attributes of Urban Colors>; Project No. 15YJAZH017 of 2015 Humanities and Social Science Research Program of Ministry of Education <Prototype-based Interpretation, Inheritance and Application of Urban and Township Colors in Traditional Lingnan Watery Region> ; Project No. S2013010014467 of Natural Science Foundation of Guangdong Province <Studies on Urban Color Extraction and Design Approaches Based on Climatic Adaptability>.

前言

寻找城市色彩的地理色谱

城市色彩是对城市中色彩元素、色彩内涵和色彩特征的综合阐述，包含了实体的空间色彩要素，包括城市整体或城市某地段内所有可见物体呈现出来的相对整体的色彩面貌，如自然环境色彩、建筑等人工环境色彩等，也包括虚体的文化环境色彩。究其本质，城市色彩是在一定的自然环境、人文背景和时间阶段下，各类色彩要素的综合构成，是建筑色彩、自然环境色彩与当地的文化背景、居民的色彩审美心理交织在一起的综合图景。

色彩学界一直致力于从各种更宽广的层面去认识色彩的由来与属性，例如色彩文化学和色彩地理学的研究与实践等。20世纪60年代，法国色彩学家让·菲利普·朗克洛（Jean-Philippe Lenclos）先生提出的"色彩地理学"（La Geographe de La Couleur）理论认为，一个地区或城市的建筑色彩会因为其在地球上所处的地理位置的不同而大相径庭，也就是说，每一个地区或城市应有自己独特的色彩特征，形成独有的色彩特征的因素主要来源于两个方面——当地特殊的自然地理条件的因素以及文化环境因素，这些因素共同决定了一个地区或城市的色彩体系。

大量城市色彩实例的分析证明，城市色彩形象也的确是由自然环境色彩与人文环境色彩构成的，不同的地理纬度和文化分区会造就迥异的色彩特征，相似的自然环境与相近的文化历史脉络，也会形成有关联的色彩特征。城市色彩是城市自然环境、历史传承、文化内涵、建筑传统等众多因素综合造就的色彩环境，每一个城市一定有与其他城市地区不同的色彩体系，以及自身独有的色彩演进历程，并形成具有地域性的色彩表现，由此塑造出城市色彩的个性。同时，一个地区或城市特有的自然环境色彩特质，例如岩石土壤与植被色彩、历史文化的色彩传统、本土建筑的色彩特征、民族服饰与民间工艺的色彩表现、节庆活动的色彩偏好等色彩因素，会在长期的历史演进过程中，形成具有一定稳定性和独特性的色彩基因，成为地方性的色彩个性。因而地域性城市色彩的基因和个性特征，是城市特色营造中最具本土性和历史感的元素，也是塑造城市特色的重要依据。

但是，在现代城市的快速发展建设时期，并没有把城市色彩作为一个重要的元素加以考虑。这是因为城市建设及其相关领域的内容太浩瀚、已无暇涉及色彩，还是认为城市色彩不重要、难以直接促进本学科的发展？不得而知。但是，对于绚丽城市色彩的视而不见，的确造成了当今城乡面貌的粗陋与浮躁，也表现出自然科学体系与人文艺术体系的沟壑。其实这个认识差异也是由来已久，所以才有现代城市设计理论的奠基人卡米洛·西特（Camillo Sitte, 1843—1903），于1889年时针对19世纪以来过于工程化的城市建设对于城市人文艺术的破坏，提出"艺术领域贫儿""沉闷不堪的成排房屋""令人厌烦的方盒子"等痛心不已的批评，并在其著作《依据艺术原则建设城市》（*Der Städtebau nach seinen künstlerischen Grundsätzen*）中写道："技术人员的科学知识不足以完成这一使命，我们还需要艺术家的天才，在古代中世纪和文艺复兴时期美好的艺术处处受到尊重，只是在我们这个数学的世纪，城市建设和发展才成了纯技术问题。因此这再一次提醒我们，技术只是解决问题的一个方面，而另一方面，艺术至少对于城市来说也是和技术同等重要的。"卡米洛·西特指出城市营建不仅是一个技术的问题，而是具有最根本、最高意义的艺术问题，提出了城市设计的艺术性原则，并由此构筑了视觉秩序理论，奠基了现代城市设计的第一阶段理论基础。尽管，在20世纪20年代起，由于社会经济的发展需要和科学技术进步的支持，城市建设一度从视觉形态的目标转向了功能和技术的需要，逐渐形成了功能技术决定论的城市设计原则。但是很快的，在20世纪中期后的二战后重建时期，人们再度对冷漠的功能主义城市感到厌倦，开始追求表现人文理想和美好意趣的城市空间。这实际上是卡米洛·西特所提倡的艺术性城市空间的升级版，是从形式美感上升为愉悦美感、表现城镇精神价值的城市审美需求。所以，对于美好艺术空间的追求一直是人居环境建设的永恒目标。

正因如此，卡米洛·西特对于城市空间是"艺术领域贫儿"的批评在今天的中国依然被应验。尽管现代中国的城市建设成就斐然，速度惊人，但是城市空间品质的粗糙和文化内涵的缺失，则是有目共睹的缺陷。其中，作为城市空间最表层的、最直观的城市色彩形象，尤其显得混乱无序。一方面，全球化浪潮下，城市色彩趋同的现象突出，地域性城市色彩特征逐渐消失，人文背景中的色彩倾向和自然环境色彩基因被忽视，城市色彩的个性渐弱；另一方面，由于缺乏对地域性城市色彩系统的深入研究，对其他地区城市的色彩不假思索地照抄照搬、色彩滥用现象频发，城市色彩环境令人担忧。混乱的城市色彩物质环境和城市化背景下的环境优化要求为地域性城市色彩环境提出了变革的需求，城市经营与城市形象塑造的目标也为城市色彩的优化提出了明确的目标。城市色彩具有第一视觉特性，是城市中最令人瞩目的视觉元素，可以说，地域性城市色彩是城市形象的第一道风景线，但是，在城市特色逐渐消失的今天，城市色彩也是守住城市特色的最后一道防线。

当我们感叹中国的城市在全球化的浪潮中迷失方向的时候，不妨借助色彩地理学的理念，从色彩地理环境的视角，重新认识地域性城市色彩的特质和脉络，用城市色彩的地理色谱，为城市营造特色，为美丽中国探寻科学建设之路。

中国广袤的自然地理、多元的人文环境、厚重的历史文化，蕴含了丰富的色彩特质：

疆域1330万平方公里的地理版图，造就了色彩差异巨大的土壤、岩石、水域与植被等自然环境色彩；跨越寒带、温带和热带的地理纬度促生了多变且鲜明的季相色彩；不仅如此，在中国广阔的自然地理基础上还产生了多种文化地理分区，例如以燕山南北及长城地带为重心的北方文化区，以山东为中心的东方文化区，以关中（陕西）、晋南、豫西为中心的中原文化区，以环太湖为中心的东南部文化区，以环洞庭湖与四川盆地为中心的西南部文化区，以鄱阳湖至珠江三角洲一线为中轴的南方文化区等文化区域，由此生长出多元的地方民俗色彩和带有典型地域特征的传统建筑色彩以及色彩偏好。此外，中国上下五千年的历史，积淀了丰厚的色彩传统，培育了纳入礼制的色彩等级制度与色彩文化；56个民族的构成，形成了色彩表现各异的民族文化色彩，等等。

正因为如此，我们可以从紫禁城厚重华丽的建筑色彩中体会庄重华贵的皇家气度；在黄土建筑中感受北方雄浑壮阔的自然环境；在华北的灰砖院落色彩中解读北方人硬朗质朴的地域性格；在"黑、白、灰"色调的苏州园林建筑色彩中，赏析超然世外、不染尘俗的古代文人风骨；在浓淡墨韵的绍兴民居中，品味烟雨江南的水乡环境历史；在闽南的红砖建筑和强烈的原色装饰色彩中，赏读东南沿海海峡文明的炽热和不羁；还可以从西南少数民族浓郁艳丽的服饰色彩中，读出原始图腾的色彩内涵，以及横断山脉中独特自然环境的色彩印记，如此等等，不一而足。在我国浩瀚的国土上，风格迥异又灿若星辰的地域性城市色彩，其实是最具个性的城市特色语言，可以让我们热爱中国的理由更多千万条。

然而现实中大江南北的城市色彩，大多是乏善可陈的，这也促使我国的城市色彩实践自2000年左右逐步开展，城市色彩的研究成果也开始不断涌现。但是这些研究与探索多集中在城市色彩问题的应对方法和城市色彩形象塑造方面，对城市色彩的地域属性较少涉及。对地域性城市色彩的体系构成及演变始终缺乏研究，使得城市色彩环境营造不能摆脱盲从与模仿的状态，也难以帮助城市建立专属的色彩形象。因此，当前我国城市色彩研究的一项重要任务，就是要认识城市色彩地域属性的价值，研究发掘城市色彩地域属性的方法，为城市建立属于自己的色彩体系提供认识论和方法论的依据。因为，优秀的城市色彩不是靠外力植入的异质形象，而是本土环境的深入刻画，是内在文化的自然流露，是在所属环境中自然而然生长出来的色彩面貌。

因此，寻找地域性城市色彩谱系的路径，即是沿着城市的自然地理经纬，顺着文化环境的脉络，寻找城市色彩的来源，在研读城市色彩的生长环境中，剖析城市色彩的地域属性，提取城市色彩的地理色谱。

对地域性城市色彩属性的研究，需要明确城市色彩系统的性质指标和约束条件。为此，本书选择色彩地理学的视角，将各类自然地理分区和文化分区综合作用下形成的地域范围和时间范畴作为设定的约束条件，分析影响城市色彩景观的地域性自然地理和文化环境因素。本书借用自然地理和人文地理的分析方法，界定地域性城市色彩属性的类型，解析典型地域性的自然环境色彩与人文环境色彩特征，特别以国外20个国家的62个城市和国内的55个城市为例，运用测色调研、色谱分析、色彩形象图谱解析等方式，解读自然环境塑造的城市色彩面貌，诠释人文环境滋养的城市色彩特质，展现地域属性的城市色彩形象。

城市色彩的地域属性是在长期的自然选择和文化影响的综合作用下，经过自然的筛选和文化传承形成的，具有相对稳定性的色彩基因。所以，在趋同的全球化浪潮中，为城市寻找专属的地理色谱，可以帮助城市营造独具特色的霓裳，用色彩的表现力和悦目性，讲述城市的故事，标志城市的特色。同时，用色谱化的分析方式表达感性的城市色彩意涵，为认识感性的城市色彩，提供科学量化且富有趣味性和审美意义的方法。

总之，通过地方性城市色彩谱系的剖析研究，在国际化的流行中坚守地方性的色彩语言；在东西方城市色彩表现中，对比感性意会的东方审美思维与理性思辨的西方审美理念的差异；在城市色彩趋势中，探讨时代发展与传统保护的平衡；用客观量化的城市色彩分析，沟通艺术思维与科学逻辑的联系，为日益分化和对立的科学技术与人文艺术建立对话的桥梁；于城市色彩实例分析中，认识理论思考与实践应用的差距，如此，正是本书以色彩地理漫步的方式，赏读地域性城市色彩谱系的意义所在。

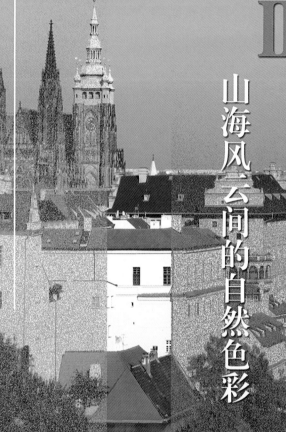

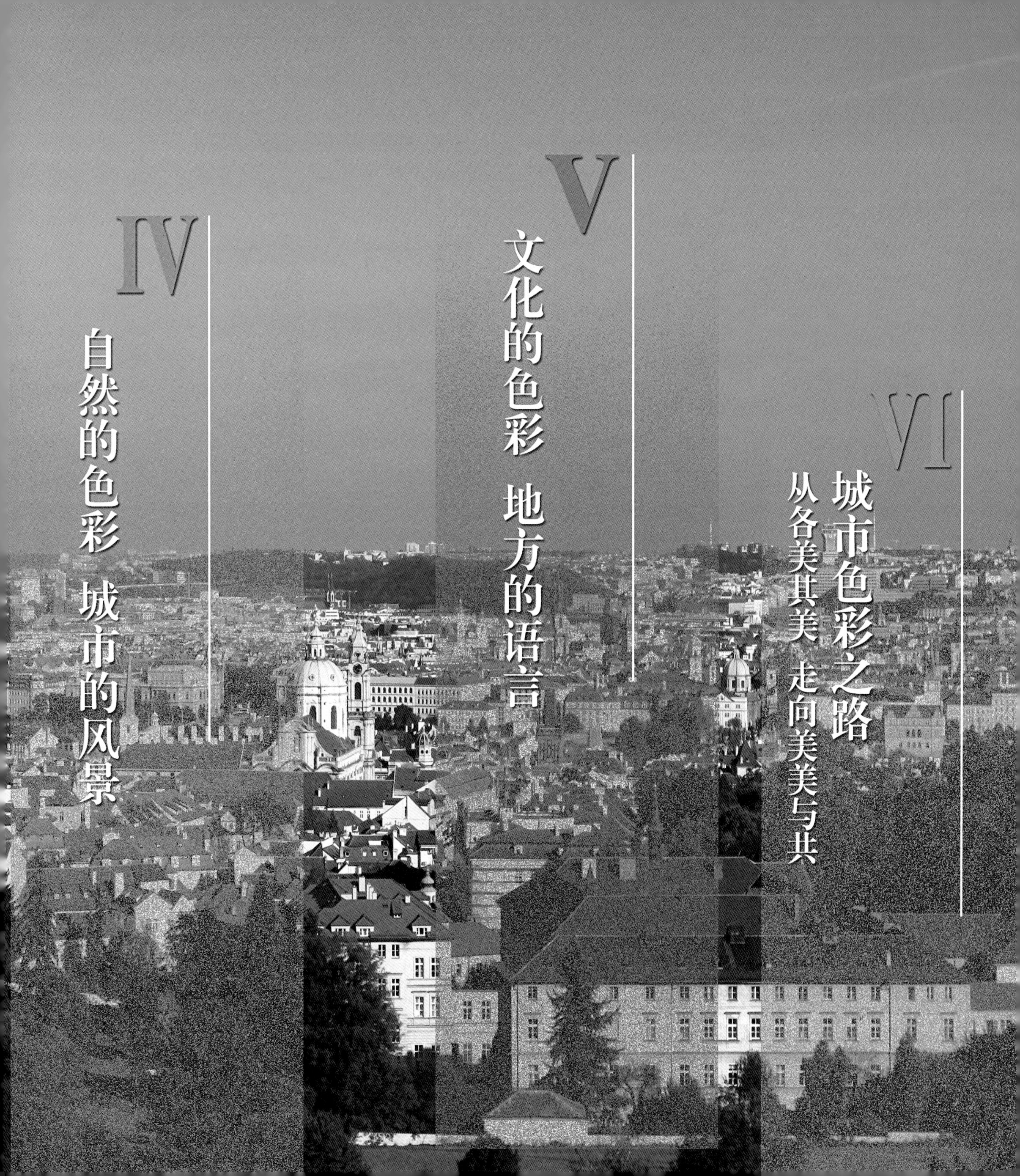

IV

自然的色彩　城市的风景

V

文化的色彩　地方的语言

VI

城市色彩之路

从各美其美　走向美美与共

目录

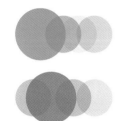

第一章

城市色彩的地域属性

由于地域属性是相对于全球化的一个概念，这里首先需要阐述全球化与地域属性的关系。作为现代性后果的全球化是指由市场经济带来的各国经济的一体化且相互依存的状态趋势。20世纪90年代以来，随着科技的快速发展，物资与信息交流的愈加频繁，全球化不仅在经济领域，也在社会、政治、科学、艺术、文化等各领域产生重要影响，世界各地的地域性文化都不同程度地受到了全球化的冲击，也就是全球化导致的文化趋同性问题。

当然，这种全球一体化的冲击并非均质地影响每个国家与地区。其中，占有经济主导地位的地区文化多为主导力量，影响着处于经济边缘地位的国家与地区文化。在此背景之下，强势文化的沙文主义来势汹汹，世界文化与地方文化、主流与边缘、国际与本土、传统与现代的种种冲突和矛盾无处不在，这种矛盾在城市物质空间最显性的色彩层面上的投射尤为突出。因为城市色彩可以深刻反映地域性的文化脉络和环境特征，是各地方社会文化、科学艺术等实体化的社会发展成果在城市物质空间上最直接、最显现的投射。

在全球化的大背景下，随着城市化的高速发展，城市色彩的趋同化现象愈加严重。由于经济与科技的快速发展，以及地区之间的信息交流与交通往来更加便捷与紧密，建筑技术与建筑材料的现代化与国际化水平大大提升，建筑材料与建造技艺在很大程度上摆脱了地域环境的限制。世界各地在接受国际流行的新型建筑材料与建筑风格的同时，乡土材料及其地方作法的应用率也大大降低，建筑形式愈加国际化，加之，很多地方城市建设中的模仿、复制现象严重，乡土材料所塑造的色彩环境被破坏，建筑色彩的地域性由此逐渐淡化。城市色彩的本土性与多样性逐渐消失，城市色彩日益趋同，出现"千城一面"的现象。首先，是地域之间的城市色彩面貌的相似与混乱，从北京到深圳，从上海到纽约，越是现代化的城市地区，城市色彩形象就越容易失去个性而愈加相似；其次，在城市内部，从城市各片区的面貌，到单体建筑的形象，直到建筑材料层面，都表现出脱离地方语汇的国际语言，色彩形象也因此渐趋雷同。这样混乱且无根基的城市色彩形象比比皆是，并且随着乡土记忆的逐渐淡忘，极具扩张力地蔓延在我们的城镇和乡村，最终导致了地域差异的消失和城市特色的失落。直到有一天，受尽全球化文化碾压的本土文化终于复苏的时候，人们却发现，已经找不到本土城市色彩的痕迹，所谓"故乡，终于是再也回不去的地方"。

全球化因此被视作一种跨文化的经济强势话语权而令人不安和排斥。为此，也有社会文化学者们提出以文化多样性来抗衡文化全球化的主张。这是一种借用生物界多样化（Biodiversity）的概念表达文化特性的理念，希望通过保留文化的丰富性，减少全球化的文化侵袭。法国为了保护本国文化不在全球化经济时代被其他文化侵袭，曾在20世纪90年代初关贸总协定的谈判中提出"文化例外"（Cultural Exception）的概念。将本土文化置于高于经济的地位，是高度文化自觉和自信的表现，也说明本土文化的弥足珍贵与脆弱敏感。

令人遗憾的是，在以经济实力论英雄的当代，很多经济弱势的地区往往在文化上也是式微的，更是缺乏自信和自觉的。当弱势的地方文化猝不及防的遭遇全球化浪潮冲击时，不是在毫无防备中消亡，就是在慌乱的抵抗中遍体鳞伤。一些发展中国家和地区的地域性文化常面临着较为严重的生存危机，现阶段中国的本土文化也同样处境尴尬。

但是从历史发展的轨迹来看待这个问题时，我们又不得不承认，全球化现象毕竟是人类进步的必然发展趋势，至少也是必经的历史过程。而且全球化文化和地域文化的关系并非只是单向的输入，而是互动的。全球化压缩了社会关系中的时间和空间因素（Mittelman, 1996），因此，参与度较高的地方文化，也将鲜明的地域属性带入到全球化的文化内容中，所以说全球化与地方文化也是一种相互塑造的关系，当然，前提是地方文化具有较高的现代化程度和生命力。因为全球文化并非天外来物，而是世界上强势文化的精华组成，只不过是各地域文化在其中是否有一席之地，或有多少席位而已。

所以，全球文化与地域文化的矛盾实质上是发展与滞后的矛盾。近代中国古老而封闭的华夏传统文化受到西方现代文明的挑战，而产生文化结构的巨变，就是最典型的例子。在近代中国首开国门遭遇西方文化之时，由于中国传统文化在社会经济和科学技术方面与西方发达国家的科技文明落差巨大，为尽快接收西方文化，而被迫压缩中国传统文化的空间，使之处于更加封闭狭小的文化空间中，以便有更大空间来整体移植西方现代文明，以达到跳跃式发展。由此造成的中国传统文化脉络的断裂至今仍然十分显著。所以，在中国现代城市的色彩形象中，较少中式地域属性的色彩形象，在新城新区中尤其缺乏传统城市色彩的传承，大多为西方现代城市色彩的复制拼贴。

由此看来，解决地方城市色彩特征与全球化流行之间矛盾的关键是，在提升城市色彩形象现代化程度的同时，保存城市色彩地域属性的核心语汇，用一种较为积极的自我更新态度来应对全球化带来的地方文化危机。所以，寻找城市色彩的地域属性，不是单纯地为了差异而标识，也不是仅仅为了怀旧而复古，而是为了在世界文化洪流的融汇中保存和发展地方城市色彩，并积极延续其生命力的必要选择。

城市色彩地域属性的核心内容是由当地文化环境和自然环境共同作用生成城市色彩特征，是城市色彩受到地域范围内的气候、地质、土壤等自然环境，以及经济、技术、历史、文化等人文环境影响而表现出来的该地域独有的特征，是地域属性在色彩之光层面上的直观投射。城市色彩的地域属性因而具有区域性、差异性、综合性、系统性和历史性等主要特征。其中，综合性表达该地域城市色彩所折射的城市个性特征、历史文化、自然风貌等复合内涵；差异性是由自然要素与人文因素作用共同形成的，令此地不同于彼地的色彩差异度；区域性和历史性是城市色彩时空范畴的特点；系统性则是这些具有差异性的城市色彩内容在地域内部表现出来的连续性和统一性。所以，城市色彩的地域属性不是一个单纯的色彩地理环境描述，而是地域属性在一定的地理空间范畴上的色彩投影。

由此必须确定城市色彩地域性的约束条件，即城市色彩的生成环境是具有一定个性和共性的环境因素组合，包括地域性的自然因素、文化因素、历史因素和人工环境因素等。因此，本书选择色彩地理学的视角，对城市色彩地域属性的构成因素与特质进行研究，将各类自然地理环境和文化背景综合作用下形成的地域范围和时间范畴作为设定的约束条件，概括分为自然环境土壤和人文环境背景两大类影响因素，以此背景条件来研究城市色彩地域属性的主要生成环境类型与构成。

虽然说，特定的自然环境和人文环境共同造就了城市色彩形象的地域属性，但是二者并非是均衡表现的。自然环境特殊的城市地区色彩，往往受自然环境色彩的影响和约束较大，例如太平洋中部的夏威夷群岛，在典型热带海洋气候下，灿烂阳光、碧蓝海水和沙滩岩石等表现出大自然精彩的色彩创造（图1-1），自然环境色彩的特质大大超出了原有土著文化与移民文化色彩的表现，城市色彩以自然景色为主导，人工环境色彩仅做轻松的点缀；有的城市则因为自然环境的特点不如文化环境突出，而更多受到人文因素的影响，例如中国江南地区水乡城镇的黑白灰色调（见图5-83）即是文化精神主导城市色彩的典例。

大量城市色彩实例也证明，不同的地理纬度和文化背景会造就迥异的色彩形象，地球上不同的自然环境与文化背景会构成差异明显的城市色彩面貌，相似的自然环境与相近的文化历史脉络，也会形成有关联的色彩特征。地域属性鲜明的城市色彩环境表现为每个地区或城市具有各自的色彩表现，形成色彩的个性，同时，又具有所在区域共同的色彩基因，蕴含色彩的共性。城市色彩地域属性的这种共性基因和个性特征，是城市地域文化最具本土性和历史感的内容，也是最鲜明的语言。

所以，只要自然地理条件和文化脉络的差异还存在，一方水土就可能塑造一方独有的色彩地理特征。但是，这也是一个需要有能动性作用的过程，因为具有鲜明地域属性的城市色彩体系并非自然而然的存在，而是在社会发展过程中，经过有意识的筛选传承，逐渐培育的具有相对稳定性的城市色彩基因。由此形成的具有独特地域属性的城市色彩，可以延续历史，讲

图1-1　美国夏威夷自然环境色彩（摄影蔡云楠，制图陆国强）

述文化，表现自然，可以成为国家、地区、家乡的象征符号，唤起人们内心深处的家国情怀。

为城市探寻来自于本土的城市色彩体系，并借助其色彩魅力强化本土文化的城市色彩形象塑造，可能是地域文化建设中最闪亮的一笔。在全球化的浪潮中，塑造地域属性强烈的城市色彩形象，是形态的营造，也是文化的建设，可以促进地域文化的构筑，为本土文化参与全球化文化的共同铸造提供支持，是增进本土文化生命力和影响力的积极策略，也能够给世界带来丰富的色彩构成。但愿，本书中对于城市色彩地域属性的思考与探索，能够为全球化过程中的地方性表达，提供理性且美好的色彩力量。

第二章

山海风云间的自然色彩

自然环境是全球化趋势下尚能保留一定本土性的环境因素，也是最具独特性的城市色彩生成条件。自然环境的土壤、植被、光照、温湿度、雾霾等构成了城市色彩的底色，是一个城市色彩特征形成的根源，也会决定性地影响当地人的色彩偏好，对城市色彩影响显著。

自然环境色彩的价值，可以借用日本文化学者小林秀雄关于色彩的论述来说明："色彩是破碎了的光……太阳的光与地球相撞，破碎分散，因而使整个地球形成美丽的色彩。"这段优美的语言，阐述了色彩的自然属性，也极为生动地表达了自然环境在色彩形成中的决定作用：自然环境是城市色彩的基本载体，也是城市色彩的核心构成元素。

2.1　苍茫大地的底色

2.1.1　土壤类型的色彩面貌

色彩地理的自然地理环境，包括地形地貌、风云气象、光照雾霭、山水植被、动植物生境、土壤岩石、江河湖海水系等，都在这个星球上有着丰富多彩的呈现。其中，寥廓大地是自然界中色彩最丰富的调色板。从黄沙戈壁到青绿原野，从皓白冰峰到翠绿田园，大尺度的画幅总能成为令人叹为观止的色彩图景。在自然环境中，最具稳定性又极具地域化的色彩因素即是土壤岩石的色彩。土壤岩石的颜色构成了地区色彩的基底，从沙漠到沃野，从黑土地到红土壤，从寒地的冰封冻土到热带的桑基鱼塘，土壤岩石为这个世界编织了最具地方特色的色彩底图。

土壤岩石的色彩可以塑造地区性的地表色彩面貌，提供本土化的建筑材料，培育地域性的动植物环境，甚至影响地方性的色彩偏好等，而这一切，正是城市色彩地域特征的有机构成。

从世界范围来看，主要分布的土壤类型包括荒漠土（图2-1）、红壤和黄壤、栗钙土、砖红壤、灰壤和棕壤、褐土（图2-2）等。美洲大陆以灰化土（北美洲）、砖红壤（南美洲）为主，非洲又以荒漠土和砖红壤、红壤为主，在最大的大陆亚欧大陆则是以山地土壤、灰化土、荒漠土、黑钙土和栗钙土为主。同时，土壤分布还有着沿纬度变化的地带性，从寒冷的北极冰沼土，到北欧与北美北部的灰化土、灰色森林土，中欧、中南美洲与

图2-1 美国洛杉矶荒漠土（摄影蔡云楠，制图陈晓苗）

东北亚的黑钙土、栗钙土、棕钙土，至中亚、北非的荒漠土，南亚、中南非洲和南美的红壤、砖红壤等。在亚欧大陆东西两岸又有着经纬度叠加的地带差异，大陆西岸从北向南依次为冰沼土、灰化土、棕壤、褐土、荒漠土，大陆东岸自北而南依次为冰沼土、灰化土、棕壤、红壤、黄壤、砖红壤等。土壤类型的不一而足，经纬分布的重叠交错，让大自然的调色之笔，依循自然的规律为各国各地区的地表精心又随性地填色。

即使是最贫瘠、最缺乏色彩表现的荒漠土壤，也有着不同的色彩分类。这种干旱地区的地带性土壤，有灰色、灰棕色和棕色荒漠土之别。呈土黄沙质的就是通常所说的沙漠（图2-3），较多灰白砾石质的即是戈壁（图2-4），多分布在中亚、西亚、北非、北美洲西部、澳洲西南等

图2-2 西班牙托莱多褐土（摄影郭红雨，制图陈晓苗）

地，在我国西北的新疆、甘肃、青海、宁夏等地也有大面积分布。我国新疆吐鲁番地区的地带性土壤即是典型的棕漠土，薄层表土下富含的铁元素因氧化而呈红色，令吐鲁番的荒漠土比一般黄沙荒漠更多土红色。喷薄而出的土红色渲染了浑然一体的大地景观，也为当地的生土建筑提供了独特的原生态材料。带着吐鲁番盆地燥热温度的土红色火焰山、沙土和土坯房一起构成了大西北苍莽宏阔的荒漠色彩形象（图2-5）。

图2-3 中国新疆沙漠色彩（摄影蔡云楠，制图陈晓苗）

图2-4 中国青藏高原戈壁色彩（摄影蔡云楠，制图陈晓苗）

图2-5　中国新疆吐鲁番地区的荒漠色彩（摄影郭红雨，制图陈晓苗）

　　这种看似是最不适宜生命成长和最没有使用价值的荒漠土，在世界各地中都有不少效果强烈的色彩表现。澳大利亚西部珀斯（Perth）的尖峰石阵（Pinnacles）就是砂质荒漠沙土、石灰岩、砂岩共同构成的沙漠石林（图2-6）。远古时代浅海贝壳演变而成的石灰岩，经过风化形成了姿态各异的淡红灰色石柱。石英质的沙子铺就了金黄色的沙海，石柱粗糙表面的凹坑之处也填满黄色沙砾。浩瀚的金色沙漠与尽披黄金甲的石柱林阵，在耀眼的阳光下与西澳蔚蓝的海水相遇，恰到好处的形成了互补与强调的色彩构成。

图2-6　澳大利亚珀斯（Perth）的沙漠石林（摄影郭红雨，制图陈晓苗）

图2-7　阿联酋迪拜与阿布扎比的土黄色基调（摄影郭红雨，制图陈晓苗）

荒漠土构成国家或地区环境色彩基调，形成城市色彩底色的典例，还有阿拉伯联合酋长国的迪拜和阿布扎比等地。地处西亚的阿拉伯联合酋长国属热带沙漠气候，高温炎热、干燥少雨，境内除东北部有少量山地外，绝大部分是海拔200米以上的荒漠、洼地和盐滩。无边无际的黄沙在热带阳光的照耀下金光闪烁，成为具有地域标志性的大地景观之色，也为城市建筑与环境带来了不可回避的地方基调色——土黄色（图2-7）。在这里，土黄色可以是贫瘠、无营养的沙土色，也可能是象征奢华的黄金色，尤其是在阳光下闪烁的黄色沙砾，像极了阿联酋受上天眷顾而拥有的财富。所以，无论是海市蜃楼的虚幻，还是真实沙漠上的奇迹，这种最强烈体现自然环境特质的黄沙色彩已经精准地阐述了荒漠环境中的现实和梦想，并且成为该地方的一种色彩审美偏好，堪称土壤色彩大写加粗的表现。

2.1.2　中国土壤色彩类型特征与分布

除了黄沙、戈壁等较为醒目耀眼的特殊土壤色彩之外，大多数地表土石的色彩都是褐色或棕色的，如大地般静默无声的色彩形象。如此沉默寡言的土壤色彩，却是中国人最爱提及的颜色。世界上大概也没有哪个国家或民族的人像中国人一样，会常常把土地的颜色挂在嘴上、揣在心里。大家介绍各自来路时，常常用家乡土地的颜色来标记自己：东北人会骄傲自己来自黑土地，江西人则自豪家乡的红土壤，西北人更有着豪迈粗犷的黄土高原作为色彩标识；外出想家的中国人会患上水土不服的思乡病，在外漂泊的游子会珍藏一抔家乡土。这都是因为土地是中国人的根基，是中国人的生计，是中国人的信仰，是中国各地方人性格特征的来源。这样对家乡土地的眷恋，对土壤色彩的珍视，都源于中国两千多年封建农耕社会对土地的依赖，以及大陆性民族对土地的重视。近代中国的屈辱历史，又强化了中国人的故国家园意识。即使到了今天，大多数中国人的生活还是紧紧依附于土地的。历经苦难的中国人与土地的关系深沉厚重，对土地的特别情结已经上升为一种庄严神圣的家国情怀，有着非比寻常的重要地位，所以艾青有诗云："为什么我的眼睛总饱含泪水，因为我对这土地爱得深沉。"

黄土地和黄皮肤、黑眼睛一样，是中国人乃至华夏民族的基本认同。不过这里说的黄土地，并不完全是色彩学意义上的土壤颜色，而更多的是"天玄地黄"的文化意涵。《易经》里说"天玄地黄"的基本含义为：天的颜色是深蓝近于黑的颜色，地的颜色是黄的。其深层次的意义是：高深莫测的天地之道和阴阳之变的道理，玄之又玄，深不可测，所以叫天玄；地黄是指，上古时期的夏商周都在黄河流域立国建都，黄河的水是黄的，携带泥沙形成的冲积平原也是黄土地，基本的农作物黍、稷也都是黄色，所以谓之地黄。地黄在此起到了标注了华夏民族生存空间范畴的意义。

这种地理位置上的解释，也适合五行中黄色居中的释义。《周礼·考工记》中，五行（金、木、水、火、土）对应五方（西、东、北、南、中），"中央为核心基础，中央为土，土为黄"。黄者中也，土之色也。五方色强调说明了中原地区农耕民族的文化是中国的主流文化，因此中原地区的土壤色彩就成了全中国土壤色彩的代表，这是一个由文化话语权决定的色彩标志。

但是对于以认知现实为科学目的的现代人来说，"黄土地"这般模糊的文学用语就显得不够准确了。而且对土地广袤、疆域宽广的中国来说，一种土壤或岩石的颜色是远远不能涵盖全部土地色彩的。中国大地上的黄土地、黑土地、红土地等，标识了不同的区域，不仅代表了自然地理分区，也关联了文化环境分区，甚至成了代表地域特征的名词，例如黑土地上的东北人，用白山黑水的土壤色彩标识自己爱憎分明、爽直刚烈的性格；红土地上的江西人，强调红土地是革命的摇篮，燃烧着革命的激情等。这足以说明，中国人非常善于将自己家乡的特点凝结在土壤颜色中，并善用中国传统色彩观的借喻方式加以引申和阐述发挥，这的确是自然环境色彩和人文环境色彩在地表土色上的巧妙沟通。

土类	分布比重	样本图片	色卡样本	
砖红壤	16.5%		9.4R 5.5/8	7.5R 3.5/6.6
红壤	32.0%		7.5R 4.5/11.2	8.8R 5/11.6
黄红壤	6.51%		3.8YR 6.5/6.8	3.8YR 6.5/8.4

图2-8　中国广东南昆山赤红壤（摄影郭红雨，制图陈晓苗）

图2-9　中国闽南地区的红壤与砖红壤（引自《厦门城市色彩调研与城市建筑推荐色谱研究》）

　　中国有着多样丰富的土壤类型，在1992年版的《中国土壤分类系统》中，全国土壤被分为12个土纲、29个亚纲、61个土类和231个亚类。主要土壤发生类型可概括为红壤、棕壤、褐土、黑土、栗钙土、漠土、潮土（包括砂姜黑土）、灌淤土、水稻土、湿土（草甸、沼泽土）、盐碱土、岩性土和高山土等12个系列❶。其中，红壤系列是中国南方热带、亚热带地区的重要土壤资源，自南向北分布有砖红壤、燥红土（稀树草原土）、赤红壤（砖红壤化红壤）、红壤和黄壤等类型。砖红壤是热带雨林或季雨林下强富铝化酸性土壤，因为含铁、铝等元素，颜色呈砖红，主要分布在海南岛、雷州半岛、西双版纳和台湾岛南部的热带季风气候区；燥红土是热带干热地区稀树草原下形成的土壤，分布于海南岛的西南部和云南南部红水河河谷等地区；赤红壤多分布在滇南的大部，广西、广东的南部（图2-8）、福建的东南部，以及台湾省的中南部，大致在北纬22°至25°之间的南亚热带季风气候区，发育在南亚热带常绿阔叶林下，具有红壤和砖红壤某些性质的过渡性土壤，如闽南地区的红壤、砖红壤等（图2-9），土色红艳，为当地的红砖红瓦提供了独特的基材，

---

❶ 全国土壤普查办公室. 中国土壤分类系统［M］. 农业出版社，北京：1992.

图2-10　中国云南西双版纳的红土地（摄影郭红雨，制图朱泳婷）

也构成了特色鲜明的红砖文化区；红壤和黄壤分布在中亚热带季风气候区，长江以南的大部分地区以及四川盆地周围的山地，前者呈均匀的红棕色或桔红色，例如云南著名的红土地（图2-10），温暖湿润的气候促使土壤中的铁离子逐渐被氧化为稳定的三氧化二铁，让大地呈现出鲜红炫目的色彩；后者分布在多云雾，水湿条件较好的地区，因黄壤中的氧化铁水化，致使土层呈黄色或暗土黄色，如江南水乡绍兴土壤中的山地黄壤（图2-11）等；棕壤系列为中国东部湿润地区的土壤，由南至北包括黄棕壤、棕壤、暗棕壤和漂灰土等土类；黄棕壤分布在北起秦岭、淮河，南到大巴山和长江地区，西自青藏高原东南边缘，东至长江下游的广阔地带，土壤性质兼有黄、红壤和棕壤的某些特征，如襄阳的黄棕壤和山地棕壤（图2-12）、无锡土壤中的黄棕壤、安康的黄棕壤等；棕壤主要分布于暖温带半湿润气候的辽东半岛和山东半岛，为夏绿阔叶林或针阔混交林下发育的中性至微酸性的土壤，如山东济南的棕壤；暗棕壤又称暗棕色森林土，分布在中温带湿润气候区的东北地区山地和丘陵，介于棕壤和漂灰土地带之间，呈暗棕色；寒棕壤（漂灰土、棕色泰加林土和灰化土）分布在寒温带湿润气候的大兴安岭中北部，是北温带针叶林下发育的土壤；褐土系列包括褐土、黑垆土和灰褐土，分布在暖温带半湿润与半干旱季风气候的山西、河北、辽宁三省连接的丘陵低山地区和陕西关中平原；黑垆土分布在暖温带半干旱、半湿润气候的陕西北部、宁夏南部、甘肃东部等黄土高原上，颜色为黄棕灰色、褐灰色；黑钙土分布在温带半湿润大陆性气候的大兴安岭中南段山地的东西两侧、东北松嫩平原的中部以及松花江与辽河的分水岭地区，土壤颜色以黑色为主；棕钙土分布在内蒙古高原的中西部、鄂尔多斯高原、新疆准噶尔盆地的北部以及塔里木盆地的外缘，是钙层土中最干旱并向荒漠地带过渡的一种土壤，土壤颜色以棕色为主；栗钙土是温带半干旱大陆性气候下，内蒙古高原东部和中部的广大草原地区，是钙层土中分布最广、面积最大的土类，土壤颜色为栗色；荒漠土分布在温带大陆性干旱气候的内蒙古、甘肃的西部、新疆的大部和青海的柴达木盆地等地区，占了全国总面积的1/5，土壤色彩呈中灰和浅黄灰；高

采样点	样本图片	样本色谱
齐贤镇羊山		9.4Y 9/3.6　0.6GY 5/5.6　1.9Y 5.5/4.4　8.8Y 3.5/1.8
柯岩山		9.4Y 8/6.4　4.4Y 7/4.8　0.6GY 5.5/5.6　3.1Y 4/3.6
华舍街道		1.3GY 7.5/1.8　10YR 3.5/1.8　1.3GY 6/2.8　3.8GY 4/3.6
全境土壤汇总		9.4Y 9/3.6　1.3GY 7.5/1.8　1.9Y 5.5/4.4　8.8Y 3.5/1.8

图2-11　中国绍兴土壤色彩（引自《绍兴市城市色彩与高度规划》）

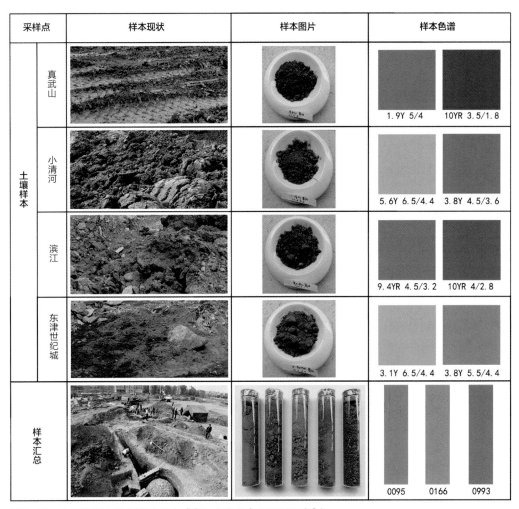

采样点		样本现状	样本图片	样本色谱	
土壤样本	真武山			1.9Y 5/4	10YR 3.5/1.8
	小清河			5.6Y 6.5/4.4	3.8Y 4.5/3.6
	滨江			9.4YR 4.5/3.2	10YR 4/2.8
	东津世纪城			3.1Y 6.5/4.4	3.8Y 5.5/4.4
样本汇总				0095 0166 0993	

图2-12　中国襄阳土壤色彩（引自《襄阳市城市色彩规划研究》）

山草甸土分布在气候温凉而较湿润的青藏高原东部和东南部、阿尔泰山与准噶尔盆地以西山地和天山山脉等地；高山漠土分布在气候干燥而寒冷的藏北高原的西北部、昆仑山脉和帕米尔高原等地区。所以，在广阔疆域的中国国土版图上，土壤色彩千差万别、多种多样，并非是单一的黄色可以全权代表的。

　　虽然中国的土壤类型繁多，但是大自然的大地填色却是有规律可循的。土壤分布随着自然条件的差异而呈现相应的变化，既有水平地带性的变化，也有垂直地带性的变化，以及地域性分布等的变化规律。其中，水平地带性分布，主要体现在中国中东部地区，特别是东部湿润、半湿润区域，表现为依气候带自南向北、从暖向寒的变化规律，土壤颜色依次呈现由红向黑的变化：热带地区为砖红壤，南亚热带为赤红壤，中亚热带为红壤和黄壤，北亚热带为黄棕壤，暖温带为棕壤和褐土，温带为暗棕壤，寒温带为漂灰土与黑钙土等，其色彩分布与纬度基本一致，故又称纬度水平地带性。这样的变化似乎显示了土壤所吸收的太阳温度差异，越高温的气候带下，土壤颜色越热烈。反之，气候越寒冷，土壤颜色越冷寂。在我国国土的纬度序列上，处于南端的海南岛，用饱含炽热阳光的红壤演绎了最热烈的色彩乐章；位于最北端的东北地区，用渗透着冰冷寒意的漂灰土、黑钙土等暗黑土色，作为北方土壤色彩的终结。

我国土壤色彩的水平地带性分布还包括随干燥度而产生的变化，自东而西主要分布为棕壤、暗棕壤、黑土、灰色森林土（灰黑土）、黑钙土、栗钙土、棕钙土、灰漠土、灰棕漠土等，其分布规律与经度基本一致，又称经度水平地带性。从东部沿海一带富含生命物质的棕壤，直至新疆西部接近无生命色彩的灰漠土，其土壤色彩的分布也阐释了这样的规律：离海洋越近，越湿润，土壤颜色越饱满，离海洋越远，越干燥，色彩彩度越低。

除了水平地带性分布之外，土壤色彩的垂直地带性分布也很显著。随海拔高度增加而发生的色彩变化，通常从山麓的红黄壤起，经过黄棕壤、山地酸性棕壤、山地漂灰土、亚高山草甸土、高山草甸土、高山寒漠土，直至雪线的白色冰峰结束。土壤色彩逐渐由低海拔地段的暖色变为高海拔山地的无彩色，彩度呈逐渐降低的趋势（图2-13）。这些自然

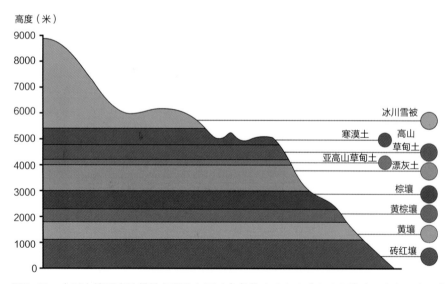

图2-13　中国土壤垂直地带性色彩分布图（参考龚子同主编《中国土壤系统分类研究丛书》、全国土壤普查办公室编《中国土壤分类系统》等资料设计绘制，设计郭红雨，制图张大元）

的土壤分布规律（此处不包括由人工耕作引发的非地带性的土壤分布规律），直观形象地表述了气候环境和地形变化等因素对大地色彩形象的刻画，而且，随经度、纬度和海拔变化的土壤色彩往往在地理版图上交织在一起，最终编织成了多彩的土壤底图。

2.1.3 城市色彩的土壤基调

由此可见，土壤的色彩可以反映相当多的地方环境信息，并且能够清晰地定位该地区的气候带、温湿度、植物带以及海拔高度等。所以，依赖土壤生存的中国人，才如此看重家乡土壤的颜色，因为它包含了太多生存的信息、经验的累积乃至变化的趋势，深入解读一个地区的土壤色彩，就是为准确认识一个地区的综合自然环境找到了定位坐标。所以，笔者的研究室在中国十余个城市地区进行城市色彩规划时，都会首先从土壤色彩着手调研，不仅收集土壤色彩样本、提取土壤色彩谱系，还需要研究土壤色彩所蕴含的自然环境信息，为当地推荐色谱的建立提取地方基因。

在我主持的山东省济南市奥体中心片区和西客站与北湖片区等城市重点片区的城市色彩规划[1]中，我们研究剖析济南的土壤岩石色彩（图2-14），为济南城市色彩寻找自然的基因。济南市是典型的褐土与棕壤的集中分布区，全市范围内土壤由南到北、从高到低，依次分布着显域性土壤——棕壤、褐土，隐域性土壤——潮土、砂姜黑土等6个土类、13个亚类、27个土属、72个土种。其中的褐土又名褐色森林土，是全市面积最大的土壤类型，占全市土壤总面积的74.1%，其余为棕壤又称棕色森林土等。济南市土壤总体呈棕褐色调，为城市提供了稳定保守的大地基调色，也限定了该地区植物和季相色彩的底色范围。我们在深入研究济南市区土壤色彩的基础上，综合分析岩石、植物、气候等其他自然环境因素，并分析提取色彩谱系，最终总结得出济南市的自然环境具有沉郁、厚重、质朴

❶《济南市奥体中心片区城市色彩规划》，济南市规划局委托项目，获得第七届色彩中国大奖，项目负责人：郭红雨；主要研究人员：郭红雨、雷轩、谭嘉瑜、金琪、张帆、朱咏婷、何豫、陈虹、龙子杰、陈中、许宏福等。

《济南市西客站片区色彩规划》，济南市规划局委托项目，项目负责人：郭红雨；主要研究人员：郭红雨、谭嘉瑜、金琪、张帆、雷轩、陈虹、何豫、麦永坚、肖韵霖、郑荃、邓祥杰、洪居聘等。

《济南市北湖片区色彩规划》，济南市规划局委托项目，项目负责人：郭红雨；主要研究人员：郭红雨、谭嘉瑜、金琪、张帆、雷轩、陈虹、何豫、麦永坚、肖韵霖、郑荃、邓祥杰、洪居聘等。

采样点		样本现状	样本图片	样本色谱	
土壤样本	凤凰山			8.8YR 6/4.8	7.5YR 4.5/4
	腊山			10YR 4/2.8	10YR 3.5/1.8
	莲花山			0.6YR 5/4.8	1.9YR 4.5/3.2
	西客站			5YR 5.5/3.6	5YR 4/2.8
	东站			9.4YR 5.5/3.6	10YR 4/2.8
样本汇总				0195 0153 0155 0163 0166	
岩石样本	凤凰山			3.8Y 6.5/2	0.6GY 4.5/1
	莲花山			9.4YR 5.5/3.6	3.1Y 4/1
	腊山			8.1Y 6.5/2	0.6GY 5.5/1

图2-14　中国济南土壤岩石色彩（引自《济南市西客站片区色彩规划》）

的色彩特征，这也正契合了济南人对家乡褐色土地所蕴育的内敛厚重的地方性格认同。

　　而以红土地闻名的江西南昌，有着更鲜明的土壤色调。在我主持的南昌市中心城区城市色彩规划❶中，我们采用分类和分地段相结合的调研方式提取南昌市7个土类、12个亚类的土壤色彩，分析得出南昌土壤以红壤土、黄红壤、黄棕壤为主。土壤色彩由中明度、中纯度的R、YR色系构成（图2-15）。这样温暖热烈的自然环境底色，为南昌城市色彩

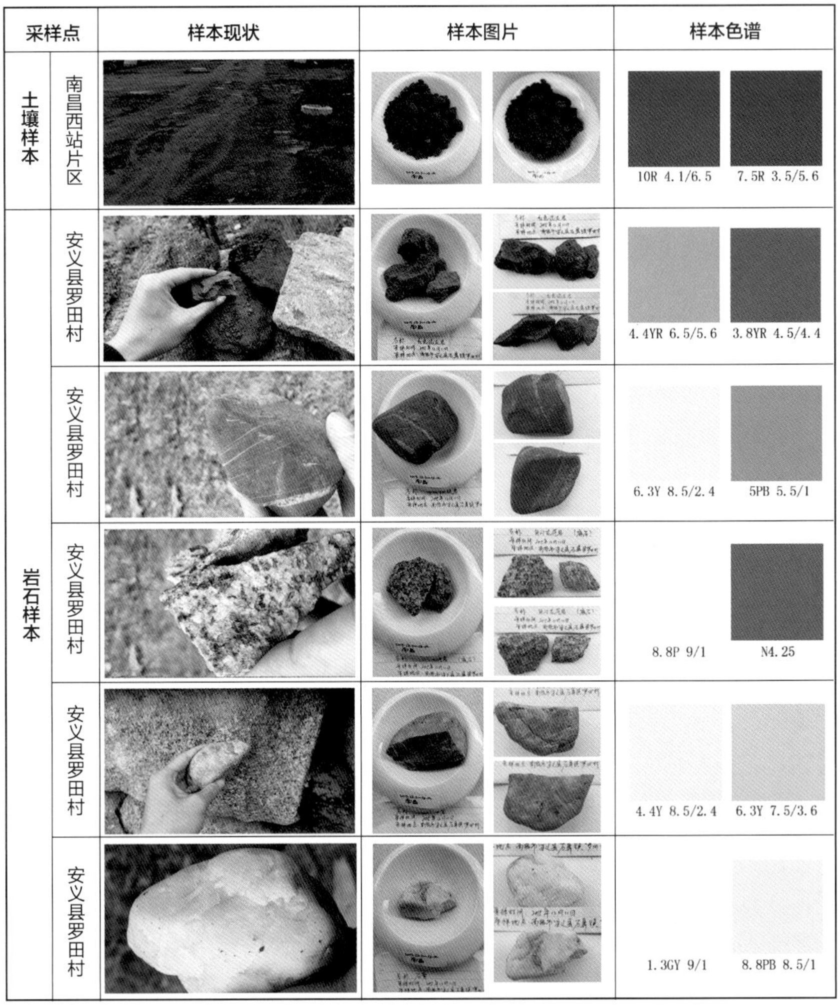

采样点		样本现状	样本图片	样本色谱
土壤样本	南昌西站片区			10R 4.1/6.5　　7.5R 3.5/5.6
岩石样本	安义县罗田村			4.4YR 6.5/5.6　　3.8YR 4.5/4.4
	安义县罗田村			6.3Y 8.5/2.4　　5PB 5.5/1
	安义县罗田村			8.8P 9/1　　N4.25
	安义县罗田村			4.4Y 8.5/2.4　　6.3Y 7.5/3.6
	安义县罗田村			1.3GY 9/1　　8.8PB 8.5/1

图2-15　中国南昌土壤岩石色彩（引自《南昌市中心城区城市色彩规划》）

---

❶《南昌市中心城区城市色彩规划》，南昌市规划局委托项目，获得第九届色彩中国提名奖。项目负责人：郭红雨；主要研究人员：郭红雨、谭嘉瑜、金琪、朱泳婷、张大元、梁林怡、何豫、麦永坚、郑荃等。

注入了朴实赤诚的红调基因，也让南昌颇为自豪的"红色文化"找到了自然色彩的根基。以此为依据，我们在南昌市中心城区城市色彩规划中，研究建构了以"青云水色、暖霞点彩"为特征的南昌城市色彩推荐谱系。

所以，深刻分析大地的颜色，寻找土壤色彩的基调，是研究自然环境色彩的基础，是定位自然环境色彩的坐标原点，还是发掘地方性城市色彩内在基因、梳理城市色彩环境脉络的重要途径，也唯有如此，才有可能在真实的大地上建立一地一色的城市色彩形象。

2.1.4　异彩纷呈的岩石色彩

相比纯朴的大地基底色彩土壤色，岩石色彩则是大地底色上的强调色，是更易变化出彩的色彩景观。岩石包括岩浆岩、沉积岩，变质岩这三种基本类型。其中，岩浆岩也称火成岩，按成因可细分为玄武岩（图2-16）、安山岩（图2-17）、流纹岩（图2-18）、花岗岩（图2-19）、辉长岩、闪长岩、花岗斑岩、浮岩（图2-20）、辉长玢岩和闪长玢岩等。沉积岩也称水成岩，按成因可分为碎屑岩、黏土岩、砂岩（图2-21）、凝灰质砂岩、砾岩（砾岩按颗粒大小分为角砾岩和砾岩）（图2-22）、页岩、石灰岩（图2-23）、长石砂岩（图2-24）、白云岩、硅质岩、铁质岩、磷质岩等。常见的变质岩有糜棱岩、

图2-16　澳大利亚大洋路玄武岩（摄影郭红雨，制图陈晓苗）

图2-17 中国青岛安山岩（摄影郭红雨，制图陈晓苗）

碎裂岩、角岩、板岩、千枚岩、片岩（图2-25、图2-26）、片麻岩（图2-27）、大理岩、石英岩、角闪岩、片粒岩、榴辉岩、混合岩等。常见的石灰岩多为灰色调，有黑灰、青灰色或褐色。砂岩颜色较丰富，以黄色调为主，有红褐色、绿灰色、黄灰色、黄褐色或褐色，也有灰白色调的砂岩等。

岩石的色彩是由它的产生环境和所含矿物质决定的：在潮湿多水环境中形成的沉积岩，带有深浅不一的红色调，如红色砂岩；在浅氧化还原环境中，如浅海中形成的岩石，则带有绿色调，如海绿石；在缺氧

图2-18 中国青岛崂山流纹岩（摄影郭红雨，制图陈晓苗）

图2-19 中国三亚花岗岩（摄影郭红雨，制图陈晓苗）

图2-20 中国三亚浮岩（摄影郭红雨，制图陈晓苗）

图2-21 法国圣保罗德望斯石英砂岩（摄影郭红雨，制图陈晓苗）

图2-22 摩纳哥角砾岩（摄影郭红雨，制图陈晓苗）

图2-23 法国尼斯石灰岩（摄影郭红雨，制图陈晓苗）

图2-24 西班牙托莱多长石砂岩（摄影郭红雨，制图陈晓苗）

的还原环境下，如深海江湖中形成的岩石，会呈现黑色调，如深海泥岩等；此外还有，超基性岩为黑色、黑绿色，基性岩常呈黑灰色、灰绿色，中性岩常呈灰色，玄武岩多为暗绿色等。

其中，大理岩较多异彩，有纯白色大理岩（又称汉白玉），以及浅红色、淡绿色、深灰色和黑色等；有的岩石因为含有石英或者方解石等矿物特别多，呈白色，如白色石英岩；有的岩石因为含有氧化铁矿物或是钾长石而显色，如含三价铁离子微粒的岩石呈红色或红褐色，含二价的铁离子使岩石呈绿色，含大量钾长石的长石砂岩为浅红色，并且会因为铁离子不同而呈混色紫红、黄褐等，也有石英岩因含杂质呈灰色、黄色和红色等；花岗岩的花样石色，是由于其中的矿物成分比较复杂，红、黑、白、黄等各种颜色呈现出各自的颜色，黑色的为黑云母和辉石等，白色的为石英、钠长石，红色的为钾长石等；变质岩中常见的绿帘石、绿泥石、海绿石等矿物常使岩石呈现绿色；含大量隐晶质岩屑的砂岩为暗灰色；炭质页岩为黑色；有机质等使岩石呈黑灰色；锰使岩石呈黑褐色；还有一些岩石因含有金属矿物质而呈现金属光泽，例如金黄色的黄铜矿等。

岩石用色彩的语言讲述了自身的成长历程和真实的内在品质，是独特地域色彩特征的重要形成因素。例如美国亚利桑那州的科罗拉多大峡谷，是在科罗拉多高原抬升时期，由科罗拉多河及其支流经过数百万年以上的切割、冲蚀而形成的沉积岩峡谷。从大峡谷谷底到顶部分布着从寒武纪至新生代各个时期的岩层。年代跨度很大的岩层中，有温暖浅海的岩层、沿岸海滩的岩层、也有沼泽地中沉积下来的岩层，还有以沙丘形式沉积的可可西诺砂岩，在海陆的反复推移下以及火山活动的淬炼中，将亿年的岁月沉淀凝固成了色彩斑斓的沉积岩层（图2-28）。在以褐色土壤为底的大峡谷画布上，赭红、褐色、黄红色、灰白、青灰色等沉积岩层清晰毕现、水平铺展，在天光云影的变幻下，彰显出魔幻、壮丽的地质传奇。

图2-25　澳大利亚汉密尔顿岛角闪片岩（摄影郭红雨，制图陈晓苗）

图2-26　澳大利亚悉尼海岸片岩（摄影郭红雨，制图陈晓苗）

图2-27　中国庐山片麻岩（摄影郭红雨，制图陈晓苗）

图2-28　美国科罗拉多大峡谷（摄影蔡云楠，制图陈晓苗）

与色彩丰富的沉积岩讲述地球进化的历史不同，石灰岩仅用单纯的色彩就可以表现出大自然的震撼力。在澳大利亚墨尔本西南的大洋路海岸线上，高耸出海面的断壁岩石就是典型的石灰岩和砂岩景观。其中最著名的十二门徒岩、六合谷和伦敦桥（图2-29），都是大陆架上质地较软的石灰岩和砂岩，被南大洋汹涌的波涛和狂风不断侵蚀而成峭壁。黄褐色、黄红色的岩石群，矗立在湛蓝的海洋中，用纯粹壮丽的色彩渲染了巍峨的气势。可以说，大场景油画般的岩石色彩是大自然的神来之笔，也是自然界在借用色彩讲述地质历史的故事。

图2-29　澳大利亚大洋路十二门徒岩（摄影郭红雨，制图陈晓苗）

2.2 峰峦叠嶂的容颜

2.2.1 云雾润泽的满目青山

作为国家或地区骨骼的山岳，是空间界面中最突出的视觉屏障和对景，更是一个地域范围的色彩空间边界，是可以强有力地塑造地区性色彩特征的地表色彩景观。

世界上不同地区的山川，会因为地形地貌、地质成因和风云气象的差异，呈现出不同的色彩形象与质感。例如由石灰岩、沙岩、页岩和黏土组成的水平岩层构成的阿尔卑斯山脉，即使在山系延伸范围的不同地方，也有着色彩和形态的大不相同：有高纬度、高海拔地区终年积雪的冰峰，有主山脉周围前阿尔卑斯形成褶皱的沉积物，还有内阿尔卑斯结晶体地块，以及靠近地中海地区低洼而干燥的石灰岩山地。因为阿尔卑斯山脉属于典型的高山气候，气温年较差和日较差较小，高峰处多积雪、少降水，近地面不容易辐射冷却，而且风力较强，水汽不易凝结成云雾。所以，在白昼光下，阿尔卑斯山脉有着反射高冷寒光的白色雪峰，也有沟壑褶皱中深蓝灰色的阴影，以及山坡地上覆盖褐土或片岩（夹杂花岗岩）的深褐色地表色彩，墨绿色的松柏类植物带，用强烈的阴影笔触，加强了明暗关系，为阿尔卑斯山勾勒出了色调硬朗、色感冷峻的色彩形象（图2-30）。同样，俄罗斯的高加索山脉、西班牙与法国之间的比利牛斯山脉等欧洲的著名山岳，虽然在地质成因上各有不同，但是也多为山势高峻、气候严寒、终年积雪的环境特征，都因为少水汽云雾，而呈现出清晰的油画质感，色彩形象鲜明厚重，光影关系明晰可辨。

而中国著名的山岳则有着与欧洲名山截然不同的色彩景象，例如"三山五岳"之安徽黄山（图2-31）、江西庐山（图2-32）、浙江雁荡山、东岳泰山、西岳华山、南岳衡山、中岳嵩山、北岳恒山，以及因"魔界"奇山而走红的张家界（图2-33），因仙人修

图2-30 瑞士境内阿尔卑斯山山色（摄影蔡云楠，制图陈晓苗）

图2-31 中国黄山山色（摄影郭红雨，制图陈晓苗）

图2-32 中国庐山山色（摄影郭红雨，制图陈晓苗）

图2-33 中国张家界山色（摄影蔡云楠，制图陈晓苗）

图2-34　中国崂山山色（摄影郭红雨，制图陈晓苗）

道传说而闻名的崂山（图2-34），被誉为中国现代革命摇篮的井冈山（图2-35）等等，都在云遮雾罩、青烟缭绕中，呈现出云飞雾绕的质感和清润柔和的青绿色调。

中国山地环境云雾现象突出，主要是自然地理格局所致。由于中国内陆地区的山脉大部分都是东西走向的山脉，基本都面向太平洋打开了引入暖湿气流的通道，同时又阻挡了冷空气的南下。此外，南北走向的山脉——横断山脉，也面向印度洋开放了暖湿气流进入内陆的通道，来自太平洋和印度洋的暖湿气流受到秦岭阻挡，又与北方南下的冷空气在此交汇，在风速不太大的情况下，给云雾的形成创造了有利的条件。而且这些山地地区原本就因为江河湖泊的环绕和山峦叠嶂的地貌，蕴育了湿度较高的小气候环境。同时，在我国大部分大陆地区盛行的亚热带季风性气候也是重要的云雾成因。

图2-35　中国井冈山山色（摄影郭红雨，制图陈晓苗）

因为季风气候下气温的年较差和日较差较大，尤其在秋冬季节，白天温度比较高，空气容纳了较多水汽，夜间地面温度急剧下降，致使地面水汽容易在后半夜到早晨达到饱和而凝结成水雾。上述这些地形地貌与气候因素，综合形成了我国大部分山地环境相对温暖的气候特征，尤其是在这些山地的阴面和湿度较大的山区，易形成云海。

其中，我国西南地区的山地因为处于青藏高原东部的静风区，加之来自印度洋的暖湿气流受到秦岭的阻隔停滞在此，比其他地区更易聚集云雾，终于令千山万壑都淹没在云涛雪浪里。所以，若论云雾之多，西南山地中的峨眉山以年平均雾日322天雄踞榜首，最多时可达338天。此外，以"黄山归来不看云"著称的安徽黄山，因处于东南地区湿润的山地环境中，也有着255.4天的年云雾天气，是中国观赏云雾山色的名胜地。其他年云雾日超过250天的山岳还有福建九仙山、重庆金佛山和湖南衡山等，都是因湿润的小气候而形成的云雾名山。

中国的青山之所以青，正是得益于这些水汽云雾的萦绕。因为色彩来源于光，太阳光中波长较长的红光、橙光、黄光的穿透力强，能穿透云雾气层，直接射到地面，而波长较短的青、蓝、靛、紫等色光，很容易被悬浮在空气中的水分子颗粒阻挡，产生大量的散射光线，从而形成青蓝色光波。这种透明的青烟蓝雾即是柔和、澄明的青绿色视觉印象的来源。所以，多云雾的中国大陆地区多青山，是自然环境所赐，也是中国山岳审美的自然属性表达。

其实，在中国幅员广阔的疆域中，除了中东部和西南部的秀美青山之外，还有东北与西部的雄伟山脉，那些山岳因为处于温带大陆性气候带或高原山地气候带，较少受暖湿气流影响，山地环境中也少云雾水汽萦绕，山色也与欧洲的山地有着类似之处。例如我国西北干旱地区的天山（图2-36）和阿尔泰山，位于我国西部气候干寒区的喜马拉雅山

图2-36　中国新疆天山山色（摄影郭红雨，制图陈晓苗）

图2-37 中国西藏喜马拉雅山（摄影蔡云楠，制图陈晓苗）

图2-38 中国四川岷山（摄影蔡云楠，制图陈晓苗）

图2-39 中国云南玉龙雪山（摄影蔡云楠，制图陈晓苗）

（图2-37），横断山系中常年覆盖千里雪的岷山（图2-38）与玉龙雪山（图2-39）等。虽然它们在中国的山系结构中担当了重要角色，但是却没有成为中国山色的代表，主要的原因还在于这些地区并不处于中国古代的文化核心地带。

由此可推论，青烟萦绕的山色标准是由拥有文化话语权的中国中东部地区定义的。因为这些地区都属于亚热带季风气候区，所见多是云雾缥缈的青山景色，自然形成了欣赏青山的审美倾向。青润山色之所以是中国中东部地区以及部分西南地区的典型色彩特征，其实也是中国古人对山岳色彩的一种选择性颂扬，一种由文化话语权决定的色彩偏好。

尽管中国古代没有科学量化的色彩谱系分析，但是依照视觉体验的经验，人们发现并肯定了青润色调是山岳最适宜的色彩。今天，我们依然可以用色彩学的理论来解释青色的最适宜性。运用光学理论可知，各种颜色对光的吸收和反射各不相同，红色对光线反射是67%，黄色是65%，绿色是47%。对光线反射较强的颜色容易产生耀光而刺眼，反之则会减少视觉刺激，令人视觉感受松弛。青色光波（500nm～450nm）是在可见光谱中介于绿色和蓝色之间的颜色，对光线反射只有36%。因为青色的反射率较低，对视觉刺激度较小，能舒缓视神经和脑神经，所以青绿色的光波刺激是最适于接受的视觉感受。由此，可以认同中国古人的选择，作为中国国土空间中最主要的屏障也是对景的山岳，最宜眼也宜心的颜色应该是青色的，这也是与令人心驰神往的仙山圣地最吻合的色彩。

满目青山的视觉体验，带给中国人喜爱青色的色彩偏好，青色与自然自在的中国传统文化意义联系，又加强了青色在绘画、诗文中的表现。青色作为境外之象、归隐天然的自然色彩象征，甚至促成了中国山水画、山水诗文中青色韵味的表达。

在以山川自然景观为主要描写对象的中国古代山水画的发展中，宗炳的《画山水序》（南朝·宋）中"以色貌色"的设色论，为青山绿水的山水画提供了理论基础。隋唐五代时期，山水画为色彩浓艳的青绿色调，直取大自然的青绿色，以石青和石绿（分别采用孔雀石和绿松石碾成粉末而成）为主要色相。其中，色彩浓烈的山水画是"大青绿山水"，色彩浅淡的为"小青绿山水"。直到唐代，中国画发生了从"重色轻墨"到"重墨轻色"的转变，青绿山水画之外又出现了水墨渲染的山水画，色调虽由青色调变成了墨色，但是色彩并没有完全退场。而且，在中国古人的色彩概念中，有些"墨色"也是在"青色"范畴之中的。

这是因为，中国古代色彩观在本质上是人本主义的色彩观，色彩的语义因此有着丰富的文学意境和伦理象征，青色色域也因而是广泛、丰富且多义的。例如《释名–释采帛》曰："青，生也。象物之生时之色也"，此处的青为"嫩绿色"；在《左传》中，青色是指绿色；在《庄子》中则是指蓝色；在《书经》中又指向黑色等，充分演绎了青色广阔的意涵与弹性的外延。

此外，注重文学意义联想的中国传统文化，又将青色的相邻色、相近色归于"青"的范畴："碧"，因为接近青色所以也被算作青色；"苍"，在《广雅》里释为："苍，青也"，在《尔雅》里"春为苍天"，与青天同义，苍也就有了青的含义，而且是浓重又偏于黑色的青，故也有深沉暗绿的山岳被形容为苍山；"蓝"也可以也被视为青，因为在《荀子劝学》中"青，取之于蓝，而胜于蓝"，在白居易《忆江南》里有"春来江水绿如蓝"等；"翠"色常用来形容苍翠欲滴的山景，也因此被收入青色的阵容；表示淡青色的"缥"，在《说文》里释为"缥，帛青白色也"，也就与青色有了关联；还有在光谱上极接近的"绿"色；甚至有时候黑色也代指青色，所以李白在《将进酒》中形容黑发为"朝如青丝暮成雪"等等。事实上，绿、蓝、碧、萃、苍、缥乃至黑等一系列文学意义上的"青色"与色彩学意义上的青色虽然有一定的关联，但也是有着明显距离的。不过擅长意会和联想思维的中国传统文化并不苛求这些颜色的精准，反而愿意用更大的弹性来扩展青色的外延，将绿、蓝、葱、翠、郁、苍等冷色系列都纳入澄明清透、深沉冷静的青色系，使青色从高山峻岭，走向田园人居，从山岳物象的实体色彩，渗透至令人心驰神往的虚体色彩。由此，体现自然最适宜样貌的青色，与中国道家文化中归隐自然、天人合一的终极目标暗合，并与以自然山水为咏颂对象的山水画和山水诗文相生相长，渐渐蕴育了中国山岳色彩审美中尚青的色彩偏好。

2.2.2　光影犀利的峥嵘峰峦

欧洲的山岳，大多与中国中东部地区云雾缭绕的青山有着完全不同的色调氛围，这多缘于气候与地形地貌特征的作用，以及由此形成的色彩审美偏好。例如欧洲最高大、最雄伟的阿尔卑斯山脉，作为中欧温带大陆性湿润气候和南欧亚热带夏干气候的分界线，在越深入的山谷中空气越干燥，明媚的阳光与干爽的空气介质，使得高海拔地区的灰色岩壁与晶莹皓白的冰峰呈现冷峻的高山色调，褐色土层与绿野丘陵显现出层次分明的色彩形象。白天，山顶冰峰在阳光下闪烁着银光，傍晚，银色的雪峰在低色温的落日光辉点染下，披挂了一片瑰丽的红紫色，褐色的山岩和白色雪峰都笼罩在稍纵即逝的红色里，山坡皱褶处的阴影在色彩对比关系中更加趋向深蓝，松柏类植物也更显暗绿沉寂（图2-40）。

类似的山色还有分隔法国与西班牙的比利牛斯山，特别是在西班牙境内的比利牛斯山南坡，典型的亚热带夏干型气候，使得气温年和日较差都较小，近地面不容易辐射、

图2-40　法国境内阿尔卑斯山山色（摄影蔡云楠，制图陈晓苗）

冷却，水汽不易凝结成雾，空气干爽透明，色彩明度高。在清澈阳光的照耀下，峥嵘的花岗岩、页岩及石英岩山体的肌理细节毕现，金色岩体质感分明、光影明暗清晰可辨（图2-41）。

在英国西北部山区，部分山峦终年积雪，山地被褐色土壤或片岩（夹杂花岗岩）覆盖，受西风带和北大西洋暖流控制的天气，风力强，少云雾，日照短。虽然太阳高度角低，阳光并不绚丽，还时而阴冷，却为高寒阴冷的山野涂抹了短促且耀眼的金色光辉，显示出细致微妙又耐人寻味的色彩变化（图2-42）。在一定程度上，这也促成了以歌颂自然山川为主的英国自然浪漫主义的诗意情怀。

西欧和北欧山地环境的色彩特征，蕴育了对自然环境逼真摹写以及捕捉自然光线变化的欧洲独立风景画，包括英国的水彩风景画、17世纪荷兰的风景画派、19世纪法国的印象主义以及巴比松画派等。欧洲写实风景画的光影技巧支持，使人们更重视欣赏山岳的光影明暗变化，继而又推动了描绘光影特征的风景画的繁荣，例如以伦勃朗为代表的荷兰风景画派，运用明暗技法，把光和影的表达发挥到了极致，将风景画的写实刻画提升到新的高度。以康斯太勃尔为代表的19世纪英国风景画派，擅长描绘细微的光影变化，以表现自然风景的真实视觉感受。

图2-41　西班牙境内比利牛斯山山色（摄影郭红雨，制图陈晓苗）

图2-42　英国西北部山脉色彩（摄影蔡云楠，制图陈晓苗）

　　而且，欧洲不同山地环境的色彩特征，也在一定程度上影响了各类风景画派的特征与技法侧重。在欧洲北部的俄罗斯，高纬度的大高加索山脉和乌拉尔山脉，用强烈的阴影与阴郁的色彩深刻影响了19世纪的俄罗斯风景画大师们，如萨甫拉索夫、希施金、列维坦等。在此环境下诞生的风景画派，善用严肃的态度捕捉高纬度阳光洒在山林中的金色余晖，用扎实的写实功底真实地再现高寒山地的深沉静穆，在传达空气中冷冽味道的同时，演绎出俄罗斯民族坚韧深沉的情感。而地中海气候下的法国山岳环境中，干爽的空气、明澈的光线、绚丽的色调、流动多变的风云和明快强烈的光感，积极调动了人们对无穷变化的色彩与明暗的兴趣。其中，柯罗的作品就是西方风景画从灰色基调走向阳光灿烂的开始。随之而出现的印象主义画派，更加受到明媚光线的地中海山川色彩的浸染，尤其是受到19世纪光学研究与实验进展的推动，追求光色变化，主张根据太阳光谱所呈现的赤橙黄绿青蓝紫七种色相去反映自然界的瞬间印象，探索使画面明亮灿烂色彩的技法，终于培育了擅长表现光线和大气的巴比松画派，以及好用光与色技法的印象派风景画风，例如长于捕捉阳光的颤动，专注表现空气在自然界物体上微妙变化与瞬间形象的莫奈等绘画大师。

吸收自然山川色彩特点，并强烈受到山岳色彩环境影响，是西方风景画的特点，也是由于西方风景画所追求的目标是尽最大程度地再现自然，依靠丰富的色彩和光感表现真实存在的自然风光，以此表达对自然和世界的认知。

当然，并非中国之外的山地都是少云雾的。在远离欧洲大陆的澳洲，也有因为植物蒸腾雾气形成特殊山色的山脉，如澳大利亚悉尼西郊蓝山（Blue Mountain）的蓝雾。即便如此，蓝山雾的质感也与中国山地的清润水雾大相径庭。沙石高原组成的蓝山山体满布澳大利亚桉树（Eucalyptus Robusta Smith又称尤加利树），桉树枝叶富含挥发性油质桉叶油，极易随着气温升高而发散到空气中，并与微小尘粒凝结成等颗粒状介质悬浮在空中，从而加大了阳光散射中的蓝光。因为桉树油的比重较大，致使蓝雾沉着在山体表面，而且油雾介质不似水雾介质那般透明轻盈，故而形成的蓝色氤氲如油画般浓厚沉重，为绵延一百万公顷的山脉笼罩了一片浓稠的蓝色烟幕（图2-43）。所以，阿尔卑斯山、比利牛斯山、大高加索山脉等，包括蓝山这一类色彩质感浓厚、阴影对比坚实的山色环境，都不大可能产生意趣超然、飘逸空灵的写意山水画，倒是恰如其分地诞生了真实描绘自然风光的西方风景油画。

综上种种欧洲山岳色彩的特点，都为写实派自然风景画的发展奠定了基础。为了尽可能真实地再现欧洲山岳的自然力量、色彩光辉和光影变幻，绘画者以极大的热情去追寻反射与折射的光影变化、探索明暗与色彩的对比等表现手法，而不是去创造景物的意象，这大概是山岳风景绘画中最显著的中西差异。这其中当然有中西方美学思想的取向不同，但也在一定程度上反映了自然山地色彩的现实差别及其对审美偏好的影响。

图2-43　澳大利亚悉尼蓝山山色（摄影郭红雨，制图陈晓苗）

所以，从山岳色彩的角度来看，欧洲那些色彩浓厚、光影分明、肌理清晰的山岳色彩形象，激发了西方绘画中的真实再现及表现技法的提升。同时，以观察自然、再现自然，进而对物质世界进行科学合理解释为目的的西方写实艺术，在追求对自然风景光与色的真实表现中，逐渐促成了科学现实的绘画色彩观，推进了纯熟运用光与色的绘画技巧，并创立了以光源色和环境色为核心的现代写生色彩学，更重要的是培育了欣赏自然山川光色变化的审美趣味。

中国是一个大陆性的国家，无论是在山水画、山水诗文还是山水园林中，都是山水齐重的艺术表现，但是在山与水这两者之间，还是对山岳更钟情一些。这是因为中国是一个多山地的国家，国土陆地面积的百分之六十为山区（山地约占33%，丘陵约占10%，高原约占26%），也是源于几千年来农耕社会对于土地更依赖的缘故。相较水系，人们更倚重山岳，更崇敬山，也更愿意赞美山。也正因为如此，中国的山，很少被描绘得面目峥嵘和坚硬冷酷，尽管山体岩石本身是无比坚硖的，但人们对于山的形象却是趋于青山不老、仙气袅袅的认同，这多与中国中东部山岳雾气蒸腾、青秀润泽的自然环境有关。

所以，中国古代的诗词中的山岳都被描述为青色，例如"绿树村边合，青山郭外斜"（《过故人庄》唐·孟浩然），"两岸青山相对出，孤帆一片日边来"（《望天门山》唐·李白），"红树青山日欲斜，长郊草色绿无涯"（《丰乐亭游》唐·欧阳修），"飞鸟没何处，青山空向人"（《饯别王十一南游》唐·刘长卿），"青山隐隐水迢迢，秋尽江南草未凋"（《寄扬州韩绰判官》唐·杜牧），"荷笠带斜阳，青山独归远"（《送灵澈上人》唐·刘长卿），"水寒江静，满目青山，载月明归"（《诉衷情》宋·黄庭坚）等，对青山的种种咏讼简直不胜枚举。总之，在中国文人的理解中，中国山川最美的色彩都是青色的。青色，被认为是最符合中国山岳气质的色彩。在天青色烟雨笼罩的青山深处归隐自然的中国式山岳审美思想，也更加诗化了山岳的色彩（图2-44），这与西方写实的山岳色彩认知有着根本性的差异。

"我见青山多妩媚，料青山见我应如是"（《贺新郎·甚矣吾衰矣》南宋辛弃疾），这句词可以恰到好处地说明，云烟连绵中青绿色调的山川样貌，契合了中国传统文化中诗情画意、意会联想、借景抒情的审美情趣。正因为有了这些水雾润泽的青山，才会诞生中国山水画气韵生动的色调和山水诗文中青色烟雨的韵味。一方面，满目青山的自然环境，引领了青绿山水画的方向，也渲染了文学意义上的尚青，又加强了山水画的青色演绎；另一

图2-44 中国式青山的典型色彩形象（摄影郭红雨，制图陈晓苗）

方面，以表达情感、追求意境为主旨的写意山水画、山水诗文等相关文学艺术，又加强了人们对青润山色的审美偏好，并反馈了文化中的尚青趣味。所以，山川大地的色彩，不仅构筑了一个国家或地区自然环境的色彩基调，也潜移默化地塑造了文化的特点，形成了独特的色彩表现语言与方式。正如欧洲山地环境中清冽的阳光、干爽的空气和强烈对比的明暗，会诞生出玩味光与色的写实风景油画一样。

2.3 海天一色的光芒

2.3.1 深蓝浅绿海之色

在赏析了土壤、岩石和山岳的色彩之后，对于自然山水的色彩，就需要从山川走向海洋了。中国不仅拥有960万平方公里的陆地面积，还拥有着300万平方公里的蓝色海域。在过去很长一段时间里，作为大陆性民族的中国人，都将注意力集中在大地上，而对海洋缺乏关注。尽管中国拥有漫长的海岸线，但是我们对海洋是亏欠已久的。随着海洋时代的来临，现在是时候把目光转向大海了。深刻认识我们的蓝色国土，从色彩的角度重新审视海洋的面貌，首要的问题即是海水的颜色。

都说海洋是相通的，可是不同的地区却有不同的海水颜色，有深蓝，也有碧绿，有黄绿，还有黄灰，有灰绿到惆怅的海水，也有蔚蓝到热烈的海岸。法国南部与阿尔卑斯山脉之间狭长的地中海海岸，常年沐浴在地中海的阳光下，波光粼粼的海水，闪烁璀璨光华，清澈透明的大海与天空融为蔚蓝色的一体（图2-45），被世人赞誉为"蔚蓝海岸"，甚至有"蓝色油漆桶"的夸赞。但是，同样拥有漫长海岸线的中国近海，却是不一样的海水色彩，我国东部的近海大多呈蓝绿灰色（图2-46），甚至是黄绿灰色。

在运用色彩地理的视角剖析之前，需要说明的是，海水的颜色主要是由海水吸收和散射的光学特性决定的。为了准确观测海水色彩，需从海面正上方观测海水颜色，以最大限度减少反射光（白光）的影响。这如同我们研究城市建筑物色彩，需要避免朝霞、

图2-45　地中海"蔚蓝海岸"之摩纳哥海岸（摄影郭红雨，制图何豫）

图2-46　中国东部海域青岛水色（摄影郭红雨，制图何豫）

晚霞或多彩灯光对建筑表面色彩的改变一样，这里讨论的海水颜色，也是在9：00至16：00之间的白昼太阳光下的海水颜色，不包括朝霞和晚霞等特殊光线映射下的海水色彩。

海水显色与太阳高度、天文状况、海底地质和海洋水文等条件都有着密切关联，最主要由光照和海水介质这两大方面的因素造成，其原理是"拉曼效应"在起作用，即海水对太阳光线的吸收、反射和散射造成的。

我们看见的大海呈现出的蓝色是由海面反射光和来自海水内部的回散射光的颜色决定的。由于海水介质的半透明特性，太阳光线照射到海面，一部分被海面反射，一部分经过折射进入水中。进入水中的光线在传播过程中会被水吸收。对光的选择吸收是物体呈现颜色的主要原因。在一定的波长范围内，若物质对通过它的各种波长的光都作等量吸收，且吸收量很小，则称这种物质为一般吸收；若物质吸收某种波长的光能比较显著，则称这种物质具有选择吸收性。日光由不同波长的光组成，海水对不同波长光的吸收和散射是有选择性的。海水吸收红光最多，透射蓝光最多。这是因为太阳光中长波的红光、橙光、黄光穿透能力强，进入到海水中，随着海洋深度的增加逐渐被水分子所吸收。在水深超过100米的海洋里，这三种波长的光大部分能被海水吸收。红光波长最长，被吸收率最大，在海水浅层阶段就被消耗殆尽了，到了一定深度绿光也被吸收了。而波长较短的蓝光、紫光穿透能力弱，遇到水分子或其他微粒会四面散开，或反射回来。大量蓝和紫色被反射和散射回来就使得海洋呈现出蓝色了，其中紫光的波长最短，反射应该最强烈，但是人的视觉对紫光的感受能力很弱，因人的视觉神经偏好而被消减了，海水反射的紫色就被忽略了。相反，人的眼睛对蓝、绿光却比较敏感，蓝绿色的海水就易于映入眼帘了。海水的蓝色主要是光照的效应，所以，只有晴天的时候海洋才显现出蔚蓝色，而阴天下的海洋是暗寂的冷灰色的，这类似于大气分子散射太阳光而使天空呈现蓝色的原理。

但是不同地区的海洋有着深蓝、浅蓝或蓝紫、蓝绿的差别，却是海水介质和阳光入射角度的差异造成的。海水成分复杂，包括可溶有机物、悬移质、浮游生物等。光线在海水中的散射是光通过这些海水介质时，偏离原来传播方向发生的光出射现象。水分子、各种悬浮颗粒、浮游植物、可溶有机物粒子是引起海水散射的主要原因。因为散射能量与水中悬浮颗粒的大小有关，颗粒粒径越小，短波散射能量越大，反之，颗粒粒径越大，长波散射能量越大。而且，海水越明净清澈，光线被吸收系数越小；悬浮颗粒物越多的海水，对波长短的蓝光与绿光吸收越多。所以，在近海岸，特别是在含沙量较多的河口附近，海水中陆源沉积物等大颗粒悬浮物质较多，黄光散射也加大，水色就呈黄色或黄绿色了。而在远离岸线的大洋中，海水的散射主要由水分子引起，悬浮颗粒少且小，蓝光散射能量大，海水就愈发显深蓝色。这也是从近岸水域到远海，海水颜色依次由浅蓝逐渐变深蓝的原因。这个海水呈色的原理同样可以解释淡水的湖水呈绿色、含盐的海水呈蓝色的问题。

此外，进入海水中的日光量也随着太阳投射角度、天气状况、海面状况等诸多因素而变化。其中的阳光入射角度是改变海水水色的重要因素。太阳光线照射到海面时，光的折射率和反射率与太阳高度角密切相关。日光垂直射向海面时反射光很少，在平静的海面约有2%。太阳高度越高，反射能量越小，被折射散射的能量也就越多。反之，阳光入射角度越低的光线，被反射得越多。所以阳光直射强烈的海域，海水蓝色越加深邃。例如马尔代夫，地处北纬4°、东经73°的印度洋上，受益于赤道附近充足的日照和极小的阳光入射角，大部分光线被折射和散射为蓝光，使海水呈色碧蓝。不过，马尔代夫最享誉盛名的不是浓烈壮阔的深蓝色远海水色，而是在翠绿、孔雀蓝、天蓝到深蓝间闪烁变化的近海水色。这是因为近海海水较浅，阳光透射中的不仅蓝色，也会有淡绿色，在较高透明度的作用下，成就了清透明亮、幻彩玻璃般的海水颜色（图2-47）。

至此，海水呈色的原理已经厘清，我们已经可知海水的深蓝浅绿并非上帝调色板的任性而为，而是海域区位、岸线地质、光照环境等综合作用的结果。但是不同深浅的蓝绿还需要用科学的度量来阐述。将海水的颜色量化，需要专业的水色测量作为技术支持。福雷尔-乌勒标准水色液配制的福雷尔水色计Forel Sea Colour Meter[1]是常用的测量水色设备。作为自然界水色的对照标准品，水色计有着从蔚蓝色、浅蓝色、绿色、浅绿色过渡到黄色、棕黄色和褐色等21个标准色（图2-48），可涵盖绝大多数水色特征，可用于对海洋、湖泊、水库等水域现场所呈现的颜色进行比色测定。水色计需要与直径30厘米的塞氏盘[2]配合使用进行比色测色，在舷边背阳光处将塞氏盘放置在水体透明度一半的深处，根据盘面上呈现出的颜色，在水色计中比色确定水色号数。水色号越小，水就越蓝，海水透明度也越大；水色号越大，水就越黄，海水透明度也越小。

塞氏盘其实是测量水透明度或透光度的专用工具，这就涉及观察海水色彩的另一个重要概念：透明度。透明度是表征海洋水系透明程度的物理量。透明度大小取决于水的浑浊度（水中混有各种浮游生物和悬浮物所造成的浑浊程度）和色度（悬浮生物和溶解有机物造成的颜色）。一般来说，远离海岸的大洋海水的透明度较高，较少泥沙注入的入海口的海水透明度也较高，例如位于太平洋中部、远离亚欧大陆和美洲大陆的夏威夷海岸，海水透明度达30米，水色为1～2号湛蓝色（图2-49）。

---

[1] 水色计用于测量溶解状态的物质所产生的颜色，仪器采用国家标准GB5750中所规定的铂-钴色度标准溶液进行标定，采用"度"作为色度计量单位。

[2] 塞氏盘用于测定水质透明度或透光度。透明度大小取决于水的浑浊度（指水中混有各种浮游生物和悬浮物所造成的浑浊程度）和色度（悬浮生物和溶解有机物造成的颜色）。在使用时，在白昼光下，背阳处测试，将塞氏盘下沉到刚好看不清的深度，以此来标定水质最大透明度。这一深度是白色透明板的反射、散射和透明板上水体的散射与周围海水的散射光相对平衡的状况，也称相对透明度。

图2-47　马尔代夫近海水色（摄影郭红雨，制图何豫）

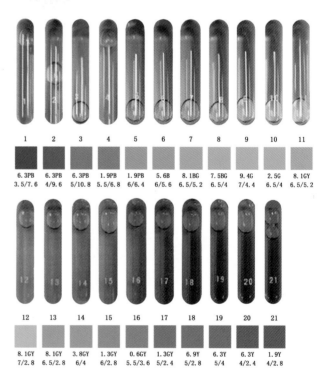

图2-48　水色标准色与色值（制图张大元、谈卓枫）

图2-49　美国夏威夷海岸水色（摄影蔡云楠，制图何豫）　　　图2-50　中国厦门海水水色（摄影郭红雨，制图何豫）

世界各大洋的透明度值也并不相同，太平洋的水比大西洋、印度洋的水的透明度高。热带海域的海水透明度较高，达50米左右。据科学测定，位于北大西洋中心的马尾藻海（水域面积约500万～600万平方千米）位于副热带辐聚区，海水辐聚下沉，悬浮物少，海水透明度达66米，有的地方甚至达75米的深度，拥有世界上最大透明度和最佳的水色。

2.3.2　相通的海洋不同色

由此，我们可以解释相通的海洋却有着蓝绿深浅不同色的缘由，特别是中国东海、东南海岸的海水色彩多呈黄绿和黄色的原因。这是因为中国东部渤海、黄海、东海受辽河、黄河、长江等入海河流带来的泥沙影响较严重。虽然我国入海河流水量仅占全球河流入海水量的7%，但输沙量却占世界河流输沙总量的10%至15%。特别是黄海与渤海海岸，黄河夹带巨量泥沙入海（年平均输沙量约达16亿吨），致使海水透明度低、悬浮颗粒多且粒径大。因为悬浮颗粒粒径大，而长波散射能量就越大，黄光散射折射多，短波散射能量小，蓝色散射折射光线少，因此，黄海海水的颜色就会是黄色的。虽然现在的黄河已改向渤海入海，但黄海与渤海相连，而且淮河、灌河等河流还是会带着滚滚泥沙注入，所以海面仍然呈现黄色调。同理，在长江入海口的东部沿海海域、九龙江河口

图2-51　中国珠海海水水色（摄影郭红雨，制图何豫）

地带的厦门海域（图2-50）直至南海北部的珠三角入海口的珠海海岸亦多呈现黄色与黄绿色海水（图2-51）。

　　但是北回归线以南的中国南海海域，海水就非常清澈，呈现出可以与马尔代夫海水媲美的水色。这是因为我国南海多岩质、珊瑚礁质岸线，海水没有受到内陆河流的影响，悬浮物少，透明度高。在南海水色最美的春季，三沙市附近的海域水色透明度达到24米以上，一些地方的海水透明度能达到40多米，三沙海域是我国沿海透明度最高和水色最蓝的地方，超过马尔代夫的海水透明度，中国海水透明度的极值（47米）就在这里。低于2号的湛蓝水色清澈幽蓝，如浓郁的蓝色宝石般璀璨耀眼，海水不仅透澈，颜色层次也极为丰富，而且光线的吸收和散射随着海水的深浅和流动而变化，在深海地区的海面呈现深蓝色，在珊瑚礁水域呈浅蓝，在浅海海水呈翠绿，整片海域的水色在湛蓝、深蓝、浅蓝、蓝绿、宝石蓝、天蓝、翠绿间变幻，展现出极为丰富的色彩层次（图2-52）。而同一时期的渤海、黄海、东海近海海水透明度仅为1~6米，水色号是在10以上的黄色；华南沿海透明度为4~8米，水色是8-10度的黄绿色。

　　根据我国海域透明度和水色指数研究分析得出的中国海洋水色分布，将渤、黄、东海一年中透明度和水色最好的夏季数值，与南海一年中透明度和水色次好的夏季（南海透明度和水色最佳的季节是春季）数值相比对，可以发现，北回归线以南的中国南海海域，有着远远高于渤海、黄海、东海和南海北回归线以北部分的透明度和最低的水色，中沙和南

图2-52　中国三沙海域春季水色（摄影李亦然，制图何豫）

图2-53　中国南沙海域夏季水色（照片由提供李亦然，制图何豫）

沙群岛的大部分海域水色都能够达到深蓝色到蓝色（图2-53）。

　　中国东部海岸海水颜色都不够湛蓝，偏黄绿或黄色，透明度偏低，其主要原因是沿岸较多河流入海，而且岸线主要为泥质和沙质，以及受黑潮影响较小的关系。原本洋流中的黑潮也是调剂透明度、带来蔚蓝的重要力量。作为北赤道暖流的延续，深蓝色的日本暖流，也称黑潮，从菲律宾开始，穿过台湾东部海域，沿着日本往东北汇入北冰洋的暖流，将来自热带的温暖海水带往寒冷的北极海域。因为水中悬浮物质和营养盐较少且颗粒小，导致阳光在水中的散射和折射率低，故而水色幽暗蓝黑，所以经过黑潮汇入的水色也会增加不少蓝色。

　　但是中国东部海域与黑潮接触较少，得不到这股蓝黑色暖流的惠及。所以，在透明度最高水色最好的每年8月，渤海海域仅有2~6米的低值透明度，呈蓝绿灰色，冬季渤海透明度甚至不足1米，水色12~14级，呈绿黄色调。而黄海的浅滩海域，也因为水深较小，底质多为泥底和砂底，加之潮流涌动翻搅，致使大量悬浮物停留在水中，透明度仅有1~4米，水色号16~18级，呈绿黄、绿灰色调。然而黄海在远离海岸的中部也有高达20米以上的透明度和与之相匹配的蔚蓝水色，这应归功于黄海暖流的贡献了。东海则因为长江汇入，带来泥沙，加之低盐度、低密度的长江淡水在与海水交汇时浮于海面上层，显著影响海水透明度，透明度仅为2～4米，水色号为12～14，故呈黄绿色调。而且长江泥沙随沿岸流南下，尤其在夏季，会一直影响到闽南沿海，直到广东惠州附近及香港东部的黑潮区海域，海水才开始变得清澈湛蓝（图2-54）。而东海东侧受到高温、高盐的台湾暖流影响，透明度可达18米以上。海南岛海域在黑潮的作用下，透明度达到20米以上，水色可达4级（图2-55）。台湾岛东岸更是受到日本暖流（黑潮）影响，透明度20～30米，水色达3级，颜色碧蓝。

　　台湾海峡东侧的日本暖流（黑潮）一路向东北而上，经日本冲绳群岛时，带来了25米透明度，水色2级的海水，尤其在庆良间诸岛留下了名为"庆良间蓝"的湛蓝大海（图2-56）。泰国湾，也是受到类似黑潮的赤道流延续体的影响，呈现较高的透明度和纯正的蔚蓝色（图2-57）。在南半球澳大利亚东部的大堡礁水域，同样是因为没有大型河流汇入，较少受泥沙影响，且大陆架区有着世界上最大规模的珊瑚礁群，包裹了海水中的悬浮物质，因而水质清澈，尤其是在珊瑚海海区西部受到东澳大利亚暖流和南太平洋赤道暖流的影响，使得海水透明度达20米左右，碧绿深蓝的海面上点缀着翠绿色的环礁水域（图2-58），湛蓝浅碧的水色可达4级。

图2-54　中国香港东部海水水色（摄影郭红雨，制图何豫）

图2-55　中国三亚海水水色（摄影郭红雨，制图何豫）

图2-56　日本冲绳海域水色（摄影郭红雨，制图何豫）

图2-57　泰国普吉岛海水水色（摄影郭红雨，制图何豫）

通常，沿岸的海水都较大洋的海水透明度更低，水色也会较差。海水的颜色从岸边依次为黄、黄绿、绿、绿蓝，直到蓝色。所以大陆附近的近海一般是碧绿色的，出海5公里左右到了深海才能看到蓝色。但是地中海蔚蓝海岸在沿岸的海水就蓝得逼人眼却是个特例。其主要原因就在于地中海沿岸以陡峭的基岩地形为主，其岩质、砂质海岸带与中国泥质海岸带的差异巨大，而且地中海气候夏天受副热带高压控制，干旱少雨，蒸发量远大于降水量与径流量之和，海水盐度随之增大，从而使地中海水位下降，引起大西洋和黑海海水从表层流入，特别是马尾藻海及附近贫营养盐清澈的海水注入，每升海水的碳氢化合物含量高达10克。极度匮乏磷酸盐的海水中极少藻类和浮游生物的生长，加之汇入地中海的尼罗河、罗讷河、台伯河等输沙量较少，沿岸湍流少，也不易搅起海底泥沙等因素，都是蔚蓝海岸形成的主要原因。此外，地中海地区夏天受副热带高压带影响下的晴天多、强光照等各种辅助因素，致使地中海颜色呈现出高色彩度、高透明度的耀眼蔚蓝，从岸边到海中，从高盐度到更高盐度，海水从耀眼的蓝直到醉心的蓝（图2-59）。与之形成强烈对比的中国厦门海岸，沿岸上升流等湍流，将近海岸泥沙翻涌到表面，造成海水的透明度低的状况，即使是富有浪漫海岸盛名的厦门海湾，海水也是浑浊的绿灰色调（图2-50）。

也并非只有中国近海的海水不是蔚蓝色，由于水体介质的特殊性造成海水色彩不同的例子还有很多，例如著名的黑海，海水也并非是黑色，只是比一般明亮蓝调的海水多了深沉的暗蓝。这是因为多瑙河、顿河、第聂伯河等多条密度很小的淡水河流注入漂浮在表面，使其含盐量只有普通海水的一半。两层水的交界处位于100～150米深处之间，下层是地中海高盐度、大密度的海水层，上下层之间淡水和盐水难以充分交换对流，下层海水长期处于缺氧环境，海底有机质因缺氧便淤积成黑泥，致使海水颜色昏沉，而且黑海海水较深，阳光射入海水中，大部分被吸收，只有透射能力最强的蓝色光波可以被散

图2-58　澳大利亚大堡礁海水水色（摄影郭红雨，制图何豫）

射，但是随着海水深度增加，光线越来越弱，散射的量也越来越少。毕竟，色彩是光的表现，所以在海底较深的地方，海水的蓝色会比其他海域深沉许多。

　　总而言之，同样为海洋水系，由于所含悬浮物质的差异，以及光照环境形成的折射度差别，会形成海水蓝色各异的表现。虽然，海洋是相通的，天空也是同属一个大气层，但是在地理区位和地理环境的差异下，还是形成了地方性的环境特色，而色彩，就是这种特色的显性表达。所以海水的颜色是山川、河流造就的，是陆地赋予的，是地方气候渲染的，这就是万水千山的馈赠，色彩的差异因此而铸就。

图2-59　地中海蔚蓝海岸之法国尼斯海水水色（摄影郭红雨，制图何豫）

2.4 植物色彩的芳华

2.4.1 万紫千红的地区差异

从寒带到热带，从海洋到高山，从热带雨林到高原荒漠，不同山水环境、不同气候背景和不同地形地貌蕴育生成了不同的植物色彩形象，并由此形成了最具多样性和环境概括性的植物色彩特征。

从高纬度、低温寒冷地带生长的雪莲花，到温带大陆的桃红柳绿，再到亚热带、热带热情似火的朱槿和杜鹃，我们可以明显感受到植物花卉色彩的迥异画风。对比寒冷干旱地区与热带地区的植物色彩，可以发现，高寒干旱地带的植物绿色，多为低彩度中低明度的绿灰色，甚至带有蓝绿灰色调（图2-60）；而热带地区的植物多中明度、高彩度的浓绿，偏绿黄色调。另外，高寒地带花卉的代表色是蓝紫色，而热带地区花卉的主调色彩多为浓丽的黄红色（图2-61）。

地域特征显著的植物色彩差异，主要得益于地方水土与气候的塑造，尤其与光照有关。例如光照强、温度高的热带地区，催生了植株高大、叶片宽阔的植物，并促使植物中叶绿素含量丰沛。叶绿素作为绿色植物中最主要的色素，吸收较多红光和蓝光，反射绿

图2-60 高寒地带植物色彩（摄影郭红雨，制图朱泳婷）

图2-61 热带植物花卉色彩（摄影郭红雨，制图朱泳婷）

光，致使叶子呈绿色，因此显得绿意盎然、郁郁葱葱。同样，在阳光强烈、高热高湿的热带地区，花卉为了避免被高热量灼伤，渐渐进化生成了反射热量的红、橙、黄等长光波，逐渐减少了吸收热量的蓝紫色短光波，所以红、黄、橙色花朵在热带地区最常见，如朱槿、勒杜鹃、热带兰，凤梨科、天南星科、秋海棠类植物等，成簇成团的热带花卉多呈高彩度、中明度的黄红色调，热情盛放着浓烈娇艳的色彩。

而高寒干旱地带植物挺拔孤高的姿态和暗绿灰的色彩，也是太阳光照量少和低温抑制叶绿素生成等环境条件的影响结果。为了在干旱地区积极地保留水分，减少蒸发，植物逐渐生成细小叶片，甚至叶片披茸毛或缩小为针叶。因而高寒干旱地带植物没有热带地区植物那样宽大光滑、富含叶绿素的叶片，而较多中纯度绿色的革质叶片。这一切阻挡珍贵水分散失的努力，终于使干旱地带的植物呈现出冷峻克制的中至中低纯度的绿色调。

在花卉色彩方面，高寒地带常有的日间紫外线强烈、昼夜温差大，以及多碱性或中性土壤等环境条件，促生了花卉花瓣液泡内的碱性或中性花青素，促进了花青素的合成。而且，在寒带高山地区花卉茎叶的花青素丰富，除了与高山低温和土壤碱性有关外，也与高山上蓝、紫、青等短波光以及紫外线较多密切相关。因为紫外线也能抑制茎的生长和促进花青素的形成。所以高山花卉一般都具有茎秆短矮，叶面窄小，花色鲜艳等特征。在高寒地带富含紫色光质阳光的照射下，偏碱性的花青素反射了紫色或蓝紫色的光线，吸收了其他的光线，呈现了鲜艳亮眼的紫色，甚至比低海拔地区的花卉色彩更加艳丽。同时，高寒干旱地带总体较少的日照辐射，也促使花朵逐渐生成了反射蓝紫色短波光，吸收红橙黄长波光，以蕴藏高热量以维持野外生长的能力。这一切适应环境的努力都致使蓝色或紫色系的花卉更常见，例如新疆特有的雪莲花、薰衣草，以及西北地区普遍的苜蓿花、飞燕草、桔梗花、勿忘我、鼠尾草、马兰花等，多是喜光、耐寒、耐旱，适合砂质土壤、山地碎石带、盐碱土干旱荒地的蓝紫或粉紫色花卉。其中的马兰花尤以过度放牧的盐碱化草场上生长较多。在高寒地带干爽的日照下，朴素的偏碱性的黄土地上，明度中高、彩度中至中低、带有冷艳孤傲光辉的蓝紫色花卉，展现了出众的坚韧和俏丽，在当地人心里种下了"蓝花花"的色彩。

地中海地区由于夏季干旱，冬季湿度高，是典型的"夏干冬雨"型气候。为了适应气候与减少水分蒸腾，地中海地区植物在千年的进化过程中，发展了覆有较厚蜡质、坚硬而有锯齿的叶片，而且叶片与阳光成锐角，以躲避炎热夏季阳光的灼晒。因为较少正面面向阳光的叶片，枝叶产生的叶绿素也会减少，植物绿色也会比正面向光的植物叶片浅淡。由

图2-62 地中海地区植物色彩（摄影郭红雨，制图朱泳婷）

于叶片表面没有光泽，叶面覆有灰白茸毛和蜡质表皮，还有叶片多与阳光入射角度成锐角的关系等，都造成阳光的漫反射，消耗了太阳光，绿光的反射也相应减少，使得植物的绿色彩度降低，呈灰绿色。例如冬青、橡树、橄榄、柑橘、柠檬、地中海柏、地中海伞松、阿勒颇松、栗树、悬铃木、山毛榉、梧桐、槭等亚热带常绿硬叶林。而且，柏木扁扁的针叶梢上还结出蓝灰色的小果子，在灰绿色上又点缀了蓝灰，迷迭香在灰绿狭细的叶片上，也镶嵌着淡蓝色的小花，拉丁文名字因此为"海中之露"。特别是线形叶片或针状叶片，更使得植物绿色的明度大减，呈暗绿色。如此种种，形成了地中海地区植物独具特色的橄榄绿灰色调（图2-62）。

但是得益于地中海地区充足的阳光和适宜的温度，花卉中的花青素和类胡萝卜素生长得非常丰沛，橙色、红色、紫红等花卉颜色生动饱满，尤以黄色居多，例如欧洲夹竹桃、雏菊、风信子、岩蔷薇、石榴、桃金娘、矢车菊等，为冷绿灰色的常绿硬叶林和干燥褐土点缀了生动的对比色与补色。此外，由于夏季干旱和昼夜温差较大，地中海地区植物为减少水分的蒸腾，常有分泌芳香油的腺体（蜡质层）散发出香味，如海桐花、金雀花、岩蔷薇、薰衣草、百里香等芳香类灌木，不过与一般花卉植物甜蜜亲切的香氛不同，地中海植物的香气多是冷冽傲人的辛香。如果说色彩令人赏心悦目，味道则让人荡气回肠。在此，气味与色彩并举，形成了独特且高冷的地中海植物色彩的芳华。

在温带地区，恰到好处的日照、适中的温度、分明的四季则用另一种环境姿态，滋养了平和亲切、温厚朴实的植物色彩面貌。温带地区的典型阔叶植物如银杏、柏杨、垂柳、榆树、黄桷树、香樟、国槐、枫树等，叶片宽阔、柔软透薄、叶面向阳且无茸毛，夏季颜色鲜绿夺目，呈中至中高明度和中高纯度的绿调；典型花卉如娇黄的迎春花、明黄的桂花、粉红的桃花和樱花、水红的木芙蓉、朱红的山茶花、大红的杜鹃、绯红的石榴和梅花、紫红如紫薇或紫荆等，色彩色相范围宽广，色彩纯度中等，呈现温和朴实的粉彩色调。以济南市为例，北纬36°40′，东经117°00′的地理坐标，南依泰山、北跨黄河，坐落于鲁中南低山丘陵与鲁西北冲积平原的交接带上的地形地貌背景，为济南市定位了典型的暖温带半湿润大陆性季风气候。在我主持的济南市三大重点片区色彩规划❶中，曾广泛调研了济南市的自然环境色彩，通过对济南主要植物的14种乔木、10种灌木、11种花卉、10种果实、5种地被和7种藤本以及植物季相色彩的调研分析得出，在中等光能量环境下的济南市，季风明显，四季分明，植物色彩的季相变化显著。植被花卉色相范围相对狭窄，低明度的黄绿色、绿色植物色彩丰富，中明度的红与红紫花卉色彩比较多样，艳丽的黄红（YR）色系花卉色彩又较少，整体体现了典型的温带地区植物色彩特征：绿色沉郁、花色质朴，虽然平铺直叙，倒也落落大方（图2-63）。

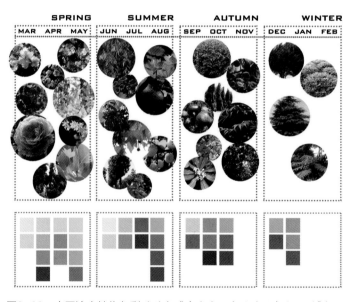

图2-63　中国济南植物色彩（引自《济南市西客站片区色彩规划》）

❶《济南市奥体中心片区城市色彩规划》，济南市规划局委托项目，获得第七届色彩中国大奖，项目负责人：郭红雨；主要研究人员：郭红雨、雷轩、谭嘉瑜、金琪、张帆、朱咏婷、何豫、陈虹、龙子杰、陈中、许宏福等。

《济南市西客站片区色彩规划》，济南市规划局委托项目，项目负责人：郭红雨；主要研究人员：郭红雨、谭嘉瑜、金琪、张帆、雷轩、陈虹、何豫、麦永坚、肖韵霖、郑荃、邓祥杰、洪居聘等。

《济南市北湖片区色彩规划》，济南市规划局委托项目，项目负责人：郭红雨；主要研究人员：郭红雨、谭嘉瑜、金琪、张帆、雷轩、陈虹、何豫、麦永坚、肖韵霖、郑荃、邓祥杰、洪居聘等。

从高寒干旱地带、地中海植物、温带植物与热带湿润地带的植物色彩对比中可以看出，太阳光是地域性植物色彩形成的基本条件，此外还有很多其他因素在起作用，包括光照的强弱长短、土壤酸碱条件、地理纬度、海拔高度、地形坡向以及天气阴晴等，都会影响植物绿色的深浅程度，会促成花色素的改变，形成不同的花卉颜色，甚至是空气湿度和尘埃的含量、植物的相互荫庇程度等，也都可能对植物色彩的形成产生深刻影响。总之，干燥与潮湿，冷冽与高温，骄阳与阴翳都在点点滴滴中造就了自然环境色彩的地域属性，正所谓不同山水不同色，不同的自然环境深刻且细致地塑造了"这里"与"那里"的色彩差异。

2.4.2　本土植物的地方颜色

因此，自然环境色彩的特色，是地域属性的显现，应该被珍视与尊重，不可因为对其他地区时髦景观的追求，任意改变和损毁本土自然景观。就如同经济欠发达地区喜欢照搬发达城市的建筑形象一样，冷寂的干旱地区为了要向繁花似锦的热带地区看齐，常见热衷于引种亚热带、热带植物的荒谬作法，似乎没有棕榈科的植物就不能构成景观大道，没有芭蕉叶就没有休闲氛围。即使在经济较发达地区，也还常有一些乡土树种被随意弃用的情况。例如广州的市花是广东本地木棉，这是一种在热带及亚热带地区生长的落叶大乔木，喜温暖干燥和阳光充足的环境，抗污染与抗风能力强，早春开花时，一树橙红，耀眼如火（图2-64）。高度可达25米的木棉树形雄伟阳刚，枝干似铁，花大而美，且花红如血，故有清人陈恭尹在《木棉花歌》中赞誉："浓须大面好英雄，壮气高冠何落落"，木棉也因此得名"英雄花"。

图2-64　广州木棉（摄影杨碧芳、何豫，制图朱泳婷）

南亚热带的广州，有强光

日照、高温高湿和微酸性土壤的环境条件，激发了花卉的橙红色花青素和胡萝卜素的生长，蕴育了广州如火的橙红，是极具本土特征的自然色彩代表。由于它的本土代表性，早在1930年代木棉花就曾被定为市花，1982年再次选定它为广州市花。鲜艳似火的木棉花，象征了英雄奋发向上的广州城市精神，也寓意了广州作为近现代革命策源地的历史价值。然而近年来，人们开始发现木棉越来越少了。目前在广州市建成区197条道路上，一共有99种、32万多株行道树，数量排名前5的树种为细叶榕、芒果、大叶榕、海南蒲桃、桉树，"市树"木棉树却不入前五。现在广州的木棉树仅2362株❶，主要分布在陵园西路、广州大道、天河东路、江南大道南及流花路段，市民发出感叹"广州市花，还是木棉么？❷""据广州市市政园林局绿化处有关人士表示，由于木棉树生长缓慢，虽树形高大但树叶不够浓密，遮荫效果一般；还有木棉花托较重硕，掉落易伤人，木棉蒴果成熟后，飞絮随风飞散等原因，故不会大规模地在行车道上种植❸"。作为速生树种的木棉仍然因为"生长速度慢"而被城市建设奔跑的步伐所抛弃，富有本土文化意义的英雄树也只能悄然隐退了。

在我国日照分区处于最低一级——第五级的成都，是全国日照最少的地区之一，没有娇艳的热带花卉，也较少缤纷的彩叶植物，这一切都是本土光线、土壤的造就。但是近年来，成都市的景观路段上越来越多地出现了新西兰品种的"千层金"（图2-65），虽然金黄的高光让人眼睛一亮，可是属于成都本土植物色彩的幽绿浅粉（图2-66）却逐渐退场，没有了自然景观色彩的本土属性。金灿灿的嘹亮色彩照亮了西蜀的幽暗深绿，让成都闲散安逸的氛围少了可以隐逸栖身的背景了。

图2-65 成都"千层金"色彩（摄影李井海，制图朱泳婷）

图2-66 成都本土植物色彩（照片提供李井海，制图朱泳婷）

---

❶ http://www.ycwb.com/gb/content/2003-12/08/content_611638.htm.

❷ http://www.ycwb.com/ePaper/ycwb/html/2011-04/12/content_1084920.htm.

❸ http://www.ycwb.com/gb/content/2003-12/08/content_611638.htm.

有类似遭遇的还有新疆的白杨树。新疆的落叶乔木白杨树，是西北地区极普通，又极易生长的树种。白杨树是耐寒耐旱、耐贫瘠的轻盐碱土，且防风固沙能力强的典型荒漠植物，一般树龄达90年以上，有极强的生命力。高大挺拔的白杨树通常都有15～30米的高度，因为白杨树生长速度快，姿态挺拔，其中一个亚种也被称为钻天杨。因为白杨树整齐划一的形态和高度，在新疆常被用于防护林带和行道树。白杨树从春天的葇荑花序到夏天的繁茂深绿，又从秋天的亮丽金黄，直到冬天落叶后的褐色枝条，始终以一种爽利明确的色调、刚正挺拔的姿态屹立在大西北的土地上。树干青灰、树叶深绿接近军绿色的白杨树，昂首耸立在新疆大大小小的道路两侧，从树形到色彩都像极了卫戍边疆的士兵，既卓尔不群，又朴素平凡。

为了在干旱环境中减少水分蒸发，白杨树幼枝披挂了白绒毛，深绿色叶片的背面也生有白色茸毛。在夏季，白杨树叶被新疆干燥的热风吹得沙沙作响，翻起的银白色叶背，在高纬度地区夏日强光的照射下，深绿中闪烁着点点冷调的白光，为刚健矗立的白杨增添了飒爽凌厉的风姿（图2-67）。这样闪亮孤高、刚强洒脱的色彩形象，是可以称之为"飒"的颜色。风姿飒爽的杨树，为朴素的大西北点缀了直白刚健的色调，也形象地诠释了新疆人爽直大气的地方性格特征。

图2-67　新疆白杨树色彩（摄影郭红雨，制图朱泳婷）

在广袤的新疆大地，无论是荒芜的戈壁滩，还是浩瀚的大沙漠，只要有一片白杨林，就能成就一片绿洲，就意味着一处人家居所、一个旅人驿站，也代表了一群不屈服、不软弱、不动摇的边疆建设者的劳动成果。曾有诗云："置身寒瘦也成行，走土飞沙是绿墙。直正清白随召唤，愿为柴火敢为梁。"（《白杨树》左河水）新疆处处有白杨，平凡又了不起的白杨已经成为一种磨折不了、压迫不倒的垦荒戍边者的象征，成为质朴坚强、力求上进的精神符号，白杨也被命名在很多北疆地区的地名之中，像是白杨河、白杨沟、白杨村、白杨河乡等等乡土地名，足见白杨树之于新疆的代表意义。

作为新疆人最喜爱的树种，白杨树曾广布新疆各地，尤以北疆为盛，而且是首府乌鲁木齐市的基本行道树和园林树种。中明度、中纯度的绿灰色基调和叶背银光闪烁的点缀色，为城市铺陈了平凡朴素、磊落飒爽的植物色彩背景，构筑了蓝天、白云、绿白杨的地域性自然色彩风貌。但是在1985—1990年中，乌鲁木齐行道树的主干树种白杨树逐渐被换成了榆树、白蜡、夏橡、樟子松、云杉、槭树等，理由是杨树飞絮惹人烦。其实，植物科技早已培育出多个无絮的白杨树品种。而白杨树的朴素平凡、不够俏丽才是被弃用的重要原因。不过近日又有消息云，"乌鲁木齐的白杨树要回归了❶"，本土的自然环境颜色又可能会回来了吗？

上述种种植物色彩的例证说明，无论是高寒旱地的蓝紫色，还是热带妖娆的红黄色，抑或是新疆飒飒的银白杨，成都幽深的竹叶青，广州火红的木棉花，都深刻记录了当地的天气、土壤和季相特征，反映了独特的地域自然属性，是本土自然山水养育的植物色彩。正因为如此，我们才有可能，从一片绿中，看出是哪里的水土；见一瓣粉，就能辨别出是哪里的光华，这才是植物色彩的本土标志意义。反之，放弃本土植物，随意改变自然环境的本土色彩特征，只能看到一个优秀的物种在异乡生长较差的反例，更重要的是令这个地方遗失了自己的环境本色。终究，尝试过其他各地环境特色的人们还是会追寻幼时的环境记忆，但是这样的折腾是否一定是不可避免的路径？从发现别处的精彩，到认识到自己的独特，寻找本土色彩的道路也会是如此的吗？

---

❶ 新疆：乡土树种"杨树"将回归乌鲁木齐成园林绿化主力-中国杨树网. http：//www.subei123.com/sub9333323ee9313.html.

2.5 时间风景的颜色

2.5.1 四季演替的色彩轨迹

认识自然环境色彩的独特性，除了固有的地区性自然色彩之外，还需要认识季节变化带来的自然色彩特征，也就是季相色彩。自然界色彩的多姿多彩和千万变化，不仅在于从北疆到南海的空间分布变化，也有从谷地到雪峰的垂直高度变化，更有着从初春到寒冬的季节变化。

季相色彩变化的规律，尤以植物花卉与枝叶色彩的季节表现最具代表性。在已有统计的4000多种花色和深深浅浅的绿叶中，每年都会随着季节的流转，产生变化万千的季相色彩。虽然随季节变化的色彩丰富多样，但是从生长到成熟，再到凋零的生命周期变化，也有着最直观的色彩规律。无论是花卉还是绿叶，都有着一种有趣的色彩轨迹，即是由鲜嫩的黄开始，到饱满重硕的金色结束。

春天，从银装素裹的世界里醒来的第一种颜色就是黄色。早春最初开放的花卉植物如腊梅、连翘、迎春花等都是浅淡鲜亮的黄色系（图2-68），再之后，从仲春到暮春时节依次绽放樱花、桃花、紫荆、红叶李、梨花、杏花、玉兰、杜鹃、芍药、紫藤、泡桐等粉红色系（图2-69）。

图2-68 早春的黄色系花卉（摄影郭红雨，制图朱泳婷）

图2-69 仲春到暮春时节的粉红色系花卉（摄影郭红雨，制图朱泳婷）

这样的季节色彩出场顺序其实是由自然规律确定的。花色是由细胞内的色素决定的，不同色素控制不同颜色。控制花朵颜色的两大类色素就是花青素和类胡萝卜素，前者产生红蓝紫色调，但是光依赖性强、温度要求较高；后者产生橙黄色调，光依赖性较弱。在一朵花中，类胡萝卜素占色素的主体时，就会出现黄色或橙色。目前已知的600多种类胡萝卜素能分别使花显出各种程度的黄色、橙黄色、橙红色等。在中国北方，代表春天开始的黄色迎春花，就是由花瓣内的类胡萝卜素色素形成的。此外，还有类黄酮、醌类色素、甜菜色素等也会参与到花色的形成中。

不过，无论是花青素还是类胡萝卜素，或是其他色素，都不是直接显色的，而是通过对太阳光的吸收与反射呈色的，例如绿叶中的叶绿素只吸收太阳光的红、蓝与紫色光，反射绿光，呈现出绿色；类胡萝卜素反射黄、橙色光线，颜色集中呈现黄、橙色；花青素反射太阳光中的红光、紫光，吸收其他色光，主要控制花的粉红、红、蓝、紫和红紫等颜色的表现。其中，酸性的花青素会吸收除红光以外的其他光线，反射红光，使花朵呈现鲜艳的红色；中性花青素反射紫光，碱性花青素又反射蓝光等，由此形成色彩各异的花色。只是白色的花是个特例。呈白色的花瓣并不含有色素，而是因为花瓣细胞组织中存在大量的空腔，入射光线在花瓣内部发生散射，才会看起来呈白色。所以当一片白色花瓣被捻碎后，并不会有白色汁液流出，反而因为破坏了细胞空腔，挤出了空气，使得花瓣变得透明。

由此可见，除去固有的色素限制以外，光照和温湿度的季节变化，是导致植物内部色素生成，造成花色与枝叶颜色季相变化的重要因素。因此，在初春时节，当较少的太阳辐射量和淡薄的阳光还不能催生合成更多花青素的时候，类胡萝卜素不仅率先为这个蛰伏一冬的世界提供黄调的花色素，还能直接参与光合作用，帮助早春的植物长出绿叶。当然，也有植物学者从植物进化的角度提出，大多数昆虫都对黄色有着正趋性，例如蜜蜂。所以植物为了更快的繁衍后代，进化出黄色的花朵，以有效地吸引昆虫助其传播花粉，这在较少昆虫出没的早春时节就显得尤为重要，这也应该是春天的花卉从黄色开始的一种可能。

与花卉同理，决定树叶颜色的是叶绿素和花青素。初春植物新发育的嫩叶，光合作用能力较弱，合成叶绿素能力也相应较低，而合成黄色的类叶色素的能力稍强，所以新叶也是稚嫩的黄绿色（图2-70）。

在夏季温度升高、日照充裕的季候背景下，植物生长越旺盛，光合作用越显著，植物叶片内叶绿素、叶黄素、胡萝卜素等色素丰沛，尤其是叶绿素的合成迎来了最适宜的温度

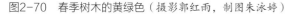

图2-70　春季树木的黄绿色（摄影郭红雨，制图朱泳婷）　　　　图2-71　夏季树木的深绿色（摄影郭红雨，制图朱泳婷）

与光照，植物合成叶绿素的能力就大为增加，此时，叶绿素含量占有绝对优势的植物便是一片郁郁葱葱的绿色调了，而且越成长就越深绿（图2-71）。

同时，夏季的花色也开始变得浓艳多彩，因为花青素系统的色素受温度影响变化较大，受益于强光照和大量直射光产生的各类花青素，使得红色、红紫、甚至蓝紫色花卉变得常见，红蓝紫色调的花朵明显增多。由此，粉红的荷花、天蓝的牵牛花、醉红的木芙蓉、蓝紫色的兰花、水红色的凤仙花、淡青紫色的六月雪、淡紫红色的紫薇、大红的美人蕉、血红的鸡冠花、朱红的石榴花、紫色的薰衣草花、火红的一串红和千日红等，各色夏花争妍，一片姹紫嫣红（图2-72）。而且，光照越强烈，花青素的生成愈旺盛，花色也就越艳丽。在南亚热带地区的广州，夏日的路边随处可见火红的扶桑（也称朱槿、大红花）、红紫的三角梅（也称勒杜鹃、九重葛）等，就是夏季强烈的光照与温度环境促生大量花青素的例证。

到了秋天，气温下降，叶绿素分解的速度大大超过合成的速度，直至叶片内不能合成新的叶绿素，原来的叶绿素又被逐渐破坏，而且温度下降时，反射黄色光的叶黄素和胡萝卜素还会增加，导致叶片的绿色由浓变淡，由绿变黄。特别是温带地区的树种，大多会变

图2-72　夏日的红紫花卉（摄影郭红雨，制图朱泳婷）　　　　图2-73　秋季树木的金黄色（摄影郭红雨，制图朱泳婷）

色为黄色、橙色，如银杏树叶的金黄、法国梧桐的枯黄等，用金黄秋色为满城披戴了富丽的黄金甲（图2-73）。

　　当然，并不是所有植物叶子都严格遵循上述变化规律，一些树种会在落叶前的二十多天里变色为红色，例如枫树、槭树、枫香、乌桕、黄连木、黄栌等，原因是这些树木的叶片中不仅含有叶绿素、叶黄素、胡萝卜素，还因为积累糖分较多，易于形成花青素，而且这些叶子中的细胞液是酸性的，随着入秋后气温的迅速下降，尤其是较大的昼夜温差，致使叶子中叶绿素含量急剧减少，花青素增多且遇酸性，就显露出艳丽的红色、褐色或紫色（图2-74）。这就是为什么，在昼夜温差大的山区里，尤其在白露结霜的时节，霜叶会红于二月花的原因。尽管这些树种的叶子会变红，但是在变红之后还是会枯黄，然后凋落，只是比一般叶片多了一个变红的过程而已。

　　秋天的花卉多金黄色，则因为适合大部分花青素的温度与光照时期已过，倒是富含叶黄素的万寿菊、石斛兰，以胡萝卜素为主要呈色色素的黄菊、旱金莲、金光菊、天堂鸟等因时绽放，用明黄、金黄、橙色的花卉色彩组成了秋天的灿烂音符（图2-75）。

　　冬天的植物色彩更像是花卉和树木色彩在彻底消隐于无色之前的谢幕，至多是返场。急促易逝的色彩除了零星的黄白色，如水仙花，其他如大量的褐色枯叶和灰绿色针叶植物等，大都集中在黄褐色、棕土色、深褐色等色系。树叶落地后，绿色素不再生成，胡萝卜

素、叶黄素、花青素也都随之降解，这时秋叶的黄色、红色都慢慢褪去，变成了褐色，这是叶片中的单宁物质所呈现出来的颜色，恰与寂寥冬日里沉默的大地同色（图2-76）。

所以，无论是适应少日照时期的黄花，还是为了减少能量消耗而停止光合作用形成的黄叶，又或者是被强烈日光催生的花青素点染的灿烂夏花，植物色彩都是为了适应自然规律而展现的色彩，季相色彩是对光、温度、湿度等季候条件等的回应，色彩其实是它们与自然环境沟通的语言。

图2-74　秋季红叶（摄影郭红雨，制图朱泳婷）

图2-75　秋天金黄色花卉（摄影郭红雨，制图朱泳婷）

图2-76　寂寥冬日的色彩（摄影郭红雨，制图朱泳婷）

2.5.2 季相色彩的生命之歌

季相色彩作为自然脉动的颜色表现，从浅亮的黄色开始，到暗淡的黄褐色结束，直至下一个春天的开启，随着四季的更替，基本上形成了一个有趣的色彩环上的轮回，令人感慨生命的力量和自然的伟大。季相色彩的流转变化，应该对任何一个民族都会带来感悟，只是，对于中国人来说，伤春悲秋的感慨会更多些，这不仅仅是因为传统中国社会的农业文明让人们对季节更敏感，更因为季相色彩的轮回，在一定程度上契合了中国传统文化中无往不复的时空观念。从色彩萌发的春，到万紫千红的夏，再到富丽辉煌的秋，又到沉寂无色的冬，年复一年的季相色彩变化与轮回，其实是时间变化的轨迹，也是生命的历程。所以，在中国古诗词等传统文化中对季相色彩有着独特的赏读方式，尤其善于使用季相色彩的变化，让时间轨迹有更感性的表达：例如"人间四月芳菲尽，山寺桃花始盛开（白居易《大林寺桃花》)"的诗句中桃红点染的春色；"绿树阴浓夏日长"（高骈《山亭夏日》）中渲染的盛夏浓绿；"秋色老梧桐"（《秋登宣城谢朓北楼》李白）所描绘的萧瑟深秋；"六出飞花入户时，坐看青竹变琼枝"（高骈《对雪》）里银装素裹的冬景；更有"去年今日此门中，人面桃花相映红。人面不知何处去，桃花依旧笑春风（《题都城南庄》崔护)"中，代表时光流转的季节色彩轮回。这些诗句看似写自然景色，实则是借用春花秋叶的代谢枯荣，物化抽象的时间，用季相色彩周而复始的转换，阐述天地的永恒和时间的往复。

所以，中国传统文化中对季相色彩的深刻思考更关注无往不复的时空关系、生命意识和宇宙观念的参悟，就像庄子在《知北游》里所言："天地有大美而不言，四时有明法而不议，万物有成理而不说。"通过季相色彩变化的描述，将时间节奏转化为空间景色，这是独特且典型的中国时空合一的思维方式和审美心理。

深受道家自然生命哲学的影响，由季节至生命，直至宇宙的思考，是既深刻又模糊、既玄奥又感性的抽象理念，虽然对大部分普通民众来说，还有着诸多说不清、道不明的地方，但是已经作为一种文化基因流传在中国人的思想观念中，并且造就了中国人伤春悲秋的文化性格。多年前，在澳大利亚的"大洋路"上，曾经遇到一位定居澳洲十余年的华人司机，他面对路边自在盛放的野花突然感叹道："这花儿啊，在春天的雨后突然茂密的开出一大片来，特别漂亮，可也就开一两个星期就完了，想想这跟人也一样，这也是一辈子！"如此深刻的领悟，竟令人无言以对，至今难忘。中国人，即使身在异乡也改不了伤春悲秋的心绪，这都源自融入精神世界深处的季相文化情感及其生命意识。所以，季相色彩的演替在中国人的意识里不仅仅是气候、光照与色素的问题，而是时间、生命与宇宙的思考，是自然的景观，又是文化的景观。

道家的自然哲学与中国传统文化中的伤春悲秋情感之所以能够产生并广泛流传，应该来自于中国几千年来依天时而动的农业生产历史，特别是以季风性气候为主导的气象环境。

季风性气候使得中国大部分国土处于温带和亚热带地区，因而四季分明，季相殊异。春夏季，东面海洋上的气压高，致使温暖的季风从东面或东南面的海洋来到陆上，秋冬时节，还是因为海陆的温差和气压，空气又从西面的内陆向海洋流动。所以，在中国，春风也叫做东风，年年都有"东风随春归（李白《落日忆山中》）"；秋风也称西风，马致远因此叹道"古道西风瘦马"（马致远《天净沙·秋思》）；冬季寒风称为呼啸的北风，君不见"北风卷地白草折"（岑参《白雪歌送武判官归京》）；夏日热风一定是南风，因为"南风树树熟枇杷"（杨基《天平山中》）。中国人依据季风方向的鲜明特征，把季节在空间上作了方向的定位。不过这样的东西南北方位定位，是源于"中"的坐标而确定。古代中国的"中"是农耕社会中国的政治经济中心，也就是中原地区。中国古人以中原地区农耕生产生活为中心，确定了因时而动、不违天时的生产生活习惯，由此发明制定了用来指导农业生产和日常生活的二十四节气❶，并以中原地区的视角确定了东风或是西风的方位。季节及其色彩表征被置于影响社会生产与文化的重要高度，并伴随着四季的流转，塑造了对季相色彩变化做出情感反应的时空意识和生命观念。

需要说明的是，这是以中国传统政治文化中心中原为核心，并依据大陆季风方位而形成的文化话语权决定的结果，是在中国地方环境和文化语境下产生的季相色彩文化，是地域属性赋予色彩以独特意义的典型例证。

2.5.3　桃红柳绿的时间地图

尽管季相色彩在时间上的更替，有着从嫩黄到金黄的普适性规律，什么季节开什么花的共性原则是不变的，但是空间的距离，也会造成季相色彩的时间差异。仅在地域广

---

❶ 中国古人通过观察太阳周年运动而形成的时间知识体系及其实践，已被列入联合国教科文组织人类非物质文化遗产代表作名录。

阔的中国，桃红柳绿和秋叶黄花在不同的维度、经度甚至海拔高度上停留的时间也是不一样的。当本书写作至此，正值2016年的10月，此时的中国，西北边疆已见初雪纷飞，中东部丘陵正当秋叶绯红，华南沿海还是鲜花盛放。中国广袤的疆域，为季相色彩的呈现提供了宽广的舞台。春天，娇艳的桃花，从一月末就开始在中国华南地区绽放，二月底到三月移步至云贵高原出演，三月中旬至四月中旬现身江南水乡，四月下旬到五月上旬才在西北边陲的新疆盛放。桃红柳绿的春色路径，标志了春天从南到北，由东至西的步伐：从东部海岸到西域新疆的行迹，跨越了60°以上的经度，横跨了5个时区，直线距离约5200公里；从最南的南沙群岛曾母暗沙到最北端的黑龙江省漠河，纬度跨越近50°，直线距离大约5500公里。在纵横均超过五千公里的路途上，春天历经长达4个多月的远征，才在中国的版图上完成春色的描绘。而每年入秋之后，也是同样从北向南，次第展开叶子变黄变红，直至凋零的秋色。桃红柳绿、秋枫霜雪在大地上依纬度和经度的扩展推移，是季节在空间上的投影，是四季轮回在大地上的演绎，是季相色彩渲染出的时间的地图，这是地域广阔的国土带给我们的丰富的季相色彩体验。

正是因为幅员辽阔，季相差异明显，有的地方季节变化起伏跌宕，季节性色彩标志鲜明清晰；有的地方，春秋季节短暂模糊，季节过渡一气呵成，季相色彩浑然一体。但是每个地区都会有最具代表意义的季相色彩，这往往是该地区典型季节与特定空间的精彩合一，也正是各地自然景观色彩独特性和差异性的来源。各地方典型的季相色彩是研究城市色彩时需要特别关注的地域性自然环境特点，例如烟花三月的江南春色，红叶似火的华北金秋，银装素裹的北国寒冬，赤朱丹彤的南国盛夏。研究并提取正确的季相色彩语言，为城市建立最恰当的色彩背景，对于追求季候色彩典型特征的中国人来说，具有时空合一的文化意义和地域专属性的重要价值。

因此，在我主持的苏州城市色彩规划❶项目中，特别以苏州古典园林为关注对象，研究提取园林中四季色彩的谱系特征，曾有昆曲台词云："不到园林，怎知春色如许？"其实，夏、秋、冬季的季相景色也同样惊艳，因为苏州古典园林的季相色彩深具江南地区季节性景观色彩的精华。

---

❶《苏州城市色彩规划》，苏州市规划局委托项目，获得第五届色彩中国大奖，项目负责人：郭红雨；主要研究人员：郭红雨、蔡云楠、龙子杰、朱泳婷、陈虹、赵婧、李井海、刘洁贞、吴绍熙、黄雯、邓颖娴、何莹莹、陈平等。

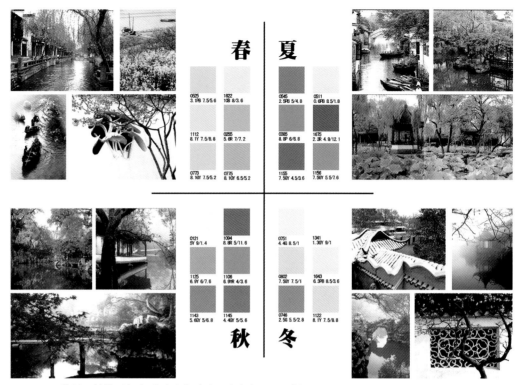

图2-77　苏州园林的季相色彩（引自《苏州城市色彩规划》）

　　为此，我们在苏州城市色彩规划中，详尽分析四季气候特征下苏州园林季相色彩的变化，提取季相色彩的典型色谱（图2-77）。地处北温带的苏州，属亚热带季风和季风性湿润气候，四季分明，冬夏季长，春秋季短。冬季的苏州园林，日照量较少，早晚雾霭浓厚，大气透明度低，植物景观为香樟、广玉兰等常绿乔木和银杏、榉树、垂柳等落叶植物，除寒梅傲雪之外，其他花卉较少，色彩形象呈低纯度、中低明度的蓝绿灰调；在春季，迎春、海棠、杜鹃、玉兰、紫藤等花木争妍，新绿初绽，色相分布在中高明度中高纯度的黄色、黄红色系，呈明快鲜亮的粉彩明调色彩；夏季时，绿色沉郁浓厚，紫薇、夏荷、紫叶李、凌霄、石榴等花卉和彩叶植物姹紫嫣红，色彩主要集中在红到红紫（中高纯度、中高明度的R、RP、P）的范围，而且因为6~7月"梅雨"天气的雨水雾气较多，降低了色彩的明度与纯度，呈现出烟雨江南的朦胧感；秋季，是苏州园林中银杏、梧桐、槭树等植物黄叶飘舞的季节，也是金菊怒放的时节，加之秋高气爽、万里无云的天气，自然景观色彩呈中明度、中纯度的黄绿色调。我们通过对上述典型季相色彩特征与色谱的分

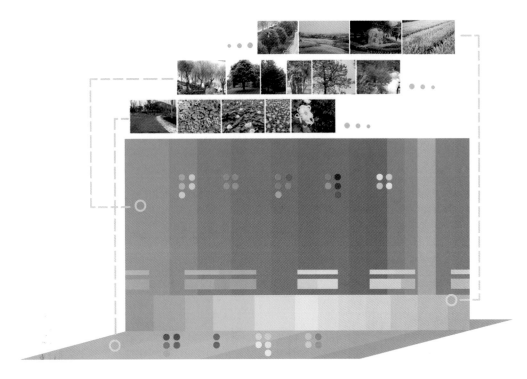

图2-78　安康植物季相色彩设计（引自《安康城市色彩形象规划》）

析，提取了准确的季相色彩语言，为苏州城市色彩推荐色谱研究，呈现了适当的城市自然环境色彩背景，以帮助城市中的建筑色彩与季相色彩达到契合的状态。

依据当地季相色彩特征进行植物色彩形象设计，是一种更加积极地回应自然环境的城市色彩规划策略。在我主持的安康城市色彩形象规划❶中，曾针对安康季相变化的特点，选择本地景观植物类型，遵循本土植物季相色彩的演替规律，设计滨江植物景观带，尝试以春色景和夏色景的交替为主，塑造安康的自然景观色彩形象（图2-78）。在利用植物色彩营造城市色彩形象方面，最重要的是本土植物的选择。我们在设计植物色彩时，强调本土化与适地适树等原则，选择具有本土色彩特征的适宜植物，如香樟、银杏、珙桐、广玉兰、侧柏、毛白杨、紫荆、夹竹桃、三色堇等乡土植物，尽最大可能维护本土化的植物

❶《安康城市色彩形象规划》，安康市旅游局委托项目专题，专题项目负责人：郭红雨；主要研究人员：郭红雨、龙子杰、朱咏婷、陈虹、赵婧、陆国强、黄维拉、王炎、李秋丽、何豫等。

景观，使植物色彩的表现属于环境、符合环境，又提升环境，并且能够点染环境，以塑造这个城市专属的色彩形象。通过典型的陕南乡土植物个性和季相特点，培育安康植物景观的色彩形象，也使之符合我们为安康研究确定的"水润彩绘、诗意田园"的城市色彩形象目标，从而帮助城市塑造地方文化和色彩个性。发掘并强化典型季候色彩特征的探索，具有利用季相色彩特点、营造乡土记忆场所的文化意义，以及建构地域专属色彩形象的实践价值，是非常值得尝试的工作。

第三章

历史与现实中的人文色彩

作为城市物质空间环境最直观显性的视觉元素，城市色彩既是自然的，也是文化的，是丰富社会文化内涵的物质形态化。

如同城市文化的隐性特征一样，城市色彩的文化属性，也是以一种隐性的方式存在的。这就使得文化塑造色彩和色彩表现文化，常以一种形而上的方式，停留在只可意会不能言传的虚浮状态中。提取城市色彩的文化含义，始终是一件难于实现的事情，最终让城市色彩的文化内涵变得虚无缥缈、难以捉摸。这也正是在全球化背景下，城市文化最易消失，文化特征最难传达的重要原因。

与有形的人工环境与自然环境相比，城市文化的内涵与特征较难表达，需要借助直观的载体来阐释。色彩作为最形象的视觉元素，常常担当了城市人文精神的象征符号。例如城市发展历程中的色彩印记、宗教信仰的色彩符号、风俗民情的色彩标识、节庆活动的色彩代表、社会意识的色彩表现、非物质文化遗产的色彩形象等，都以人文环境色彩为载体，表达了深具本土性和历史感的文化内容。因而有不少鲜明的人文环境色彩作为城市文化的载体与符号，用来概括表达国家与城市的文化形象，如代表江南文化雅韵的"黑、白、灰"色调；标志中国皇家阶层的明黄色；因荷兰独立领袖Willem van Orange大公的名字激发起民众对橙色的热爱，直至成为荷兰代表色的橙色等。

因此，研究城市人文环境色彩特征，发掘其隐含的城市精神，展现其中的历史文化脉络，是探索城市色彩内在构成与发展动力的重要任务。运用城市色彩的魅力来表现文化特征，为城市精神增色，是运用城市色彩提升城市品质的重要内容和途径。当我们感叹中国的城市正在全球化的浪潮中迷失方向的时候，不妨从文化符号的角度，解读城市色彩的文化因素，为城市特色的营造寻找色彩表现之路。

3.1 文化观念的色彩表征

3.1.1 五行哲学的色彩符号

综观世界范畴内的人文环境色彩，作为文化符号，折射和表现社会文化精神的例证，一定是以中国封建社会礼制文化中的色彩等级制度最具代表性。无论我们对中国封建社会的色彩等级制度是否认可，这都是城市色彩研究中一个不能回避的课题。应该没有哪一个国家的文化观念系统可以这样整体借助色彩来表现了，但是这个色彩体系又不是为色彩而建立的。要理解中国的色彩等级礼制，就必须溯源到中国封建色彩礼制的源头——中国五行色彩学说。

五行色彩起源于五行学说，而五行最早出现在商纣王叔父箕子（殷商末期人），向周武王讲授据传是夏禹留下的治国之道的言谈记录——《尚书·洪范》中的《九畴》。《洪范》之名的洪为大，范为法，洪范即大法，而畴是类别之义，"洪范九畴"就是指九种根本大法。汉语由此产生的"范畴"一词，意指归类范物，有"Category"的"类别、分类"之基本涵义，具有价值规范、制度法规的意义。

《洪范九畴》是一部中国专制王朝的行政大法，阐述了行政策略、行政方式及行政准则，也最早奠定了五行说的基础。《洪范九畴》中记载的箕子说的一段话给五行明确了最初的定义："五行，一曰水，二曰火，三曰木，四曰金，五曰土。水曰润下，火曰炎上，木曰曲直，金曰从革，土爱稼穑。润下作咸，炎上作苦，曲直作酸，从革作辛，稼穑作甘"。箕子叙述说："初一曰顺用五行，次二曰敬用五事，次三曰农用八政，次四曰协用五纪，次五曰建用皇极，次六曰乂用三德，次七曰明用稽疑，次八曰念用庶征，次九曰向用五福，威用六极。"相传这六十五字就是大禹得到天启的《洛书》之文，即"洪范九畴"的目次[1]。第一条便是"以土与金、木、水、火杂，以成百物"的"五行说"，认为世界是由金、木、水、火、土五种元素构成，各有其性，必须顺其性而用之，箕子的论述为五行思想萌生时期的定义，赋予了万物之五行属性，是五行概念扩展深化的根基。

西周末年，五行学说又得到阴阳学说的重要充实与提升[2]。战国末期齐国的阴阳家邹衍运用天文地理知识，把表方向的"东、南、中、西、北"和表时令的"春、夏、季夏、秋、冬"相配，又产生了五色：春属木，故用青色；夏属火，用赤色；季夏属土，用黄色；秋属金，用白色；冬属水，为黑色。当然也有观点认为，殷商时期"率民以事神"的社会现实已经积累了神道设教的丰富经验，已有将色彩赋予宗教崇拜的传统，传说中的"五帝"：即东方太昊为苍精之君，勾芒为木官之臣；南方炎帝为赤精之君，祝融为火官之臣；中央黄帝为黄精之君，后土为土官之臣；西方少昊为白精之君，蓐收为金官之臣；北方颛顼为

---

[1] 陈声柏. "洪范九畴"的思维方式——从"范畴"的角度看 [J]. 甘肃联合大学学报（社会科学版），2005（1）：13-16.

[2] 汪双陆. 对五行概念基本涵义的重新审定 [J]. 安徽史学，1998（3）：7-10.

黑精之君，玄冥为水官之臣，为"五色"提供了依据。无论如何，"五色"都是在五行说的严密逻辑中演化而成的最直接、最显性的"色彩化图腾"崇拜。《周礼·考工记》中，又将五色和五行方位相联系的观念作出详尽阐述："画缋之事：杂五色。东方谓之青，西方谓之白，南方谓之赤，北方谓之黑，天谓之玄，地谓之黄"。日出东方，属木，木为青；南方炎热，属火，火为赤；日落于西，为金，金为白；北方寒冷，属水，水为黑；中央为核心基础，中央为土，土为黄。五行（金、木、水、火、土）对应五方（西、东、北、南、中），又对应到五色（赤、黄、青、白、黑）以及五季（夏、季夏、春、秋、冬）。

五行观是典型的中国整体式、意会式的哲学思想，不仅将世间万物都抽象归于五类元素，也阐述了他们的属性和相互关系。五行生克律是五行学说赖以形成和发展的动力机制，认为五行决定了万物的性质和关系：水生木，木生火，火生土，土生金，金生水；水克火，火克金，金克木，木克土，土克水，世间万物都在相生相克的对应中，进行着周而复始、生生不息的转化。五行学说认为，人类社会的历史变化同自然界一样受土、木、金、火、水五种物质元素支配的，都是按照五德转移的次序进行循环的。"五德"指五行的属性，即土德、木德、金德、水德、火德。五德转移的理论仿照自然界的五行相克的规律解释社会发展变迁，认为历史上每一王朝的出现都体现了一种必然性，即"五德始终"说。邹衍的五行相生的转化理论，试图说明事物运动变化的规律和关系，阐释宇宙演变和历史兴衰，最直接的作用是帮助了战国时代想确立自己政权之正统地位的诸侯王者，为王朝的更迭提供了相生相克的依据及其与之相对应的国色。这是五行色彩符号从客观物体向人文社会转移的开始。

五行、五方、五季、五色、五德相互对应又相生相克的五行观念构成了中国传统文化的框架，也形成了中国古代色彩理论体系"五色学说"。这是五行哲学在色彩上的投射，也是借助色彩的标志性，符号化地表达五行观的抽象哲学思想。古代华夏文明的宇宙观、空间观、时间观等虚奥的哲学思想，都借助显性直观的五色符号得以传播并教化于民。

3.1.2　借色喻理的五色体系

从《洪范九畴》到五行学说，都反映了神权至上、万物有灵的思维观念。虽然"五行"在讲述世间万物的特性与关系时，试图从联系中去解决事物的矛盾，具有一定的辩证思想，但是其根本上并不同于西方哲学中的认识论。首先，无论是成熟的"五行说"还是初期的"洪范九畴"，都不是缘于探究世界的兴趣和好奇，而是出于解决社会现实问题的实用性需要；其次，其内容不是由纯理性思辨获得的，而是社会经验的积累，是针对社会政治秩序的结果而对君王言行律政提出指引的总结。

只要回到最初箕子和邹衍的初衷，就可以理解，塑造了中国古人思想教律和宇宙信仰的五行说是以社会秩序的"得治"为真正目的的治国策略，包括洪范和五行说的创始人都是身为国师、资政的治国参谋。最初的洪范九畴就是因周武王眼见商纣王的暴虐无道而被推翻，为坐稳江山而虚心纳谏的产物；而箕子也是为了不使天地人伦失去常道，才向周武王讲述符合天意的洪范之规，以助其稳固执政。这足以说明洪范九畴最初是一部用来规矩天子行事的行政制度，只是随着封建帝制的稳固，人治社会中的君王发现，规矩臣民比规矩自己更能舒心地达成目标，这一套行事制度就逐步转向为规矩天下臣民的律例了。之后，邹衍的五德始终说，又把阴阳五行与政权更替更加紧密地联系在一起，为战国时期的帝制运动提供了理论支持，"五德终始说"由此成了历代封建王朝帝王都自称"奉天承运皇帝"的依据。其后，五行说又在汉代被董仲舒的新儒学所吸收，把神权、君权、父权、夫权联系在一起，形成了帝制神学体系，成为支持"君权神授"学说的理论框架。

所以，五行说表达的思想是为统治者按照天生万物的法则去行事提供了依据，是"以规矩为本"而治天下，以供君权治国理政为主旨的策略体系。"五色"与"五行"、"五方"等构成的社会伦理的运行机制，是以服务于政治需要为目的的。归根到底，这不是探究世界本质及其发展过程的认识论，更像是治理社会的方法论。其中的中华五色，也不是为了色彩而建立的，反而是为了标记五行、注解五德等伦理关系而产生的色彩符号。这种色彩制度其实是带有强烈目的性的、有颜色标识的行政策略体系。

因此，到春秋战国时期，与《周易-阴阳学》结合在一起的"五色学说"（五色、五行、五方为一体的色彩理论）已经形成了一个初具规模的中华文化系统。在以孔子为代表的儒家学派的推动下，中华传统文化更加讲究"宪章文武❶""克己复礼❷"的礼仪等级制度，五色学说的地位因而愈加尊贵显著。

五色体系的最根本构成是中华五正色与间色。其中的五方正色为：青、赤、黄、白、黑（图3-1）。在此基础上，邹衍又依据"五行生胜"的观点推导出五行相生与相

❶ 出自《礼记·中庸》："仲尼祖述尧舜，宪章文武。"意为效法周文王、周武王之制。

❷ 出自《论语·颜渊》："颜渊问仁"。子曰："克己复礼为仁。一日克己复礼，天下归仁焉！为仁由己，而由人乎哉？"颜渊向孔子询问什么是仁以及如何才能做到仁，孔子做出了这种解释：努力约束自己，使自己的行为符合礼的要求。如果能够真正做到这一点，就可以达到理想的境界了，这是要靠自己去努力的。

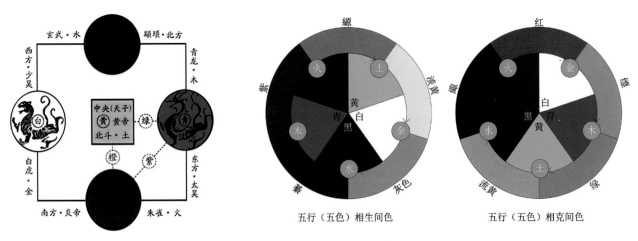

图3-1　五行正色图（制图何豫）　　　　　　图3-2　五行五色相生相克图（制图何豫）

克的间色（图3-2）。五行相生的间色是相邻单色组合得到五间色：木生火对应的是青和赤，青赤得紫；火生土对应"赤和黄"，赤黄产生橙（緅）；土生金，对应"黄和白"，黄白得浅黄色（绌）；金生水对应的是"白和黑"，灰色；水生木对应的是"黑和青"，黑青得深蓝色（綦）；五行相克的间色则是：水胜火对应的是黑胜赤的深红色；火胜金对应的是赤胜白的浅红色（红）；金胜木对应的是白胜青的淡蓝色（缥）；木胜土对应的是青胜黄的绿色；土胜水对应的是黄胜黑的褐黄色❶。正色是这个色彩系统的主体结构，与辅助作用的间色形成了整体统一的色彩关系。当然，五色色彩制度不是为色彩科学或艺术的发展而制定的，而是为"规矩天下"建构的，所以，这样一个以色彩为媒介的行政策略体系，是大到朝代国色，小到服饰纹样都须遵循的规矩。

　　在国色方面，根据邹衍的五色学说，朝代因其五行的属性，在相生相克中改朝换代，按照金克木、木克土、土克水、水胜火、火又克金的规律循环更替。秦灭周朝后，认为周朝为火德，故确定秦为灭火的水德，朝色尚黑色。依次推演舜以土德王，尚黄色；夏以木德王，尚青色；商以金德王，尚白色；周以火德王，尚红色。此后朝代也多依照"土德后木德继之，金德次之，火德次之，水德次之"为各自朝代确定属性和朝色，以此确立自己的正统地位。如，东汉因尚火德故称为炎汉。除了属性相克之外，也有五德相生的关系被引入，例如南北朝时期的南朝，宋代替晋，金生水，尚黑；水生木，齐尚青等。

---

❶ 余雯蔚，周武忠. 五色观与中国传统用色现象［J］. 艺术百家，2007（5）：138-139.

在色彩等级方面，东汉儒家在西汉董仲舒神学思想的影响下，更突出了"五行"和"五方"中"土居中央"的观点，突出了黄色的地位，以敬重君权。三国曹丕由此定黄色为正色之首。之后，隋唐皇帝亦效法。从宋开始，正黄色进一步为皇室专用，普通人滥用即获罪。根据"五色学说"规定并遵循周礼，五行正色用于帝王和官宦及贵族的器物、建筑与服饰，王公贵族也需根据所处的不同方向使用不同颜色的器物与服饰；五行偏色，即间色，只能用于建筑的辅助或点缀色彩、器物的装饰色彩和衣服的衬里，或用于下层百姓。在《礼记·玉藻》中就有规定："衣正色，裳间色"。至隋唐时，更加明确了黄色为帝王专用色，平民在建筑、器物和服饰等各方面皆不可用。至清代，据《清史稿·志七十八·舆服二》记载：皇帝、皇后、太皇后的专属用色是明黄色，皇太子、贵妃的袍服为金黄色。

在建筑用色方面，自春秋时代开始，建筑色彩就开始传达清晰的尊卑等级制度，等级越高的建筑，用色就越加丰富华丽。而等级最低的民居，就只能用无彩系的灰色和黑色。从《礼记》中"礼楹，天子丹（朱红色），诸侯黝垩（黑白色），大夫苍（青色），士黄之"，已可见色彩与等级尊卑制度的密切关联。自周朝起，宫殿的柱墙和台基就饰以红色，以示尊贵地位。秦代继续沿袭春秋以来的传统，柱涂丹色。汉代官式建筑也多用"丹楹""朱网""丹屏"等红色装饰，还出现了"彤轩紫柱""丹挥缥壁""绿柱朱穗"等建筑色彩组合，在建筑彩画色彩上还须符合"青与赤谓之文，赤与白谓之章，白与燕谓之捕，黑与青谓之黼，五采备谓之绣"的五色定式❶。到了唐代，已有"礼部"专门管辖建筑色彩等级，黄色已成为皇室特用的色彩，红色也可用在亲王官邸中，红、青、蓝等为王府官宦之色，民宅只能用黑、灰等色。宋代宫廷建筑尤其突出红色，宫殿建筑的红色墙柱与门窗，用白石台基衬托，顶覆黄色和绿色琉璃瓦。明朝时，中央集权的封建君主专制进一步加强，建筑色彩愈加标准化、定型化。到了清朝，皇权统治更加巩固，建筑色彩等级制度也更为严格分明。故此，明清时期，黄色的琉璃瓦与红墙壁是皇家专用，黄、红的主色调只限用于皇家政务机构以及寺院、园林等建筑中，例如北京国子监的明黄琉璃、大红墙壁与青蓝色匾额（图3-3），正色作为基调与辅助色彩，间色作为点缀，色彩形象浩然大气、尊贵庄严。在琉璃瓦中，黄色等级最高，绿色次之。但是紫禁城养育皇子的南三所就使用了绿色琉璃瓦，这是因为绿色是春天树木萌芽之色，象征旺盛的生命力，以此表现皇帝对后代健

---

❶ 张弛. 中国传统五色观及设色等级现象［J］. 九江学院学报（社会科学版），2011（3）：95-96.

康成长的希望。用于休闲娱乐的皇家园林中也常见使用蓝绿色琉璃屋顶的建筑，例如故宫乾隆花园内的碧螺亭，就是采用翠蓝色琉璃瓦配以深紫色琉璃瓦剪边形成的俏丽色彩。黑色琉璃瓦等级更低，清朝用于城门楼屋顶等次要建筑上。至于紫禁城内文渊阁和一些库房使用黑色琉璃瓦，则是取黑色属水，可以水压火，防御火患之意。明清时期的民宅多采用青灰色的砖墙瓦顶，呈黑灰色调（图3-4）。

强调等级秩序的建筑色彩制度，从建筑主体色彩一直覆盖到细节的装饰用色，都用清晰的色彩形象准确标识了房屋主人的社会地位和身份血统。例如明代规定公主府第正门用"绿油铜环"，公侯用"金漆锡环"，一、二品官用"绿油锡环"，三至五品官用"黑油锡环"，六至九品官用"黑门铁环"。就像"五色学说"中对服饰色彩的规定一样，建筑的用色制度以周礼为依据，以等级为标准，用色彩宣讲社会伦理，以色彩规矩天下臣民，是封建礼制在城市物质空间上的色彩投影。

在色彩体系方面，五行色彩体系是以中国地理版图，而且是以中国古代政治中心为核心确定的五方，以及相对应的五季、五色，所以它的适用范围明确地界定在华夏大地和中国人群的范畴，具有明显的地域限定性。故此，如果将五行色彩的概念运用在赤道以南的地区，就需要改变方位了。其实，只要离开了中国，要改变的就不仅是五方、五季，还有五德及德色也是需要改变的。在中国古代历史中，少数民族当政的元朝和清朝也没有所谓的属性和朝色。所以这一色彩体系的逻辑性仅适用于中国地理环境和中华文化语意，是中国古代宇宙观、空间观、时间观的色彩化呈现，色彩在其中倒是附属的，文化观才是主旨。这样的色彩体系带来的影响

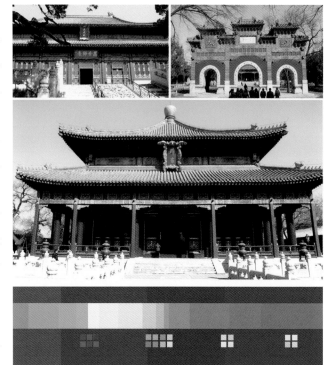

图3-3　北京国子监建筑色彩（摄影郭红雨，制图何豫）

图3-4　黑灰色调的北京民宅（摄影郭红雨，制图何豫）

是，普通民众习惯于色彩附属于一个地域性特征鲜明的政治文化体系，并不执着追求独立于政治文化之外的色彩体系。

因为强调文化观更甚，加之独立色彩体系的缺位，就会常常出现哲学层面的玄奥话题与色彩层面的具体内容混淆不清的情况。例如，在一些色彩方案的研讨过程中，常会有人提到："孙子云：色不过五；老子也说：五色令人目盲。所以用色不能过五种！"或者还会有人搬出孔子之言："恶紫之夺朱也"，所以紫色不如红色美丽等。其实这些借色言事、借色咏志的表达方式只是中国人极为熟悉的一种修辞手法，会有这样荒唐论点的原因，并不是人们没有厘清此时应该讨论色彩，还是应该探讨文化，而是深受色彩附属的政治文化体系的影响，早已抱定了色彩根本不需要被单独讨论的态度。

在色彩偏好方面：几千年来，中国古代的色彩制度，都被投射着政治意念和权力文化，以五行色彩说为基础的中国古代色彩等级制度，影响着古代中国人社会生活的方方面面，包括有形的建筑、装饰、艺术色彩，也包括无形的色彩偏好和色彩审美文化，甚至决定了华夏民族色彩审美观的方向，并且深深扎根于影响中国人的思维模式和文化性格中。时至今日，现代中国人已经不会再依循五行色彩制度行事了，甚至有很多人不能准确说出五行五色的具体涵义，但是它依然对中国人的色彩观念有着深刻的影响力，并且在色彩体系、用色范围和色彩偏好方面呈现出清晰的印记。

在过去强调等级制度的封建体制下，色彩等级中序位极高的黄色、红色等高纯度的正色（图3-5），只有皇宫贵族可使用，平民百姓虽然不可企及，但一直崇尚这种色彩，而且这种对五行色彩中正色的尊崇已逐渐成为一种欣赏习惯。在色彩等级制度解禁后，这些原色、正色，就更加受到普通百姓的热爱。所以在中国传统节庆活动和民俗色彩中，红色、黄色是最受欢迎的色彩；而且因为色彩语义的伦理化，致使人们强烈追捧正面意义的色彩，厌弃负面意义的色彩，例如象征权利的大红色被推崇到至高地位，尤其受到民俗色彩的重用（图3-6），甚至到了可以象征中国，被称为"中国红"的至高地位。

在色彩使用范围上，古代色彩制度的伦理化、等级化的色彩使用意识严重，限制了普通民众对色彩的创意运用和创新发展，导致民众的色彩应用范围的狭窄，在一定程度上制约了色彩艺术的发展，束缚了色彩应用的创新。特别是五行色彩中正色与间色的严格使用规范，导致色彩应用的高度程式化，色彩搭配趋向固定的模式，虽然易达到一定的统一性，但是色彩艺术的丰富性受到限制。

中国古代色彩制度作为一种社会文化观，大至色彩系统，小至用色偏好都有社会伦理

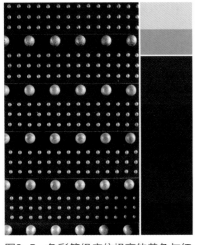

图3-5　色彩等级序位极高的黄色与红色（摄影郭红雨，制图何豫）　　图3-6　中国传统民俗色彩中的红色（摄影郭红雨，制图何豫）

的体现，直至节庆活动色彩、民俗风情、手工民艺甚至餐饮美食色彩等各个类型色彩也都有文化意识的反映。所以，中国古代的色彩等级制度显然不是色彩的方法论，更不是色彩的认识论，而是统治阶层借色彩形象表达治国理政策略的方法体系，是社会文化观念以色彩形式得以表征的最显著例证。因而，在现代的色彩学术研究中，对待中国古代色彩等级制度通常都有两种极端的态度，一种观点自豪的认为，这个体系精准无比，从根源上解决了色彩与文化的关系，是祖先智慧的体现，而且中国的文化体系作为直达天意的"宇宙真理"，可以改变如今的文化失落与迷茫，并将统领世界；另一种观点则认为，这种色彩体系根本无法与现代色彩科学对话，更不可能相容，纯粹是封建迷信的一种色彩图腾。似乎任何事情都有正反两面，但是，无论如何这都是一个民族整体文化观念在色彩上的投影，一个逻辑严密又自成体系的文化色彩观。从研究社会文化在色彩上的反映来说，比中国古代色彩制度本身更重要的是它对于中国传统社会文化发展的影响。

3.2　民族文化的色彩映射

广阔的世界地理版图，孕育了多元的文化内涵，造就了多样的民族文化性格和地方精神，也塑造了丰富的城市色彩文化以及色彩偏好。地域性城市色彩的个性和多样性正是由这些独特的民族与地区文化形成的。即使是在西方世界的人们看起来都差不多的中国和日本，也有着"红色的中国"和"绯色的日本"的差别，其色彩差异的原因即是民族文化性格的作用。在此，本书以色彩表现最集中最凝练的中日古典园林色彩为例，剖析民族文化性格在色彩表现上的映射。

在同属东方文化类群的大背景下，中日古典园林都是东方园林中的珍品，并且从发展史上来说，中国古典园林是本源，日本古典园林是在此基础上发展衍生出的支脉。所以会有一种想当然的看法，日本园林是对中国园林的模仿和再现。但事实上，日本古典园林虽然学习了中国，却因为本土的神道教（Shinto）信仰和日本民族的文化内涵而具有自己的特色，随着日本古典园林发展成熟，逐渐形成了与中国古典园林差异明显的造园风格和审美取向。正所谓："三分匠，七分主人❶"，中日古典园林色彩的差异尤其反映了审美主体——造园者截然不同的审美取向和审美标准等审美文化理念。从中日古典园林色彩的构成内容、色彩运用偏好、色彩文化内涵、色彩审美情绪、色彩审美目标等方面，可以清晰地解读这些色彩差异背后迥异的民族文化特征。

3.2.1 色彩构成的侧重

中日古典园林都是从中国蓬莱仙境象征的一池三山发展演变而来的山水园林。但是中国园林的造园者身处大陆地区，习惯以山为伴，偏好欣赏山林环境或山水齐重的自然色彩。园林中的自然色彩构成以山石色彩、植物色彩和模拟河流溪涧的水系色彩为主，山色多、水色少。例如，江南园林中南京瞻园的北宋太湖石假山（图3-7）、苏州狮子林的太湖石假山、扬州何园与个园的黄石和太湖石假山（图3-8），运用北太湖和青石叠山的北方皇家园林颐和园和紫禁城御花园（图3-9），以及使用英石及人工塑石的手法造山的岭南园林顺德清晖园（图3-10）等，都是将山石色彩超越水色地位进行重点表现的例证。

在建筑色彩方面，中国古典园林的主要建筑类型包括亭、台、楼、阁、榭、厅、堂、舫、轩、斋、塔、照壁等。最具江南私家园林代表性的苏州园林建筑，是以高度成熟的苏南地区民间建筑为原型提炼升华而成的，如网师园、留园、拙政园等园林的水榭亭台，由白粉墙、灰瓦顶、黑色书条石与红棕色木构件构筑的景观建筑秀丽玲珑，色彩

---

❶《园冶》第一卷《兴造论》。

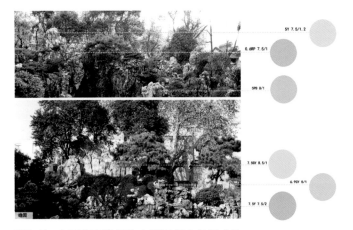

图3-7 中国南京瞻园的太湖石假山色彩（摄影郭红雨，制图朱泳婷）

图3-8 中国苏州与扬州园林假山叠石色彩（摄影郭红雨，制图朱泳婷）

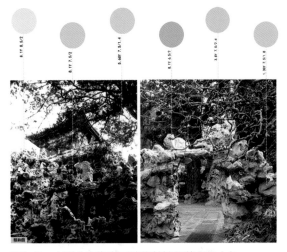

图3-9 中国北方皇家园林紫禁城御花园假山色彩（摄影郭红雨，制图朱泳婷）

图3-10 中国岭南私家园林清晖园假山色彩（摄影郭红雨，制图朱泳婷）

形象如水墨画般轻雅隽秀（图3-11）；扬州园林则融汇本地与皖南及北方的建筑风格，具南秀北雄的特点，例如何园的水心亭、瘦西湖的幽篁馆、醉吟亭、钓鱼台（图3-12）等园林建筑由赭黑色木构件和举折起翘的黑灰瓦坡屋面构成，色彩较之苏州园林更如醇厚深沉；而皇家园林建筑如颐和园的谐趣园、紫禁城御花园、故宫琉璃九龙壁（图3-13）等，因等级至高，建筑体量宏伟浑厚、色彩形象金碧重彩。

日本古典园林主要分为枯山水、茶庭、平庭、池泉园、筑山庭、露地等几种类型，其中枯山水园和茶庭的艺术性最为突出，茶室、亭、榭、桥等建筑尺度小巧，材料自然纯粹，以

图3-11　中国苏州园林建筑色彩（摄影郭红雨，制图朱泳婷）

图3-12　中国扬州园林建筑色彩（引自《扬州市中心城区城市色彩规划》）

图3-13　中国皇家园林建筑色彩（摄影王炎、蔡云楠，制图朱泳婷）

木材和茅草等自然材料为主。木结构建筑多用屋檐无起翘的草葺屋顶或树皮屋顶，如京都的八阪神社屋顶、龙安寺屋顶、清水寺屋顶（图3-14）等，庭院设置低矮竹编门，室内无天棚，自然古朴，摒弃纯粹修饰。建筑较少用实体维护墙面，或用柱廊，或用白色幛子门等，做"虚""薄"的模糊分隔，如京都二条城御所内二之丸御殿的白色幛子门墙面、永观堂的白色隔断墙面等（图3-15）。中国的华丽重彩的牌楼（图3-16）被简化为两根立柱架横梁的鸟居。从建筑形态到色彩形象都体现极简、朴素、自然的特征，如东京明治神宫的鸟居（图3-17）。

与中国古典园林偏好山景不同，在日本古典园林中，所参照的自然风景首先是海。"一池三山"的母题在日本逐渐发展为海洋和岛屿的关系，这是受到日本岛国自然地域环境暗示形成的敬仰海洋、依赖岛屿的审美取向。园林中以池拟海洋，以石拟矶岛，趋向海洋性。因而，色彩的构成内容多水色、少山色，除建筑色彩外，主要的色彩构成为植物色彩与大面积的水色，例如京都天

图3-14 日本园林建筑的草葺与树皮屋顶色彩（摄影郭红雨，制图朱泳婷）

图3-15 日本传统园林建筑的墙面色彩（摄影郭红雨，制图朱泳婷）

龙寺水景（图3-18）。

　　除了具体的色彩构成元素以外，中日古典园林色彩的构成还有着结构性的差别：日本古典园林中的枯山水、茶亭等庭园有别于中国园林的步移景随，属于静观的视觉欣赏对象，故枯山水园林也被称为无挂轴的山水画，其色彩构成是以平面化的方式呈现如画的场景，例如京都南禅寺小方丈庭园如心亭枯山水的寂静画面（图3-19）；而中国古典园林，因为可游、可居的世俗文化活动贯穿游览路线，色彩构成的目标是构建步移景异的立体色彩空间，加之山水诗文、山水画与山水园林三者的相互渗透、交融发展，园林景观布局

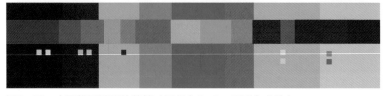

图3-16 中国华丽重彩的牌楼（摄影郭红雨，制图朱泳婷）

更加讲究诗文的节奏感和画面的流动感，色彩构成也相应地呈现出随游赏活动而推移展开的立体结构，例如苏州同里退思园中错落变化的色彩结构关系（图3-20）、无锡寄畅园中抒情诗画的色彩韵律空间（图3-21）。相较日本古典园林的如画色彩，中国古典园林的诗情画意并重，且更突出色彩结构的韵律感。

图3-17　日本朴素的鸟居色彩（摄影郭红雨，制图朱泳婷）

图3-18　日本京都天龙寺水景色彩（摄影郭红雨，制图朱泳婷）

3.2.2　用色偏好的体现

　　作为建筑环境中最精致的园林景观，其色彩最具文化代表性，也最能深刻展现民族色彩偏好。

　　中国古典园林的用色偏好也延续了中国传统色彩体系的理念，即五方正色："青、赤、黄、白、黑"及以各色调配合成的五间色："绿、红、流黄、缥、紫"。正色是色彩系统的构成主体结构，与间色形成了整体统一的色彩系统关系。园林建筑因为形体通透、少围护墙体，色彩效果主要体现在屋瓦上。屋瓦的色彩也依照中国传统色彩等级制度体现出建筑地位的高低。琉璃瓦最常用的色彩为黄、蓝、绿三色，分别对应皇帝、昊天和庶民。在皇家园林中多采用黄色琉璃瓦，为丰富色彩，常与翡翠琉璃瓦形成黄绿剪边（混合）以及绿灰剪边等色彩互补搭配，色彩浓艳厚重，尽显皇家的华丽与气度，如紫禁城御花园内建筑屋顶色彩（图3-22）。

　　江南私家园林只能用灰色瓦，屋面基本都是单檐青

图3-19　日本京都南禅寺枯山水色彩（摄影郭红雨，制图朱泳婷）

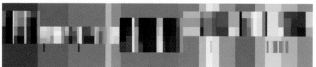

图3-20　中国苏州同里退思园错落变化的色彩结构（摄影郭红雨，制图朱泳婷）

图3-21　中国无锡寄畅园的色彩韵律空间（摄影郭红雨，制图朱泳婷）

图3-22　中国北京紫禁城御花园建筑屋顶色彩（摄影郭红雨，制图朱泳婷）

灰色瓦顶，色彩倒也简朴自然。为了避免色彩沉闷单调，造园者采用白石灰粉面在瓦缝处嵌线，在屋脊用白灰粉勾线，以及用白粉墙、墨色书条石相间的做法形成黑、白、灰的对比关系，淡雅清秀的色彩，恰如文人超俗与洒脱的志向，如苏州网师园的月到风来亭和冷泉亭（图3-11）。

　　中国古典园林建筑中最活泼靓丽的色彩表现，是绚丽的彩画。彩画作为朴素木构建筑的霓裳，早在春秋时期就有雏形。早期的彩画是木构建筑上施红色涂料以帮助防腐、防虫蛀，后来经过艺术性的提升，成为中国古代建筑重要的色彩表达，即所谓的雕梁画栋。秦汉时期宫殿的柱子施红色，在斗栱、梁架、天花等处绘制龙、云纹、锦纹等彩绘。宋代彩画时兴由浅到深或由深到浅的叠晕画法，色彩柔和平稳、清淡高雅。宋代《营造法式》中根据彩画装饰繁简、等级高低不同，将其分为五彩遍装彩画、碾玉装彩画、解绿装彩画。五彩遍装的色彩以石青、石绿、朱砂为主，以红色为底色，绘五彩花纹，外边缘加青绿色叠晕，多用于宫殿庙宇。碾玉装彩画色调雅致，以多层青绿色叠晕，框内用深青色描以淡绿色花纹；叠晕棱间装则是青绿对晕，有如碧玉光彩，多用于住宅、林苑及宫殿建筑的次要建筑中。解绿装彩画以石绿为边沿，以土朱为底的暖色调彩画，用于各类建筑。元代兴盛旋子彩画，设色精密，风格秀丽绚烂。明清时期，皇家园林建筑一般用红色柱廊或暖色木构立面，檐下阴影部分，则用冷调绿蓝色彩绘相配。因为主要画匠为江南师傅，故建筑彩画严谨工丽，建筑色彩浓重明朗，既有江南风尚的清秀典雅，又有皇家园林浓重艳丽的色彩倾向。明清时期是建筑彩画的鼎盛期，绘制方法和范式也具有严明等级划分，大致分为官式和地方画法，其中官式彩画色彩最为丰富艳丽、活泼多变，依等级高低分为：和玺类、旋子类、吉祥草类、苏式类和海墁类。清代官式彩画以金龙和和玺彩画最尊贵，雄黄玉彩画等级最低。宫殿建筑彩画以红、黄暖色为基调，礼制建筑以蓝、白冷色为基调，园林以灰、绿、棕色为基调。

至此，中国木构建筑的彩绘已形成完整丰富的色彩应用体系。例如北京紫禁城御花园建筑的檐廊采用官式彩画，以金色、青色、绿色等冷色调为主，沥粉贴金、繁艳绮丽、华美浓丽，将大面积金色琉璃瓦屋顶阴影下的檐廊凸显出来，增加了建筑物层次，也用对比强烈的色彩将建筑衬托得更加壮丽（图3-23）。在江南私家园林中，彩画的运用极少，若有也是淡雅无争的自由设色。所以，即使是作为建筑装饰的彩画也从形式到用色都遵从了礼制，体现了严格的封建等级制度。

古代日本的色彩偏好是以白与黑、青与赤对称构成的色彩体系。据《古事记》记载，红色是用来表示祭祀、辟邪的一种颜色，也代表赤诚之心。所以也有佛教庙宇中用红色的习惯，但是这个红色不同于中国的大红，而是中明度、中高彩度的红绯色，是用红花、栀子、黄蘖、郁金等黄色染料交染而成的红，因为带有朱色而显得提神醒目，日本传统神社牌坊柱子均使用这个颜色，如京都的清水寺、三十三间堂、伏见稻荷神社（图3-24）、宇治神社牌坊和伏见稻荷牌坊（图3-25）等。在没有引入中国文化之前，古日本时将红色和流血、死亡相关联，被认为不吉利，这与在中国将红色视

图3-23 中国皇家园林建筑的官式彩画（摄影郭红雨，制图朱泳婷）

图3-24 日本传统神社建筑的红色（摄影郭红雨，制图朱泳婷）

图3-25　日本传统神社牌坊的红色（摄影郭红雨，制图朱泳婷）

为吉祥、幸福、尊贵的颜色大不相同。

在中国传统色彩体系中，红色受重视的程度仅次于黄色。故古典皇家园林中常见红色柱廊，以示喜庆、高贵和隆重。而且自商周时期流传下来的巫礼，就已视红色为至高地位的色彩。在唐代，官员的五品官阶更以朱、紫、黄、兰、黑五色对应，红色与紫色的地位尤为突出。所以，帝王若赐予某臣民大红色或绛紫色官服，就意味着此人地位的重要，用"大红大紫"形容某人发迹且地位显赫就是由此而来的。

白色在日本有着吉祥、神圣的含义，与红色相比，白色更显得高贵。平安时代前期，男女服饰都以白色为第一，其次才是紫色和绿色。在日本神教道里，"清明心"与洁净的白色最贴近，是最适于表达圣洁的颜色。因此，日本传统园林中，建筑多采用原木素色，搭配白色和纸门窗隔断和白墙（见图3-15）等，并以白砂铺就枯山水和路径（见图3-19，日本京都南禅寺枯山水）作为醒目的点睛之笔。

白色作为在中国五行色彩中的正色，也应是受到重视的颜色，但是在中国传统文化中，白色多与死亡、悲哀相联系，所以在民居与民俗色彩中并不受欢迎。不过，在超越了凡尘俗事意趣的文人园林中，白色却是很受推崇的，尤其用以表达超凡脱俗的高洁志向和隐逸境界，如苏州园林的白色云墙与景墙（图3-26）。

与红色相对的青色，在日本传统文化中意味着温柔清澈和自然朴素，是美好且有生命力的大自然色彩，非常受日本人的喜爱。青蓝色调是幕府时期浮世绘的常用色彩，在园林建筑中也很受重用，例如大面积的青色屋顶（图3-27），栏杆构件、檐口门钉等处常见的青色装饰等（图3-28）。相对日本，中国皇家园林中，则善用青、绿、蓝、紫等装饰色彩在梁枋、雀替以及天花藻井处施彩绘，与大面积的

图3-26　中国苏州园林中的白墙黛瓦（摄影郭红雨，制图朱泳婷）

黄色琉璃屋面色作对比色搭配，形成绚烂华丽的形象。

黑色是中国五行色之一的水德之色，属于正色，也是具有权威意义的色彩。园林建筑中的黛黑色瓦与白墙（图3-26）以强烈的色彩对比关系，表达了文人雅士们超然物外、不与世俗同流的清高心志，是极具中国文化特点的色彩表现。在日本，飞鸟至奈良时代是一个多彩的时代，既有受唐三彩（白、褐、黄）影响的"奈良三彩"，也有受中国五行色和色彩等级制度影响，并在五色基础上添加了紫色的"冠位12阶"，即"德—紫、仁—青、礼—赤、信—黄、義—白、智—黑"。黑色被排在最后，《衣服令》也将黑色定为级别最低的官员使用的颜色，奴婢的衣服颜色也规定为"橡墨"，而且穷困的贱民也只能穿黑色的衣服，所以黑色是地位低下的标志。由此，在日本古典园林中，黑色没有大面积的

图3-27　日本镰仓长谷寺与东京明治神宫的青色屋顶（摄影郭红雨，制图朱泳婷）

图3-28　日本京都二条城御所内青色构件装饰（摄影郭红雨，制图朱泳婷）

色彩运用也源于这些文化传统。

　　黄色在中国传统色彩体系中占有至高地位，但是受到色彩等级制度的限制，一般不能在私家园林中使用。但是在皇家园林和御赐寺庙园林中有较多表现，例如南京鸡鸣寺的黄色（图3-29），灿烂辉煌有如金刹一般。黄色在日本的传统审美意识中是并不受青睐的，在圣德太子制定的"冠位十二阶"中，黄冠代表中级官位。而《衣服令》中规定黄色属于低等级的色。在色彩喜好的典故中，日本人用黄色衣物包裹初生婴儿，因此黄色成了不成熟、不可靠的代名词。与黄色接近的金色，在日本被看作过分张扬炫耀的颜色，并不是很受欢迎。

　　尽管如此，日本古典园林中也有相当精彩的金色建筑的案例。建于日本国京都府的金阁寺，即是室町时代最具代表性的名园。金阁寺是1397年足利家族第三代将军义满作为别墅而修建的，义满之后被改为禅寺"菩提所"，金阁其名称就是源自于幕府将军足利义满之法名，又因为寺内核心建筑"舍利殿"的外墙全是以金箔装饰，所以称为"金阁寺"。以金阁为中心的庭园代表极乐净土，被称作镜湖池的池塘与金阁相互辉映，在晴好天气时，可欣赏到倒映在镜湖池中金碧辉煌的金阁和蔚蓝色的天空（图3-30）。三层楼阁状的金阁寺（舍利殿）建筑，一楼是平安时代的贵族建筑风寝殿造，二楼是镰仓时期的武士建筑风格"潮音洞"，三楼则为中国唐朝风格的"究竟顶"（禅宗佛殿建筑），寺顶宝塔状结构顶端有金光耀眼金凤凰装饰，象征吉祥。金壁生辉的金阁寺成为室町时代最具代表性的名园。1955年，依照原样重新复建了1950年时被烧毁的金阁寺，1987年又进行了"昭和大复修"，将全殿外壁的金箔全面换新。据称，维修用了大约20万枚总重量约20公斤的金箔重铺金阁寺，其每片金箔是正常金箔厚度五倍的"五倍箔"。耸立于翠松碧水之间的金阁寺辉煌灿烂，成为令人震撼的园林景观。喜爱它的人夸赞它的金色运用，从整体到细节、从实体到倒影都表现出惊艳的美。三岛由纪夫在小说《金阁寺》中描述它是"黑夜中的月亮，是黑暗中唯一的光明的象征，是横渡时间之海而来的一艘美丽的船"。不喜欢的人则认为这样豪放不羁的金色外观是利用弘伟壮丽的外表，过分地表现傲人权利。

战国时期的安土桃山时代，最爱追求豪华和绚丽的丰臣秀吉也曾修建了内部黄金建造的茶室和镀金的大阪城。大阪城内由护城河围绕的主体建筑天守阁巍峨壮丽，白色的墙面配以青绿色的屋瓦，每个飞翘的檐端都装饰着金箔装饰的老虎与金鯱造型，镶铜镀金，壮观耀目（图3-31）。大阪城也因为天守阁的金碧光辉，别名"金城"或"锦城"。

1603年由德川家康兴建的京都二条城（又名二条御所），是江户幕府将军在京都

图3-29 中国南京鸡鸣寺色彩（摄影郭红雨，制图朱泳婷）

图3-30 日本京都府金阁寺建筑色彩（摄影郭红雨，制图朱泳婷）

图3-31　日本大阪城天守阁建筑色彩（摄影郭红雨，制图朱泳婷）

图3-32　日本京都二条城御所建筑色彩（摄影郭红雨，制图朱泳婷）

的行辕，其园林建筑也是采用黄金装饰色的典例。其中的二之丸御殿采用了江户时代最豪华气派的唐门风格的装饰，建筑屋檐和封檐板上都镶嵌有纯金箔片作为点缀，奢华金色在暗沉褐色的木构建筑材料的衬托中熠熠生辉、耀眼夺目，尽显华丽之风，显现出当年德川幕府的富有华贵和桃山时期的金饰精粹（图3-32）。二条城大型府邸有着胜过皇居的豪华，显示了德川家的权势富贵和拜金品味，沿袭了桃山时代的豪华绚烂，也是将军建筑金碧辉煌艺术的代表之一。这些安土桃山时代的"南蛮文化"色彩代表虽然成为日本历史上色彩最金碧辉煌时期的文化里程碑，但是这种贴金镀铜、光彩耀目的建筑色彩并不被日本人传统审美思想的主流价值观所认同，这些亮眼色彩也被认为是刺眼的颜色，是与传统园林文化朴素侘寂的审美精神相背离的色彩，甚至被认为是破坏了日本建筑至简至素的审美传统。

　　在日本古典园林中，与金壁生辉色彩反其道行之，并且特别具有本土意义的色彩，就必须提到千利休色。千利休是日本茶道的鼻祖和集大成者，其"和、敬、清、寂"的茶道思想对茶庭建筑与环境色彩也有极其深远的影响。千利休反对在茶庭建筑中使用奢华的色彩，曾指导司茶人穿上用烟灰染成灰色的棉布和服替代彩色的衣服，这种带绿调子的灰就称之为利休灰色。千利休灰的灰色（Gray）是现在的说法。在战国时期的日本，这种颜色叫作"鼠色"。在日本传统色中，千利休色被命名为千利休鼠色。随着利休茶道的推广，千利休鼠色应用在茶庭建筑室内砂土墙、苇席等色彩上，也在茶具、陶器、园艺、建筑、花木、雕刻、漆器、竹器等方面广为流行，这种代表了禅宗平静隐世之心、表现出清寂禅意的色彩掀起了千利休鼠色的风潮，甚至有"四十八茶百鼠"的说法，即由红、蓝、黄、绿和白依不同比例混合形成的中性灰系列色彩，可以被调和扩展为各种色彩倾向且浓淡不一的多彩灰调，如绿灰色称为利休鼠、混着紫色的灰色称为桔梗鼠，还有深川鼠、白梅鼠、银鼠灰、靛青灰、红消鼠、素鼠、葡萄鼠、远洲鼠、丼（沟）鼠、胭脂鼠、丁字鼠、茶属小町鼠、江户鼠、京鼠、蓝鼠、岛松鼠、梅鼠、源氏鼠、贵族鼠、樱鼠、白鼠、柳鼠等等，自江户时代晚期起成为非常流行的雅致色彩（图3-33）。这里的

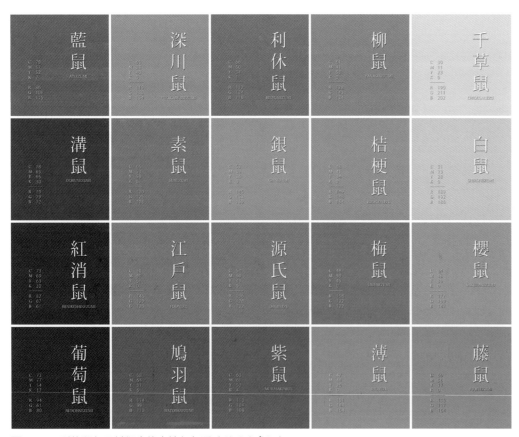

图3-33　利休鼠色及其衍生的中性灰色系（制图谈卓枫）

"四十八""百"不是具体的数字，是对颜色种类繁多的形容。

千利休用内敛雅致的立休鼠色恰如其分地阐述了侘寂、幽玄的素朴之美，为日本园林的茶庭贡献了清寂的氛围，归根到底是体现了禅意的思想。千利休茶道和利休鼠色的繁盛时期正是千利休任丰臣秀吉的茶道师傅之时，也是桃山时代的奢华金色展现的时期。这两种对立的审美取向其实代表了日本当时两种色彩倾向的角力：一边是将军政权的权贵们用璀璨金光作为自己登顶权力巅峰、掌控文化艺术话语权的表现；另一方面，是日本传统商贾文人，继续神道教与禅宗思想的结合，以出世忘我的态度抗衡战乱之悲和无常自然灾害的思想。尽管千利休最终被丰臣秀吉赐死，但是与其茶道和利休鼠色有关的一切反而愈加受到追捧，因为这样的结局恰好证明了物我两忘的出世境界才能趋避权贵的戕害，而清寂深沉的利休色就是这种态度的标识。所以，千利休色的产生，也代表了江户时代的色彩审美观从由物质性的追求，特别是桃山时代的土豪金色，向非物质的、精神世界的灰色转换的倾向。

千利休鼠色衍生出的多彩灰色是低彩度、多色相、中高明度的灰色系，具有外表暗淡平静、内在深刻有力且变化微妙的特点。日本传统色彩这种色相丰富、色感模糊、颜色浅淡并富于变化的特性，反映了日本民族文化中克制、矛盾、微妙、模糊的性格特征。朴素、低调、和谐的色彩尤其契合了在封闭、动荡社会的社会环境中自我修炼的禅意思想，也构成了日本传统色彩审美的基调。直到20世纪，利休灰作为日本的传统空间与文化的模糊以及矛盾的象征，被现代建筑大师黑川纪章再度发掘，从复合的灰色系走向了模糊、中介、渗透的灰空间，也将日本民族个性中的模糊与矛盾以空间形态的方式表现出来。

日本传统色彩偏好的另一重要特征即是细腻，通常会将明度接近且色相相近的浅淡颜色互相搭配来加以表现"无常"观念，运用弱对比的暗色来表达"幽玄"意象，这是依靠丰富的中间色调达成的色彩效果。促成其大量发展中间色的原因有很多，一种观点是，中间色来源于色彩的禁用制度。例如平安时代的红色是皇太子之位的标识色，庶民不能乱用，由此催生了浅红、暗红等中间色的发展。不过，在色彩等级制度更甚的中国，虽然在平民阶层禁用黄色、红色，但是人们却坚守了对这些鲜艳正色的热爱。这样说来，只是一道禁令就催生出丰富的中间色似乎不够有力。所以从日本文化中禅学思想的地位考虑，我倒是更倾向于这是禅意审美的潜移默化作用。为了抵御现实世界的物欲吸引，尽可能地接近物我两忘的佛境，就需要遏制欲望、沉静清寂的色彩氛围作为支持，通过降低鲜艳的原色之红的明度与艳度，刻意发展出浸染历史厚重感的、带有古朴枯寂意味的暗红。

平安时代的日本确立了自己独特的国风文化，当时的贵族把色彩方面的教养作为文化技能来培养，岛国狭长地带的自然环境使从南到北的季相色彩变化易被人们感知，层次丰富的春花秋叶和夏草冬雪蕴育了细腻多元的自然色彩，且彼时染色技术的发展，也大力支持了贵族享受色彩审美与玩味配色艺术。平安贵族"十二单"的服装重叠组合中产生的配色就是称之为袭色目的配色范式。其配色的首要定律即是按照不同季相和年龄选颜色，将四季的缤纷色彩体现在色彩上。其中根据季节不同而使用的色彩有130种，不分季节使用的色彩有66种。贵族服饰多华丽色彩，但不会直白表露，因而注重色彩之间的浓淡重叠和相互辉映。例如为了避免太炫目刺激的红色出现，用"樱袭"的方法，在深红色上披半透明织物，让高艳度的红色变得柔和朦胧。由此，敏锐感知色彩浓淡深浅，配合季节感的复合色彩搭配已然是一种高贵身份及修养的象征。掌握文化话语权的平安贵族偏好的清丽华美、趋向淡雅粉调的色彩，形成了平安时代既华丽又柔和、既多样又细腻的色彩倾向，也为日本简素的传统色彩增加了晕色与朦胧的特点。

建于平安时代的宇治平等院凤凰堂（Hoodo Pavilion of the Byodo-in,1053年），"和样"的"寝殿造"临水而筑，采用出檐深远的歇山顶，外形秀丽端庄。木构廊柱墙裙不同于日本寺庙园林建筑常用的红绯，而是降低了红色艳度，更能表现出隐忍、雅致之意的中低明度、中纯度的暗沉朱漆色彩（图3-34）。把艳丽的颜色衍生出更多抑制色彩情绪的中间色，看似是色彩的暧昧与模糊，其实是从缤纷现实走向清寂禅意的一种文化态度，也成就了日本古典园林独有的色彩偏好。

镰仓时代武士阶层兴起，并在禅宗思想的加持下，形成明快、硬朗、稳健的色彩风尚，与平安时期贵族柔美细腻的色调形成明显差异。室町时代武士文化的禅意更浓，色彩为了表现枯寂幽玄，也更加朴素清寂。例如室町时代足利义政将军建造的京都慈照寺，即银阁寺（1489），是融合武家、公家、禅僧等文化而诞生的室町时代东山文化的色彩代表。其色彩风格压抑了镰仓时代的"张"，转向深沉幽玄的"寂"，崇尚淡雅、清寂、深幽、古朴的色彩境界。银阁寺垣庭园模仿"苔寺"的西芳寺庭园设计，是以锦镜池为中心的池泉回游式庭园。在江户时代，被大规模改修，在锦镜池旁建造了象征大海波涛和富士山的枯山水"银沙滩"与"向月台"。白色沙砾堆筑的向月台和银沙滩设计用意在于月明之夜，将月光返照入阁，把银沙滩和银阁寺互相辉映成一片银白（图3-35）。银阁（东

图3-34　日本宇治平等院凤凰堂的建筑色彩（摄影郭红雨，制图朱泳婷）

图3-35　日本京都银阁寺的枯山水"向月台""银沙滩"（摄影郭红雨，制图朱泳婷）

山山庄观音殿）结构为双层木构建筑，采用柔软木片如鱼鳞叠片般拼接而成的柿葺房顶，建筑兼备禅宗式样与书院造的日本传统住宅风格，褐色木构、白色墙面与朴素木皮色屋顶均不施彩绘。掩映在松柏之间的高亮白沙砾与低沉赭色的木构建筑，色彩对比关系体现了强烈的枯寂感和直白的寂静氛围（图3-36）。

同为镰仓时期建造的京都知恩院（始建于1234年）是净土宗的总本山，江户时代被信仰净土宗的幕府将军德川家康指定为家庙。其山门建筑虽然建于1621年，但是依然延续了知恩院整体建筑色彩风格的素洁质朴。稳健雄壮的重檐歇山式山门象征了佛道修行所明悟的三则教示——"空""无相""无愿"，深褐色木构基调色和白色幛子门与椽头白色的点缀色构成深幽枯寂的色彩形象，表现了佛家静默沉寂之心，山门青峻冷静的亮灰色瓦屋顶又明示了武家明朗刚健之风（图3-37）。

图3-36　日本京都银阁寺的建筑与环境色彩（摄影郭红雨，制图朱泳婷）

除了具体色彩偏好的差异外，中日古典园林的色彩使用方法上也有大相径庭的之处。日本民族在传统审美意识中负的、空的、收敛的审美倾向，甚至是反向价值审美突出，在色彩上少用夸张外向的色彩，极少使用繁复的装饰色。色彩的负，即是留白、无色，所以多以素色、无色或白色为美。运用生于本土的自然之色，形成寂寥之美（图3-38）。日本的园林建筑少用彩画，园林中竹编门、草葺或树皮葺屋顶呈素木色彩，本白色裱纸的幛子门和白墙也是在做色彩的减法。纤细的素色松木条格栅门窗与小尺度的白色幛子纸色彩相间，表现了细腻、清雅、柔和的色彩搭配关系。这些例证都说明生存空间环境的小尺度和历史磨砺，造成日本人配色技能突出，擅于表达纤细、敏锐的色彩变化，从"袭色目"到"四十八茶百鼠"色等都表现出日本人享受微妙而精致差异的色彩审美习惯。

除了皇家园林华丽富贵的炫目色彩以外，中国私家园林建筑色彩相比较其他类型建筑，是非常雅致朴素的，但是在建筑屋檐纹饰、窗扇玻璃、屋脊雀替上还是会有令人喜悦的装饰色彩点睛，富有活泼愉悦的生活意趣（图3-39）。而日本古典园林建筑中则将色彩减到极致。日本园林中最具代表性的枯山水，其干净利索的色彩关系，正如白居易诗中"此时无声胜有声"的极致效果。反观中国的古典园林，我们很少看到这样绝对、极致的色彩表达，似乎中国人并不喜欢做到极端，而更喜欢中庸。除了一些色彩语义过于负

图3-37　日本京都知恩院山门建筑色彩（摄影郭红雨，制图朱泳婷）

图3-38 日本园林建筑自然朴素的色彩特征（摄影郭红雨，制图朱泳婷）

图3-39 中国古典园林中欢愉的装饰色彩（摄影郭红雨，制图朱泳婷）

面的色彩外，中国古典园林对大多数色彩都广泛接受，是用加法做出色彩的表现，这反映了儒化的中国古典园林对世俗社会包容、弹性的态度。这似乎也应和了民谚所说的"做事留一线，日后好相见"，这"相见"自然是在尘世间和现实的人相见，而不是与佛的面对，这正是中日园林色彩偏好差异的原因。

3.2.3　色彩文化的内涵

在古典园林中，日本的佛和禅是作为主导精神存在的，而在中国是作为表现方法被使用的，这一差别对中日古典园林色彩的文化内涵有着决定性的影响。

从中国园林的发展过程上看，殷商末年就出现了神君共乐的花苑，注重园主的身心愉悦，帝王将相从用象天法地、模山范水的手法将人间胜景摹写到自家园林，以满足怡情享乐。魏晋南北朝始，士人园林开始涌现，为文人士大夫提供了隐逸的身心乐园。隋唐后文人园林愈发兴盛，开始一统天下的儒家礼教文化使中国园林的儒化过程得以深入，并开启了文人园林的诗化艺术进程。由此过程可见，在儒家思想的强大影响作用下，中国古典园林并没有着重发展佛教寺庙园林。古典园林的文化构成虽然是包括儒家仁学、道家隐逸文化和禅宗顿悟美学，但是这三者并不是并列关系。

儒家仁学思想作为文化的根基，处于主导地位。儒家"比德"说主张从伦理品格的角度去观照自然物象，认为审美活动是完善道德人格的手段，既是艺术也是人生，既是超越也是生活，强调色彩的象征寓意和伦理品格联系，所以园林中的色彩有着强烈的象征性，色彩使用不仅符合色彩等级制度，也多从正面语义考虑，是借色喻理、教化民众的。因为中国传统园林是入世的，园林色彩形象以表现生活乐趣和生命之美为目标，这是由儒家思想的现实意义决定的。在中国古典园林中，道家思想为儒化的园林补充了清高的超然气质，为入世的中国园林注入了寄情山水、天人合一的清流。但是释家禅宗思想在园林色彩环境中并不是以思想理念形态呈现的，而是以方法的形式，通过对园林中点题景物色彩的营造，促使观赏者实现感知、理解、联想直至顿悟的过程。不过，表达的内涵则是儒家思想和道家精神。

所以，在江南文人园林的色彩形象营造中，儒家思想是色彩运用中不可逾越的礼制框架，也是色彩意涵伦理化、生活化的现实基础，道家思想是其空灵超脱的抽象色彩形象的精神追求，而道家和儒家思想的传达，则是通过释家禅宗的点化、顿悟等方法实现色彩化的表达，在此，释家禅宗思想是作为色彩审美创造的表现方式起作用的。例如无锡寄畅园中，造园者用园林建筑黑白灰的强对比色调关系，象征不染尘俗、超然物外的高洁志向，同时，桃红柳绿、碧水深幽的景观植物色彩，又表达了骚人墨客归隐天然、悠然自乐的生活情趣（图3-21），其整体色彩形象托物咏志地传达了中国文人既清高傲世、又热爱生活的人生态度。

在日本历史上，上古时代的人们因为对社会战乱与自然灾害的恐惧，产生泛神宗教式的崇拜，直到古坟时代，佛教开始传入日本。在中国园林传入日本的时期，正是中国儒学影响力式微的魏晋南北朝时期。儒家美学的社会伦理教化观念并没有太多地影响到日本。而佛教属于宗教神学体系，能够更好地与本土的神道教等泛神崇拜思想产生契合，因而在日本产生了很大的影响。佛教思想的强力影响与渗透，成就了寺庙园林的类型和风格特点，佛学思想和释家禅宗理念成为日本古典园林的主导文化，塑造了精巧、静谧、深邃的皇家和私家园林。与中国古典园林中"须弥山"那样用"形"讲述佛教故事不同，日本园林的造园本意就是佛性和修行，日本造园家梦窗疏石所著《梦中的问答》中说"把庭院和修道分开的人不能称为真正的修道者"，所以日本古典园林是以通透空灵的山水庭院帮助参禅，让人在自然质朴的本色环境中体悟禅性，以"意"来表达佛教思想。在倡导和、敬、清、寂教义的日本茶庭中，草庵使用不加修饰的自然材料，庭院极少用石景，多用灌木、草地和苔藓置景塑造淡泊清幽的脱尘境界，一般仅衬单一色彩花卉，以避免斑斓色彩干扰宁静环境（图3-40）。简朴低调的中低明度、低艳度的赭色系建筑和素淡沉郁的植物色彩一起，构成空寂、淡泊、隐逸的氛围，达到排除物欲、纯净思想、促成觉悟的目的。

日本古典园林中最具禅意的代表当属梦窗疏石创造的枯山水艺术。用平静无声的沙砾和石组表达波涛汹涌的海洋和岛屿，白砂象征了流水，寂静中暗藏澎湃，无色蕴含着多彩，让人在静默中体悟禅意。最具代表性的京都龙安寺方丈庭园之枯山水庭院（图3-41），也称"空庭"，将白沙砾、灰石组和绿苔藓，抽象化为海、岛、林的境界，用减到极致的色彩凝聚自然界的万紫千红，用寂静无声传达最振聋发聩的声音，以凝固永恒的形态表现自然之美的短暂易逝，以此提示人们，只有认识并超越这种无常与短暂，方能达到永恒的精神境界。

日本古典园林以构筑和、静、清、寂的参禅悟道空间为目的，运用高度凝练概括的形态抽象、纯净化的色彩表现，形成素简、自然、幽寂、脱俗的色彩形象。用无色聚多彩、

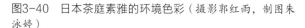

图3-40　日本茶庭素雅的环境色彩（摄影郭红雨，制图朱泳婷）

图3-41　日本京都龙安寺方丈庭园的枯山水庭院（摄影郭红雨，制图朱泳婷）

以凝固代变化、以无声喻有声、从有限至无限，启发人们的顿悟和联想，营造"一鸟不鸣山更幽"（北宋　王安石）的反价值审美效果。

由此可见，虽然日本古典园林师承中国古典园林，但是却有自己独立的文化内涵和发展方向，因为他们是将中国古典园林作为方法来学习的，并没有将中国古典园林色彩观中的儒家思想和哲学观一并拿来，日本古典园林色彩的内在灵魂是日本的神道教与禅宗思想以及国民文化性格。

3.2.4　色彩审美的意趣

中日古典园林都是一种富有文化意蕴的审美，所以色彩的选择与运用都具有较高的审美品位。但是二者因为所属人群不同，呈现不同的色彩审美意趣。

中国古典园林属于文人集团，主要为皇族阶层和文人士大夫所拥有。文人雅士抒怀畅谈、共赏诗画是中国古典园林中的主要活动，园林因此而承载了中国文人的主要文化艺术成果。山水画、山水诗文和山水园林相辅相成的发展，造成中国古典园林显著的文人化倾向和诗情画意的艺术特征，色彩审美主张缤纷悦目、怡情赏心。在中国古典园林中，一年四季都有应景的观赏植物，从春天的迎春花、连翘花、玉兰、海棠、桃花、杏花、丁香、山茶花等，到夏天的芙蓉、荷花、茉莉、蔷薇、月季、紫薇、芍药、凌霄等，秋天的桂

图3-42 中国江南私家园林中的多彩植物（摄影郭红雨，制图朱泳婷）

花、菊花、红枫、金橘等，直到冬天的梅花都依时在枝头绽放，任由纷繁热闹的植物色彩展示时节更替的变化（图3-42），色彩审美情绪欢喜而悠然。

如果和日本古典园林对比，中国古典园林的植物色彩似乎太纷繁随意、也很不纯净，绿色不论深浅，花色不择色相都可以尽情呈现。江南园林中常用的植物有丛植的彩叶灌木，也有孤植的落叶乔木，丰富的色彩从芭蕉的鲜绿到枫叶的丹红，从泛黄的秋叶枯枝到针叶松柏的沉沉苍绿，植物或多彩繁盛，或艳丽怒放，不一而足，偶尔在碧蓝池水里还会有橘红色和宝蓝色装点的水鸟来添彩（图3-43）。这些自然随意的色彩画面，喧闹地展现了自然环境的华彩，欢乐喧哗的色彩交汇成喜庆欢愉的情绪。在中国私家园林中，即使是单一的绿色，也透着欣欣然的喜气，甚至是枯枝上最后一个柑橘（图3-44），都没有枯寂的悲切，反而用鲜亮的橙色满足地炫耀秋实的喜悦，真可谓"一枝一叶总关情"。究其深层次的原因，是因为中国古典园林的园主人是深受儒家思想浸染的文人雅士，具有较浓重的生命意识、现实主义精神和乐观入世的情怀，在看尽人间繁华和世事变迁后，更享受怡然自乐的体验感受，也更加欣赏生命的喜悦。所以要用

图3-43　中国古典园林中水景与水鸟的缤纷色彩（摄影郭红雨，制图朱泳婷）　　图3-44　南京瞻园最后一颗柑橘的喜悦亮色（摄影郭红雨，制图朱泳婷）

入世的、生活化的情怀接纳丰富共生的色彩，表现人之喜、生之乐的宽广情怀和精神欢愉感。因此，中国古典园林的色彩审美意趣为：华丽内敛的人工色彩、丰富喜悦的自然色彩、活泼愉快的色彩表达和正向价值的色彩意涵。

　　中国的园林在魏晋南北朝时期传入日本，也带有那个时代的战乱悲愁，而且日本频繁的自然灾害，让因果轮回和修炼成佛的信仰在那一时期颇有影响力，佛教悲观主义的幻论美学主张超越尘世的羁绊，也有对超自然力量的崇拜，使得日本古典园林色彩带有伤感的情调。在释家禅宗思想的提升下，更以一种悲观心态面对万物无常的物哀❶审美，凸现了绚烂而又哀婉的苍凉美。特别是因为日本古典园林属僧人和武士集团，色彩审美趋向武士化、僧人化，尤其需要建构物我两忘的清静场所和境生象外的幽玄空间，因而流露出孤独紧张的色彩情感，表现出物哀和侘寂的色彩情绪。

　　在日本古典园林中特别善用色彩审美的反价值手法表达物之哀、寂之情。陈旧的赭色建筑木构，无生命的灰白色沙砾，黄绿相间的苔藓，寂寞的灰色石灯，单一到可以分出层次的绿植，都用寂寥伤感的沉郁色调（图3-45），表现"枯"、"寂"的氛围，引发人们

---

❶ 物哀是日本江户时代国学大家本居宣长提出的文学理念，也是一种世界观。本居宣长在《紫文要领》中论述物哀的概念：世上万事万物的千姿百态，我们看在眼里，听在耳里，身体力行地体验，把这万事万物都放到心中来品味，内心里把这些事物的情致一一辨清，这就是懂得事物的情致，就是懂得物之哀。物哀就是对眼前所见由心而发的感触，这种感触虽不止于悲伤，但以悲为美主旨十分强烈。

对美好易逝、自然无常的顿悟。色彩审美情绪为：自然化的人工色彩，禁欲式的色彩表现，反价值的色彩象征。

综上所述，尽管儒家思想是刻板严格的，但是它毕竟是入世的，也就是现实的、享乐主义且欢乐的；佛教思想虽然是超脱物外的，却是出世的，也是伤感的，体现出一种宗教式的、虚幻的、清净枯寂的情怀。这奠定了中国与日本古典园林色彩意趣最根本的差异。

图3-45　日本传统园林中沉郁寂寥的环境色彩（摄影郭红雨，制图朱泳婷）

3.2.5　色彩目标的终极

在中国的古典园林中，追求园林各种要素之间的协调平衡，追求天、地、人的和谐，是儒家思想的理想，而道家归隐自然、放飞心灵的追求则是在遵从儒家思想的大框架下，让思想暂时超脱尘世的方向，几乎不能至，但心向往之。中国古代文人在儒家中庸思想和道家自在自然的教化下，对于园林中建筑、植物、山石和水景的色彩都主张一种不过分、不强求的表现状态。中国古典园林中的色彩运用没有极致的对比、没有极简的枯寂，所以也让人感觉亲切与放松。越到近代，中国古典园林就越倾向于人文主义，柔和包容的色彩观也越来越浓。色彩的运用有较为形象和生动的表现，偏于具象的形象思维，入世俗化的成分较多，生活化的民俗色彩也被较多引入，诗情画意也愈为浓重。中国古典园林的色彩表现不仅要符合园林中建筑、植物等的物性要求，也要传达文学与诗画意义，反映了儒家社会中的现实美、人工美、自然美和艺术美的和谐境界，是偏重情感表达的。

日本园林色彩偏于表达佛教哲学美、体现禅意思想，善于通过纯粹、极致的色彩对比运用，形成紧张感，营造顿悟的氛围，使色彩审美更趋向表达空寂与枯淡，色彩审美的终极目标为佛我合一。因为日本园林的宗教化成分较重，所以色彩的表达需要较为抽象的方法，通过色彩的暗示、引导，引起观者的冥想和顿悟，是偏重抽象理性传达的。园林色彩中对自然色彩的人工化运用、对大千世界丰富色彩的极简化表达、对旺盛生命色彩的禁欲式表现，是为了反映真实世界的枯寂侧面，达到对超自然力量的崇拜和对佛家美学最高境界刻意追求。

总结来说，中国古典园林色彩的审美终极是达到天人合一、归隐自然，而日本古典园林色彩的审美终极是达到人佛合一、进入佛境。认识到中日两国审美意识上的不同，才能理解为什么源自同一园林体系，同样受到中国山水诗画熏陶的中日两国园林却在意境和风格上表现出如此巨大的差异，并最终走上了迥异的发展道路。如同"三分匠、七分主人"一样，中日古典园林的色彩差异，也是三分色、七分人。因此，不同的民族文化背景以及精神文化内涵，塑造了各有千秋的色彩文化和色彩审美意识，并由此映射出具有地域属性的色彩形象与表现方法。

3.3　文化乡愁的色彩记忆

3.3.1　文化乡愁的颜色

自改革开放以来的近40年间，伴随着工业化进程的加速，中国城镇化经历了一个起点低、速度快的发展过程。城镇常住人口从1.7亿人增加到7.3亿人，城镇化率从17.9%提升到53.7%；城市数量从193个增加到658个。这一组数字说明：城市发展速度之快，让一切都在日新月异中发生了翻天覆地的变化，但是也由此产生了一系列的问题：城市越现代，形象越趋同；经济越发展，特色越淡薄；生活越富有，乡愁越浓重。

高速城镇化让城市地域特征淡化，让故乡成了回不去的地方，几乎是每个人的故乡都在沦陷，乡愁成了现代中国人共同的心病。所以，建设"望得见山、看得见水、记得住乡愁"❶的新型城镇化指导意见一出，立刻引起人们的共鸣，因为它精准阐述了高速城镇化

---

❶ 出自2013年12月12日至13日在北京举行的《中央城镇化工作会议》文件。会议提出了推进城镇化的主要任务。原文："要依托现有山水脉络等独特风光，让城市融入大自然，让居民望得见山、看得见水、记得住乡愁；要尽快把每个城市特别是特大城市开发边界划定，把城市放在大自然中，把绿水青山留给城市居民；要注意保留村庄原始风貌，慎砍树、不填湖、少拆房，尽可能在原有村庄形态上改善居民生活条件；要传承文化，发展有历史记忆、地域特色、民族特点的美丽城镇。"

过程中，中国城镇历史文脉失落的现状，以及现时期人们寻找失落故乡的渴望。

故乡是每一个人生命和精神的根基，是特定时空中的岁月光阴和生活场景积淀而成的文化记忆，是具有人文意味、历史情怀的文化象征。现阶段中国寻找失落故乡的心灵焦灼，就是典型的文化乡愁。

事实上，中国的文化就是乡愁的文化。上下五千年来的农业社会，让中国人特别注重乡土观念，特别依恋故土家园。自古就有李白"举头望明月，低头思故乡"的感慨万千；崔颢"日暮乡关何处是，烟波江上使人愁"的思乡愁绪。抗日战争期间的名曲《黄河大合唱–河边对口词》，开篇就是一句："张老三，我问你，你的家乡在哪里?"，失去家园的东北人和山西人回忆着家乡的美好，诉说着背井离乡的仇恨，激发了"一同打回老家去"的抗日心声。苏轼名句"此心安处是吾乡"，更是一语道破，吾乡才是中国人心灵可以安放的地方。所以，"故乡"，不仅仅是个地域空间概念，更是一个文化的观念。乡愁是中国人对安居之地、精神家园的找寻与眷恋，是中国人对本民族精神的一种文化认同感与归属感。通过记起乡愁，找到了自我，也就找到了本土文化与民族精神的根基。明确"我是谁"，知道"我从哪里来"，才能正确抉择"我要往哪里去"。这对于地域特征失落的今日中国城镇有着尤为重要的意义。

故乡的内涵有物质性的，也有非物质的。从独特的自然环境、个性化的物质场景，到岁月流转的历史年华，都是构成吾乡吾土的乡愁信息。而色彩，具有鲜明的情感表述作用和强烈的场景记忆功能，是光阴故事的视觉凭证，是城市历史文化的可见投影，是物质环境和非物质环境的象征符号，是文化乡愁最强烈的记忆和最直接的表现。

在无法抗拒的全球化时代潮流中，建设"记得住乡愁"的城市，就需要寻找并提炼记载了地方乡土信息的色彩，需要具有文化乡愁意识的色彩表现，提醒我们不忘民族精神与地域文化的故乡。稳定而鲜明的地方乡土色彩，是地区文化、家乡风物以色彩的语言，在显性的层面上留下的光阴的痕迹，它集中体现了自然环境的色彩基因，凝练表达了历史文化的内涵，也是生活形态的影像投射，还记载着城市中各类色彩因素的演进与变化，是一方水土塑造一方特征的印记。

从整体到细节都体现故乡信息的城市色彩，不仅包括故土山河的色彩，还包括历史文化传统的色彩。例如一个地区或城市特有的自然环境色彩特质、历史文化的色彩传统、本土建筑材料的色彩特征、民间工艺的色彩表现、节庆活动色彩偏好等色彩因素，都会在长期历史演进过程中逐渐形成具有一定稳定性和独特性的色彩传统，也就是具有故乡风情的色彩特征。记得住乡愁的色彩是一个地方环境下，居民共同经营的城市文化的物质形态化，不仅折射了当地自然环境与地方文化的光泽，更反映出历史发展的印记。

故乡色彩主要包括城市色彩综合图景和城市色彩类型要素两个层面。作为城市总体色彩意象的故乡色彩，往往包含了实体的色彩要素与虚体的文化环境色彩，是建筑色彩、自然环境色彩与流动色彩混合交叠，甚至与当地的文化背景、居民的色彩心理感受交织在一起的综合图景。在此层面上，故乡的色彩可以宏大到代表国家民族概念的山川河流等大地景观色彩或是国家的代表色，对中国人来说，那就是三山五岳的色彩、黄河长江的色彩、黄土地的色彩以及中国红的色彩，这些具有国家民族层面象征意义的故乡色彩，意蕴宏阔地涵盖了中国人的家园认同和故土感知，是能够调动所有中国人故乡意识的色彩符号。就中国的广阔地域而言，综合图景的故乡色彩又必须能够指向具体的地方特征和风土民情，例如东北豪爽硬朗的白山黑水色彩，江南温润淡雅的水乡色彩，大西北大漠戈壁点青杨的绿洲色彩等。

作为类型要素的故乡色彩，主要指向城市的建筑色彩、服饰色彩、装饰色彩等各类别的色彩内容，如乡野气韵浓厚的江苏蓝印花布色彩（图3-46），具有民族图腾与文化符号意义的丽江民族服饰色彩，喜庆吉祥、民风浓郁的地方年画色彩（图3-47）等。这些最能体现地方精神的风物色彩，反映了当地人的生命意识、审美趣味、宗教信仰和民族性格。

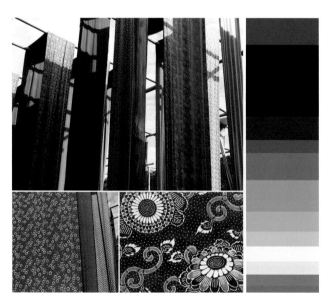

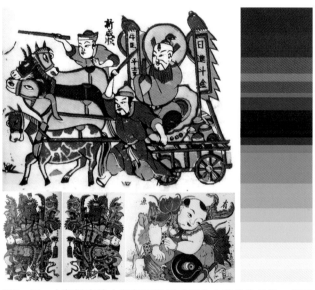

图3-46　江苏蓝印花布色彩（摄影郭红雨、CFW服装设计网，制图朱泳婷）

图3-47　山东杨家埠木版年画色彩（图片由杨英姿提供，制图朱泳婷）

理想的状态的是，从北到南，从东至西，中国各地的乡土色彩符号都应该清晰呈现当地独特的风俗伦理、地方精神等文化特质，都应该深刻记录着每一处土地的故事和岁月，能够一眼望见就可认定"此色只应故乡有"。如此的故乡色彩才具有直指内心的艺术力量和慰解乡愁的文化功效，在触动游子视觉和泪腺的同时，还能燃起人们对故乡的向往和希望。

所以，解析文化乡愁色彩的意义，不仅仅是为了留住历史，更是在关注中国现实的同时，提炼与再现故乡的色彩，为城市定制专属于自己的霓裳，通过"护其颜、显其色，保其韵、铸其魂"的城市色彩传承策略，拯救城市特色，从而在广阔的国土上表现地区色彩文化的差异和共性，以建立独特又多样的城市色彩形象。

3.3.2　乡愁色彩的表达

但是文化乡愁中的色彩意涵是难于体现的，城市色彩中故乡特征也是难于表达的。除了那些有着鲜明特征和独特含义的色彩之外，大多数故乡的意义都是深深隐含在繁杂且日益趋同的物质色彩当中。如何在越来越产品化和相近似的色彩中寻找故乡的文化踪影，怎样用色彩的特征，去强化和放大乡愁的文化价值，是现时期中国城市色彩研究与实践中需要面对的难题。

要认识并发掘满载乡愁的城市色彩，就需要剖析隐性的城市文化和表象化的城市色彩之间的关联，提炼城市文化脉络中的色彩特征，将城市色彩作为文化表达和传播的符号，阐述色彩中蕴含的文化精神，以清晰可视的符号转译途径，实现城市色彩对文化乡愁的再现与表达。具体表现为：通过城市色彩的特征提炼表述城市文化性格，例如从城市的人文活动、节庆民俗、民间工艺等活动与场景的特定色彩或习惯用色中提炼色彩代表谱系，作为城市文化的概括化符号来传达城市文化，表现文化乡愁，也就是文化符号学中所言，借由符号对文化的描述，推动文化的发展。在我主持的安康城市色彩形象规划❶的项目中，我们期望以文化乡愁为切入点，借着城市文化与人文色彩关联的分析，探究城市色彩所承载的乡土文化内容，提取其有文化代表意义的色彩元素，再将这些色彩作为重点表达的对象，用以刻画乡土的形象。

安康，是南方的北方，北方的南方。在北方的黄土地上，她带着罕有的温润气息，在

---

❶《安康城市色彩形象规划》，安康市旅游局委托项目专题，专题项目负责人：郭红雨；主要研究人员：郭红雨、龙子杰、朱咏婷、陈虹、赵婧、陆国强、黄维拉、王炎、李秋丽、何豫等。

南方的版图上她略显强悍地立在边缘。如此特殊的地理位置就涉及中国的南方和北方的关系。中国的自然地理和人文地理的南北分界线是重合的，都是以秦岭—淮河一线作为南北分界线。此线南北，无论是自然条件还是风俗民情，都泾渭分明。在中国的成语中有着若干关于南北鸿沟的说法：南船北马、南航北骑、南米北面、南拳北腿、南柔北刚、南香北雪、南腔北调等等，简直就是南辕北辙的方向性差别。

所以，南方与北方之间的安康的文化个性，既复合又矛盾，也最易造成特色的模糊与失落。但是乡愁是这样一种感情，不是因为故乡的美丽出众，人们才想念，而是因为故乡的无可替代，人们才挂念。因此，乡土色彩最需要表达的特征，即是她的独特性。由此说来，为安康城市色彩发掘其独特性，既不是偏重南方更甚，也不需倚重北方更多，南北文化的复合性才是其无可替代的特征。

由于安康地处我国的内陆腹地陕西省的东南端，是川、陕、鄂、渝四省的结合部，同时受到秦、楚、蜀文化的影响，受到外来文化和本土文化的强烈碰撞与影响。特殊的生存环境造就了安康人顺应自然规律以求得个体生命自由发展的文化传统；南北相融、东西贯通的区位特点使安康位于多种文化的接壤交汇处，既有三秦文化、中原文化以及羌族文化的刚烈、雄浑、苍劲的风格，又有巴蜀文化和荆楚文化宁静、柔婉、秀丽的风采；既有长期植根于农业社会基础上的山地型农业民俗文化，又有包容性的移民文化特质，也富于宗教文化和高人隐士适生的文化氛围，特别是在东西融汇、南北兼蓄的基础上，形成了"水性"为主导的秦巴汉水文化的文化基因；同时，历史上作为流民安置区的安康，有着对人格自由过分限制的历史，易形成封闭守旧和唯上顺从的价值取向，由汉、回、满等23个民族集聚构成而产生相互碰撞、相互兼容又相互异化的多元文化凝聚特征，也使得安康城市文化在南北交融中，呈现出相对独立的地域文化特征。综上所述，安康城市文化具有封闭与包容、好胜与机敏、韧性与变通的特点，且具自然朴素、淡泊沉稳的气质。这样的城市文化思想深刻地散布在城市生活、文学、音乐、戏曲、绘画、色彩、建筑等各类文化文本的方方面面，而这些文化的特点，也因为各类文化文本的描绘，尤其是色彩的符号化作用而得以加强和发展。

为此，我们广泛调研了作为文化外显符号的民间工艺、节庆活动、日常生活场景等56种人文活动和用色偏好，例如安康著名的剪纸、刺绣、皮影雕刻、泥塑、丝绸、灯笼等工艺和民间歌舞等，分析提取色彩共计236种。其中，被列为国家第一批非物质文化遗产，以戏曲人物和传说故事为主题的安康民间大红剪纸，高纯度、中明度的红色色彩语言单纯强烈，渲染了辞旧迎新、接福纳祥的愿望，传达了北方地区汉民族乡土质朴的文化特质；安康刺绣，由靛青、紫草、石榴子、红花等植物染色线，绣在白底本色家织粗布和靛青染的毛蓝布以及黑色、红色底布上，图案多为花鸟、人物或传统吉祥纹样为主，无论是纯朴的单色线绣还是热烈的多色线绣，色彩语言都体现了秦陇山地农耕民俗的文化风格。安康皮影也是受到三秦文化和中原文化共同作用的民间艺术，多用传统颜料藤黄、铜绿、品红、黑、白色，采用中国绘画的工笔重彩方法，以大红大绿色平涂分填多次烘染着色，以镂线凿孔计白，色彩简明浓烈、厚重沉着，具有浓厚的传统装饰趣味，符号化地表达了陕南地区秦风浓郁、固守传统的文化性格。

具有"秦风楚韵"的安康也有较多来自南方水性文化的色彩文本。例如安康地区源于鄂西的八岔戏，随鄂豫一带花鼓艺人迁入陕南而传播开的大筒子戏，由山西、关中两地移民传入的曲调又加入了南方渔鼓筒的安康道情等戏曲，都兼具四川、湖北的地区特征，舞台色彩明朗艳丽、柔和灵动；由两湖地区移民在明末清初带来的汉调二黄、花鼓戏、彩莲船、狮子舞、小场子等民间戏曲，旋律跳跃激扬，服饰场景多用淡绿、桃红、大红等花团锦簇的活泼色彩，是一种湘、鄂、川三地水乡风格融汇而成的审美偏好。

图3-48　安康人文环境代表色（根据《安康城市色彩形象规划》调研成果修改绘制，制图谭嘉瑜）

这种以中明度、中低纯度的黄色（Y），中明度、中至中高纯度的红色（R），中高明度、中低纯度的蓝紫色（PB）和中高明度、中低纯度的紫色（P）为主，以及中高明度、中低纯度的黄绿色（GY）组成（图3-48）的艳丽明快的色彩，与古朴沉厚的西北地区人文环境色彩迥异，富有鲜明移民文化印记，是典型的秦头楚尾、南北杂合的安康乡土色彩。

深受人文环境影响，安康的传统建筑色彩就更具南北地方风格的拼贴感，移民文化特征极为

明显。这也是由于安康历史上多
次移民的涌入，极大地影响了当
地建筑形式与材料的运用，形成
了多样化的传统建筑色彩风格。
虽然是拼贴组合的移民文化，但
是各地方文化在安康建筑色彩形
象上的影响程度却是不同的，这
是由移民数量和地点决定的。安
康地区传统民居建筑色彩受楚文
化影响较大，秦和巴蜀文化也具
有重要影响力。对应具体的空间
范畴来说，安康地区的汉江以北
受秦文化影响显著；由汉江自东
向西和向南的民居建筑，呈楚风
逐渐向巴蜀风格过渡的态势。安
康老城区传统建筑有着与荆楚一
带的民居建筑较为相似的硬山灰
瓦顶、白粉墙与青灰砖墙相间、
搭配暗赭红色木柱与檐梁的色彩
效果，建筑外墙很少施彩，但在

图3-49　安康传统建筑色彩（根据《安康城市色彩形象规划》
调研成果修改绘制，制图谭嘉瑜）

屋脊处有白色花饰，檐口位置以及马头墙处施以水墨图案，颇具楚风遗韵（图3-49）；紫阳
地区民居又表现出巴蜀民居的影响，以当地出产的青灰色石板或泥瓦盖顶，山墙采用四川
穿斗式结构，淡粉色的墙面，配以棕褐色木构架，巴蜀风格强烈，而外墙檐口的青灰图案
又显露荆楚遗风；安康吴家花屋的青瓦粉墙和满院雕梁画栋，又是陕南地区少见的湘派清
代古建筑风韵；旬阳地区民居则多滨江吊脚楼，棕色木构墙身作为基调色，青色片石屋面
色彩为辅助，点缀丰富的彩绘装饰，南北杂合的色彩特征明显。

　　以安康市旬阳县蜀河古镇为例，此地受荆楚风格影响甚重，有"小汉口"之称。从保
存较为完整的大量明清时期古民居与黄洲会馆、杨泗庙、清真寺、三义庙等明清古建筑的
调研分析，建筑色彩主要以中低明度的无彩色深灰（N）为屋顶色；中高明度、中低纯度

的红灰、黄红和黄灰（R、YR、Y）为墙面色；点缀以中明度、中低纯度的红、黄红和绿色（R、YR、G），中低明度、中高纯度的红（R）为主的装饰色，是具有明显的楚风的陕南建筑色彩。而深受四川建筑风格浸染的石泉县后柳古镇，以黑灰色瓦屋顶的穿斗式建筑为主。因为红棕色木柱和赭色木墙裙带来了较多暖调，白粉墙与灰砖墙的组合柔化了色彩的基调，提亮了主辅色的明度，建筑色彩中高明度、中低纯度的淡蓝紫灰（BP）和中明度的无彩色中灰（N）为墙面基调色，以中至中低明度的无彩色深灰（N）为屋顶色，以及中低明度、中低纯度的红、黄红、黄和黄绿（R、YR、Y、GY）和中高明度的无彩色灰白（N）等相对朴素的装饰色点缀，是具有巴蜀水乡风味的陕南古镇色彩（图3-50）。

总结安康的建筑色彩来看，代表性的建筑色彩主要有中至中低明度的无彩色灰（N）系列屋顶色，中高明度、中低纯度的浅淡黄红灰、黄灰和蓝紫灰（YR、Y、PB）等墙面色，整体呈现亦秦亦楚、秦蜀交融的色彩组合特点，既有西北地区硬朗深厚的无彩色灰和青灰色基调，也有中南与西南地区的质朴柔静的中低纯度土红、黄红色系的辅调色彩，有明显的差异性和相对新生的乡土色彩，表现出这一地区由移民历史繁衍出的新乡土建筑色彩特征。安康传统建筑在彩绘装饰上，运用了很多民间工艺和节庆风俗的色彩，例如彩绘中较多使用的稻草黄色、中低纯度的蓝紫色和中纯度的黄红色等都是受到当地民俗风情和文化习俗浸染的乡土色彩符号，表达了安康亦南亦北的文化复合性，体现了安康的新乡土文化内涵。

从以上安康城市文化与民俗色彩、建筑色彩等内容的分析可以看出，一个地方的乡土色彩特征是在城市整体文化环境的综合影响下形成的。要为安康人塑造一个记得住乡愁的城市色彩环境，就必须深刻理解并解析这些城市文化与民俗色彩、建筑色彩

图3-50　安康后柳古镇色彩印象（引自《安康城市色彩形象规划》）

等的特征。

因此，在安康城市色彩形象规划中，我们通过城市总体色彩环境的调研，解析安康新乡土建筑色彩的构成，对乡土色彩进行转译和再现。例如研究提取安康地区荆楚风民居的暗红色和深黄红色彩、巴蜀民居的白粉墙与棕木构色彩、关中老屋砖墙的深灰色等色彩谱系，建构安康城市色彩推荐色谱主辅色色系；从安康传统刺绣、剪纸、皮影雕刻、丝绸、灯笼等工艺和民间歌舞等当地人文环境色彩中提取的具有鲜明移民文化标签与符号作用的色彩构成点缀色。由此建构的安康城市色彩推荐色谱，主辅色柔静、自然，点缀色乡土、质朴，整体色彩具有轻松和新鲜的田园气质，表达了当地传统建筑色彩的古韵，再现了安康新乡土文化的内涵，体现了秦巴汉水之间，位居"秦头楚尾"的安康，深受荆楚、巴蜀等南方文化影响的水性文化特性。因此，我们将安康城市色彩谱系的特征描述为"水润彩绘，诗意田园"，以色彩特征描绘强调了安康独特的故乡特色，

为了在安康城市文化中加强故乡色彩的价值，我们的安康城市色彩规划为城市各层次空间结构和各类型典型建筑提供相应的细化推荐色谱和配色图谱（图3-51）以及色彩控制要点，使城市色彩形象能在更多的层面上表现故乡特征，传达故乡记忆。

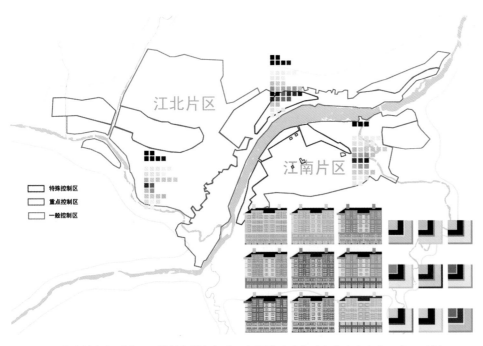

图3-51　安康城市色彩分区及推荐色谱与部分配色图谱（引自《安康城市色彩形象规划》）

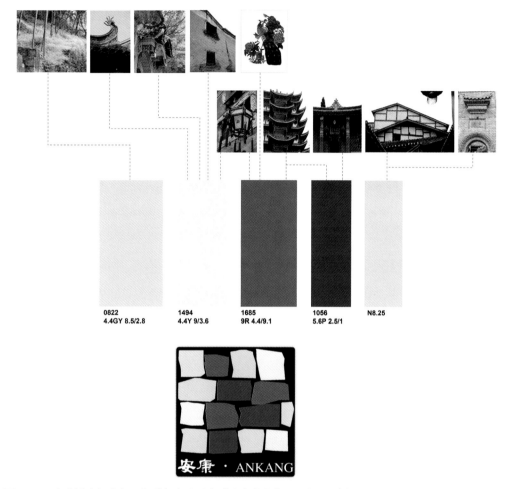

图3-52　安康城市标志色及色彩标志（引自《安康城市色彩形象规划》）

0822
4.4GY 8.5/2.8

1494
4.4Y 9/3.6

1685
9R 4.4/9.1

1056
5.6P 2.5/1

N8.25

　　安康城市的新乡土色彩对于故乡文化的再现与表现，可以通过城市中宏观和中观等多尺度的空间色彩形象塑造来实现，也可以通过符号化城市标志色彩来强化表现乡土文化记忆。在安康城市色彩形象规划中，我们特别从安康自然清雅的山水环境、纯净质朴的建筑色彩、丰富热烈的民间工艺色彩中，研究提取了带有本地乡土色彩基因的城市标志色（图3-52）。安康城市标志色由五类色彩构成：象征安康水系、青山、翠竹、石板的玉青色（中高明度、低纯度的GY），源于当地传统建筑彩绘中的稻草黄色（高明度中低纯度的Y），来自剪纸、灯笼、红绸等民间工艺品的深绯色（中明度高纯度的R），代表古雅、厚重历史感的深黛色（低明度、低纯度的P），以及传统民居粉墙的中高明度浅紫藤灰色。

通过具有安康传统文化意蕴的标志色，概括展现安康南北文化交融渗透、外来移民和本土居民文化互补共生的城市文化形象，并借用安康藤器制品的编织形式和传统建筑材料的肌理，以及传统民居的院落空间层次，形成安康城市的色彩标志形象，转译了封闭与包容并存、本土与异质交叠的文化意涵，为安康提供了一个饱含乡情含义的色彩标志。

抽象的标志色，需要借助具体的物质载体才能得到充分的体现。因此，在安康城市色彩形象规划中，我们将城市标志色重点应用在城市标识系统中，通过在城市车行系统、步行系统、景观信息系统等标识牌上的标志色运用（图3-53），点睛地表达鲜明的城市色彩形象，也使得带有故乡文化基因的标志色，借助城市标识系统的延伸，成为点缀在城市各种空间层次中的乡情文化符号，在越来越冰冷疏离的现代城市空间中，闪烁家乡的色彩，讲述故乡的文化。

在现代人越加感叹回不去故乡的今天，从色彩形象营造的角度，为城市寻求具有故乡文化意义的色彩特质，借助色彩的文化转译作用，建立具有故乡特征的城市色彩体系，积极地再现与表达城市的乡情文化，是可以在全球趋同的时代背景下为城市文化探寻回家之路的，并且也是破解城市地方文化消失难题，塑造城市特色的一种手段。

每一处独特的故乡色彩都是由漫长的历史和深厚的地域文化造就而成的。如果每一个故乡都有清晰的色彩，每一个乡愁都有难忘的色彩模样，不仅可以帮助人们寻回失落的故乡，还可以体现中国广阔土地上色彩文化的个性和共性，正所谓"越是民族的就越是世界的"。把文化精神和故土乡情联系在一起的故乡色彩营造，能让人们在越来越宽广的世界中找到自己的故乡，又何尝不是对中国人文化归属感和民族认同感的塑造？

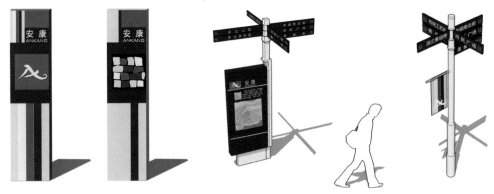

图3-53　安康城市标识系统色彩应用示例（引自《安康城市色彩形象规划》）

3.4 时代脉动的色彩符号

在城市的层面上讨论城市色彩的继承与发展，不能简单孤立地就色彩论色彩，如同城市中任何一种具有生命力的文化表现一样，城市色彩也需要在历史的轨迹和整体文化的层面讨论色彩的内涵与应用，需要以尊重历史，解读文化的态度，发掘城市色彩的记忆内涵，以城市色彩记忆为内在依据，以城市色彩演进为导向，并在更新变化中，与时俱进地探寻属于城市专属的色彩体系。

城市色彩是时代的反映，有什么样的时代就有什么样的色彩。作为时代文化的符号，城市色彩中的建筑色彩尤其具有鲜明的时代感和时间性。社会经济的发展、科学技术的成就、社会阶层的变化、生活方式与审美理念的转变都对建筑色彩的风向有着深刻影响，并以时代的脉动带动建筑色彩取向的变化。

3.4.1 社会经济变化的指向

城市建设活动与经济状况紧密相关，社会经济变化是城市色彩取向的重要指针。萧条的经济、放缓的增速以及多自然灾害的年代，会促使人们以一种实事求是、低调务实的心态，减少不必要的装饰，用简单可靠的建筑方式进行城市建设，从而寻求稳定的经济环境和生活状态，建筑色彩也因此表现平平。20世纪20年代末开始，美国乃至全球的经济迎来了长达10年的萧条期。物质生活匮乏让城市建设首当其冲，如画般的城市形象不再受到追捧。社会对设计界发出了"功用性的黄油与面包必须优先于艺术的蛋白与糖"的声音，认为建筑需要合乎实际，强调形式应该服从功能。因为经济萧条的压力，建筑形象受到建筑造价的限制以及新材料开发经费的制约，经济简约的材料被大量应用，点缀装饰构件都变得奢侈和不合理，造成建筑色彩面貌的平淡和乏味。

与此同时，20世纪20年代前后产生的新建筑运动，主张积极地利用科学技术的进步，特别是运用新型建筑材料，打破几千年来依附木材、石料、砖瓦的传统建筑思路，表达了抛却古典主义，向现代主义发展的愿望。新建筑运动是应现代工业革命的发展而产生的方向，也是为了满足经济萧条时期建造简朴纯粹的功能性建筑的现实要求。德国现代主义设计大师D·拉姆斯阐述现代主义设计的基本原则是"简单优于复杂，平淡优于鲜艳夺目；单一色调优于五光十色；经久耐用优于追赶时髦，理性结构优于盲从时尚。"国际现代建筑协会（CIAM,1928年）大会也发表支持的声音："城市化可以完全不再受到无端的美学束缚，它本质上是功能性的"。以解决功能问题为主要指向的城市建设思想，注重城市物质功能的组织和完善，强调建筑师要将功能、实用放在第一位，城市建设的目标、手段和过程均需要表现出较强的物质功能性。在现代工业革命大背景和经济危机的刺激下，这种重视功能、造型简洁、反对多余装饰的功能主义建筑风格，成了最引人注目的建筑主流。

随着现代主义建筑运动的发展，功能主义思潮在20世纪的20至30年代风行一时，并从西欧向世界其他地区迅速传播。这种被称为"国际式"建筑，包括纯净透明的玻璃方盒子和钢结构塑造的"技术精美倾向"；用钢筋混凝土材料与毛糙混凝土沉重质感的"粗野主义"（或野性主义Brutalism）；运用结构形式创造亲切文雅形象的"典雅主义"；以及表现技术美学的"高度工业技术"（High-Tech）倾向等。它们共同的美学特征是，积极采用与工业化社会相适应的钢结构、混凝土、玻璃、预制装配构件等新材料、新结构，主张建筑形体和内部功能的配合，强调表现手法与建造手段的统一。

二战前，新建筑运动创作的热点在西欧，但是并没有普遍实现。1945年二战刚刚结束时，美国的经济实力明显优于受到战争影响的欧洲各国，建筑领域的科学技术也有较大进展。而且，在二战期间还有不少世界建筑大师都来到美国寻求发展，如格罗皮乌斯、密斯、孟德尔松等，他们的作品及其门徒都强力推动了美国现代建筑的发展。二战前在西欧提出的很多新建筑构想逐渐在美国实现，并在20世纪中期的美国兴盛一时，而欧洲和亚洲等其他国家的现代建筑活动在50年代中后期才渐渐活跃起来。在美国，原本准备用于战争的钢材大量用于建筑之中，为热衷于新材料和新技术的现代建筑提供了经济、技术与材料的支持，致使钢结构、钢筋混凝土结构建筑发展迅猛，塑料也广泛应用于房屋建筑之中。但是建筑色彩反而因为这些标准化预制件的应用而显得雷同。美国的城市由此成为钢筋混凝土森林的故乡、玻璃与钢结构建筑的始祖。

过分简洁和纯净的现代功能主义建筑很少用或完全不用色彩装饰。建筑的色彩被视为外在的装点，被置于可有可无的地位。密斯的"少就是多"，更是将色彩消减到最低程度。勒·柯布西耶的"建筑是对阳光下的各种体量的精确的、正确的和卓越的处理"，将色彩与形态更加彻底地剥离。不过，他本人的作品中却将色彩运用得既大胆又精彩。只是柯布西耶的观点确实代表了当时那个时代的建筑形象追求，是一种相当普遍的思潮。脱胎换骨而来的现代派建筑师们，为了强调现代建筑与手工业生产年代的古典建筑的区别，表现出对

图3-54　美国纽约城市色彩（摄影蔡云楠，制图朱泳婷）

繁复的装饰的强烈厌恶，认为用颜色装点建筑似乎是向古典建筑的妥协。现代主义建筑在摆脱建筑立面上复杂的线脚和浮雕的同时，也抛弃了色彩的装点。现代建筑用钢和玻璃结构、钢筋混凝土材料本色出演的光洁立面，趋向冷淡的金属银色和冷调玻璃色，使城市色彩面貌显得冷静平淡，尤以美国诸多城市的色彩形象最具代表性（图3-54）。

3.4.2　科技进步的力量

其次，科学技术的发展动因，尤其是建筑技术与材料的进步是改变城市建筑色彩的重要力量。现代功能主义建筑中的高技派"High-Tech"风格，最能集中体现建筑高科技的发展成就。

高技派源于20世纪50年代后期的欧美国家，是混凝土结构已无法支持超高层大楼的高度增长时，大量采用轻荷载的钢结构和玻璃建造的摩天大楼，表现出崇尚机器美学和新技术美感的追求。高技派的产生和流行与技术乐观主义思潮有关，其背景也是大量原本准备用于战争的金属、塑料材料转而被用于城市建设领域，为建筑带来了技术手段与材料的尝试与创新。至20世纪70年代时，航天技术上的一些材料和高科技也开始应用在建筑之中，用金属结构、铝材、玻璃等结合构成了新的建筑结构元素和视觉形象，逐渐形成一种成熟的高技术的建筑设计语言。

"高技派"以建筑技术含量高而著称，注重"高度工业技术"的倾向，主张用最新的材料，如高强钢、硬铝、塑料和各种化学制品来制造体量轻、用料少，能够快速与灵活地装配与拆建的建筑，为以往过于单调简单的方盒子建筑增加了新意和细节。所以在国际式的现代建筑不再流行的情况下，高技派还能继续受到瞩目。

高技派的几个早期案例清晰地呈现了与国际式现代建筑的差别。例如弗雷·奥托和甘特·拜尼施设计的德国慕尼黑奥运会场馆（图3-55），采用空间幕结构和透光的浅灰棕色丙烯塑料玻璃顶棚，引领了高技派"自由和变动"的设计风向；英国诺曼·福斯特设计的香港汇丰银行大厦（图3-56），钢结构框架形如机器战士；由R.皮亚诺、R.罗杰斯设计的法国巴黎蓬皮杜国家艺术与文化中心（图3-57），外立面钢架林立、管道纵横，有"文化炼油厂"之称。这些表达阐述现代工业成就和科技成果的高技派建筑用金属、塑料、玻璃、钢铁等工业时代的材料构筑简洁且前卫的建筑造型，用冰冷且锐利的金属构件、镜面或透明玻璃幕墙的金属色和无彩色等冷色调，构成高技派建筑高傲冷峻的色彩形象。

3.4.3 文化风格的驱动

此外，文化风格的驱动也是重要的动因。在20世纪50年代二战结束后的城市重建时期，特别是在受到严重战争伤害的欧洲，人们对冰冷的、缺乏人情味的功能主义城市建筑感到厌倦，希望有更多表达美好精神生活的建筑环境来抚慰经受严酷战争的心灵，要求建筑形象从冰冷的高科技转化为温暖的高情感。建筑审美取向开始转为以人文价值为主导的趋向。20世纪70年代欧美国家经济的高

图3-55　德国慕尼黑奥林匹克中心场馆色彩（摄影郭红雨，制图何豫）

图3-56　中国香港汇丰银行大厦色彩形象（摄影郭红雨，制图何豫）

图3-57　法国巴黎蓬皮杜国家艺术与文化中心立面色彩（摄影郭红雨，制图何豫）

度发展带来了城市建设的丰富成果，但是也让人们感受到工业高度发展带来的环境危机、资源危机、社会文化危机等负面效果，各种反抗无情感的现代功能主义的建筑设计风尚应运而生，建筑开始表现出追求个性与地方性的轻松愉快的色彩风尚。

追求人情化与地方性的风格倾向最先活跃于北欧。20世纪50年代中后期至60年代起，随着政治与经济上的独立与兴起，带有一定民族传统特色的地方性建筑风格在日本也开始流行。前川国男的日本东京文化会馆，标志着20世纪60年代后日本现代本土建筑文化的开端。在形态上，巨大的曲面出檐传达了对日本传统和式建筑的象征，但是色彩上，依然表现出与现代建筑无彩色偏好的一脉相承，灰白粗糙的混凝土材料，与其说是日本枯寂禅意的表达，不如说是欧洲粗野主义在现代日本的演绎。红色与蓝色的点缀装饰，则是前川作为柯布西耶高徒的颜色印记（图3-58）。虽然前川国男在随后的东京都美术馆等建筑中色彩开始转向了红色面砖的形象，但是依然少见日本本土色彩的表现，这也是深受新建筑运动影响的现代建筑师们共有的特点。

在中国，表达个性与地方性的建筑风格在近二十余年的时间里，也越来越清晰。究其原因，是国人对千篇一律全球趋同的国际主义风格的反感，是由过度审美疲劳引发的更替效应。而中国社会经济的稳定发展，为多样化的建筑风格探索带来了强大的经济支持。特别是当前全球化文化趋同的浪潮，也对保存中国地方文化提出了迫切要求，建筑风格转向

图3-58　日本东京文化会馆色彩形象（摄影郭红雨，制图何豫）

个性化与地方性，并成为新时期的风潮。贝聿铭设计的苏州博物馆新馆是21世纪初期中国地方性建筑的代表作，其色彩运用传统苏州园林建筑的黑白灰色调关系，颇具江南神韵（图3-59）。不过，在本土化建筑色彩中，运用最多也最易成功的，也大多是黑白灰色调。这也是因为这一类色调与现代建筑的无彩色形象最为接近，更容易被现代建筑师们接受。由此说明，本土化的建筑色彩，虽然是表达地方个性的重要内容，但也是难于提炼，更难以驾驭的文化语言。所以，从文化驱动的角度来看，建筑形象的变化，依然是形态走在前面，色彩在较远处跟随。

图3-59　中国苏州博物馆新馆的江南色彩特征（摄影郭红雨，制图何豫）

社会经济发展水平、科学技术的进步和文化风尚的引领，都是造成城市建筑色彩富有鲜明时代印记的促动因素。当然，在各个历史时期，它们促成城市色彩趋向变化的影响程度也有所不同，有时甚至是起叠加作用，其中最核心的作用力还是社会经济水平，而且，对城市中最大量、最普遍的居住建筑色彩的影响也最为显著。

3.4.4　住宅建筑色彩的时代标识

城市中大量性的建筑类型是住宅类建筑，其色彩的变化往往成为城市色彩"变脸"的灵敏指针。以广州为例，近七十年的居住建筑色彩形象的变化，记录了时代变迁的种种印记。

自1949年新中国建立之初国民经济恢复时期（1949—1952）到第一个五年计划结

图3-60 中国广州小洲村的一片红色调（摄影《广州城市色彩规划》调研组，制图何豫）

图3-61 浓烈的暖黄色调（摄影《广州城市色彩规划》调研组，制图何豫）

束时（1953—1957），中国的经济建设都是以发展重工业为主。当时的建设方针为全面学习苏联与计划经济体制相适应的城市规划与建设理论与方法。城市建设的思想是"变消费性城市为生产性城市"，城市建设和住宅建设实行同步配套。面对新中国建设百废待兴的格局，1952年9月建工部第一次全国城市建设座谈会提出了"实用、经济、在可能条件下注意美观"的建筑方针。住宅建筑设计为体现中国工人阶级的建筑审美特点，借鉴了代表先进工人阶层意识的苏联工人新村形象，多以砖木结构平房为主，采用"苏联挂瓦"屋面，墙面为白色石灰粉刷。如广州在20世纪50年代之初建设的南石头纸厂生活区、水泥厂生活区、和平新村、民主新村、邮电新村、建设新村等，色彩灰白冷漠，缺乏生气。

20世纪50年代中后期由于国家经济困难的形势所迫，又正值全国展开对全苏建筑工作者会议文件的学习，以及对形式主义和复古主义的批判。从城市规划、住区规划到户型、住宅建设标准，都机械照搬苏联经验，建设标准也定得较低，以方便施工、节省材料为优，后来更是出现了极端的低标准住宅，连苏联式坡顶也改为平顶。这一时期建筑的外墙多为传统的清水墙、混水墙，新建的水泥外墙面的建筑大多不加涂料饰面，仅作砖缝处理。由于这一时期青砖生产渐少，红砖为主要砖材，在广州以蕉基泥、山泥为原料的清水红砖墙的房屋数量增多，形成了"一片红"的建筑色彩基调（图3-60），色彩虽然粗糙奔放，倒也质朴热烈，如图中广州小洲村的居住建筑等。

中国广阔的地域环境，差异较大的气候带，决定了中国南方地区并不适于苏联住宅模式。因此在第一个五年计划末期，建筑行业开始了对苏联建设模式的反思。1950年代后期，以广州为代表的国内几个大城市出现了一些不同于苏联模式，带有实验性质和创新性的高标准住宅建设，由于当时广州的水泥砂浆多为黄浆，所以很多建筑披上了浓烈的偏黄红调的黄色（图3-61），打破了一片红的格局。

广州于1965年为回国华侨兴建的华侨新村，在建筑色彩上则具有更多突破。广州华侨新村是在公有制和计划经济背景下特殊存在的首批带私有性质的居住区类型，住区建筑体现了与同一时期苏联式和单位制度下的工人新村不同的设计思想，是放开了一定的设计限制，也融合了岭南地方特色且具有西方现代建筑特征的居住小区。为适应广州的气候条件，华侨新村住宅是西式平屋顶建筑，高低错落的空间流动通透，不对称的建筑体型在花格墙的装饰下显得开朗轻快，外墙基本采用本地出产的白石米水刷石或涂料粉刷方式，色彩以明度较高、艳度中低的淡红色、淡黄色等浅淡色调为主，为避免单调，即使同一类型建筑也采用不同的颜色。楼梯间用淡灰色水刷石或红色清水墙，窗间墙用绒面红砖或拉模批荡装饰，压顶线、方头线饰以白色或灰色水刷石，也有部分住宅使用红色清水砖墙进行点缀。住宅大门用淡咖啡色，其他木门窗常见奶黄色。钢窗窗花为银色，多用于搭配淡灰色的门窗。整个新村形成了朴实自然、明朗清丽的建筑色彩特征（图3-62），也基本符合了适用、经济和美观相统一的原则，在全国"学苏"的住宅建筑中令人耳目一新。

图3-62　广州华侨新村色彩特征（摄影《广州城市色彩规划》调研组，制图何豫）

图3-63 暗淡的水刷石立面色彩（摄影梁林怡、谈卓枫、张大元、刘姜军，制图何豫）

图3-64 白色主导的外立面色彩（摄影《广州城市色彩规划》调研组，制图何豫）

在"大跃进"至国民经济调整时期（1958—1964）和整个"文革"时期（1965—1977），是以"快速规划""用城市建设的大跃进来适应工业建设的大跃进"为主旨的城市建设阶段。力争上游的愿望和经济困难加剧的现实叠加在一起，令城市建设举步维艰，彼时的建设部门又提出了"设计革命化"等更加降低建设标准的倡导，为此，许多住宅建筑用简易的墙面抹灰做法，使城市色彩调子趋向无彩色的一片灰寂，毫无色彩表现可言。

"文化大革命"时期之后至20世纪80年代中期，住宅建设发展缓慢，墙体材料继续以蕉基泥、山泥为原料的红砖以及以河沙为原料的灰砂砖为主，还有为了节约建设，利用工业废渣制砖作为墙体材料，外墙饰面主要为水刷石饰面，多为无彩色灰、黄和黄红（N、Y和YR）等低纯度、中低明度的色彩范围，色彩面貌陈旧黯淡（图3-63），例如那一时期陆续兴建的南园、水均岗、员村、桂花岗、交电、跃进、滨江、素社、鹤洞、邮电等新村等住宅区。

20世纪80年代中后期至90年代初期，住宅建设主要随着城市扩展的新区展开。现代主义风格是城市建筑的主导风向，后现代等多元风格也逐渐显现。建筑外墙饰面逐渐由块料饰面替代砂浆饰面，采用天然或人造石材、陶瓷或玻璃制成的马赛克及釉面砖等材料的住宅建筑逐渐增多，无彩色、白色等外立面色彩占了主导地位（图3-64），蓝色、茶色镀膜玻璃也开始在高层住宅中使用，与本地产陶瓷面砖、陶瓷锦砖、彩色水泥、107胶等材料饰面相结合，形成了由盛行材料决定的混杂的且无明显特征的色彩风格。

随着经济的发展，20世纪90年代初期，越来越多的住宅建筑，尤其是高层住宅开始采用装饰效果好的天然石材（花岗岩、大理石）、人造石材（人造大理石、水磨石）、玻璃幕墙、金属饰面板、陶瓷面砖、陶瓷锦砖（马赛克）、釉面砖、混凝土、砖、涂料等材料，住宅建筑中的装饰性色彩开始大量出现。屋顶多用中明度、中高纯度的红黄色调水泥彩瓦。英红水泥瓦因最早进入中国市场，几乎成为红瓦屋顶材料的代名词，红色英红瓦一时间风靡全国。这一时期的高层住宅建筑色彩范围广泛，红、红紫和黄红（R、PR、YR）等色相最为常见，色彩艳度中高、明度中等，色调温暖，也略显生硬（图3-65）。

20世纪90年代中后期，城市中的高层住宅建筑越来越多，一些所谓的高档明星楼盘，运用折中主义、新古典主义等建筑风格，表达居住在他处的生活向往。例如风靡一时的"欧陆风"建筑以粘贴古罗马艺术符号为特征，建筑外墙多采用大理石、外墙饰面砖、涂料、饰面板材等，在各类墙砖中，尤其偏爱中明度、中纯度的粉红色外墙釉面砖加白色线条，外飘窗多为绿色玻璃，配以山花尖顶和饰花柱式，常见宝瓶或通花栏杆以及石膏线脚等作为装饰。据统计，20世纪90年代中期的广州市，至少有60余个楼

图3-65 20世纪90年代中期高层住宅色彩特征
（摄影梁林怡、谈卓枫、张大元、刘姜军，制图何豫）

盘采用了欧陆风格的建筑形象与色彩。"欧陆风"是在现代主义建筑上附加一些欧洲古典建筑装饰元素的组合造型，并不是一种真正意义上的建筑设计风格，其色彩搭配是仿欧洲造型与现时期本土材料的一种拼贴，即使在欧洲大陆也很难找到它的原型，这其实是商业营销需要突出的色彩斑斓的装饰效果。

在1990年代中后期，房地产开发商在继续移植欧陆异域风格产品的同时，开始走向更加专业的划分，例如把欧陆风格细分为地中海风格、法式风格、英式风格、北美风格、新古典建筑风格等，致力于更加精准地将欧陆生活环境搬运到中国。其中，英式、法式风格的高层住宅建筑多为红砖外墙或灰白色墙面，白窗框和线脚作为装饰，并搭配较陡的双坡深灰色屋顶，形成以蓝灰和绿灰点缀米黄、暗红、棕色外墙的色彩形象（图3-66）。地中海风格则是用西班牙红色筒状陶瓦覆盖缓坡屋顶，与淡黄色和白色相间的石材、仿石材或涂料墙身组合，鲜亮的红瓦顶搭配淡黄墙的色彩形象逐渐演变成一种豪宅的符号

图3-66 英法式高层住宅典型色彩形象（摄影梁林怡、谈卓枫、张大元、刘姜军，制图何豫）

图3-67 地中海风格居住建筑典型色彩（摄影梁林怡、谈卓枫、张大元、刘姜军，制图何豫）

（图3-67），在别墅类住宅中尤其兴盛。在广州、深圳就有很多名为"罗马嘉园"、"托斯卡纳"之类的住宅区采用西班牙米黄与西班牙红坡顶组合的地中海风格色彩。在北纬25度的中国华南地区为什么会刮起地中海风？事实却是，这些遭受专业人士不少白眼的设计作品，却是销售成绩很好的住宅商品。

这的确反映了这个时代的重要特征，人们对于欧陆标签所代表的异域居住生活方式和风格有着高度的认同，对于生活在他处有着强烈的向往。当开发商对他处的文化显示出没有自信的倾慕之情时，就在说明我们的社会经济水平还不如欧美国家，更没有超越，这也正是社会发展水平限制设计者想象力的结果。这种异乡色彩的价值就在于提醒我们还不如人家。这种需求的心态，使所谓的欧陆色彩风尚在中国有了发展空间，住宅建筑色彩就是这一阶段的标签，若干年后，它可以让我们记住一个时代的精神特征。

当经济能力上升后，民族主义和地方文化意识都会日益高涨，本土化的建筑色彩意识也开始觉醒，建筑色彩也会有追求本地专属文化气质的趋向。来源于本地自然环境和历史文化传统的色彩都可能出现在建筑色彩的装饰色部分，而乡土材料色彩会成为越来越受瞩目的建筑色彩基调与辅调，中国乡土建筑中的青砖灰瓦在现代住宅建筑中的再应用，会给失落的城市色彩特征带来了地域主义的慰藉与希望。

图3-68　广州清华坊建筑色彩特征（摄影郭红雨，制图何豫）

在21世纪初，一些低层、多层和部分小高层住宅建筑开始采用"黑、白、灰"色调，以色彩显示中国传统建筑文化的禅意雅韵，如广州的清华坊（图3-68）住区，在建筑外观上采用了黑灰色瓦坡顶、灰砖墙以及白粉墙，并饰以朱红色或棕色门柱窗框等色彩元素。这样的建筑色彩探索有着寻回失落的中国文化的理想，是值得赞赏的探索。不过，中国毕竟是一个地域广阔、文化多元的国家，黑白灰色调的应用还应该在更具体、更细化的研究基础上展开。除了江南地区之外，中国的岭南地区、华北地区、东北地区和西北地区并非都是"黑、白、灰"色调，还有更多样的地域建筑色彩风格需要创新应用。

另一方面，这一时期部分高层住宅建筑设计手法依然受到高技派的影响，多用金属饰面板、金属构件，以及蓝绿灰玻璃等国际化的建筑风格和材料，建筑色彩色相逐渐减少，无彩色、金属银大量出现，使建筑色彩转向高明度、低彩度的冷色调，色彩也渐渐趋同，本地色彩特征愈加淡化。

由住宅建筑色彩的变化可以看出，色彩作为时代的印记，反映了新中国成立以来城市建设上的经济制约、政策左右以及意识形态的变化，建筑色彩带有它形成时期的政治、经济、技术和社会思想意识的特征，有明显的时代和地域烙印，或迟或早会出现相应的变动。城市建筑色彩的确有流行，但是这与一年一度各商业品牌推出的所谓流行色不同，这是长时期历史背景中产生的色彩趋向，扬弃是城市建筑色彩发展的必然形式。

城市建筑色彩受风格影响的变化甚微，且变化过程缓慢，不如一般器物与服装色彩主动多变，因为城市建设毕竟是国计民生的事情，建筑色彩的变化是一个历史时期社会经济进程的反应，是时代脉动的真实显现。要把握城市色彩的趋势，只有从社会政治经济环境、科学技术进步中寻找依据，而城市的建筑色彩，则是这个地区所经历的时代变迁的醒目标签。

　　建筑色彩趋势的更替和目标的转换，看似是建筑风格异化的作用，其实与社会经济背景紧密关联。建筑色彩不是一个纯风格的问题，而是对当时社会现实要求的回应。单纯的风格也很难引领左右一个时期的建筑色彩面貌，包括风格本身都是社会政治经济环境的产物，并且同科学技术的进步紧密相连。这是建筑色彩与服装色彩、产品色彩很大的差异。

　　一般来说城市建筑色彩方向的改变是一个地区在一段历史背景下社会需求的反应，但是这种色彩的流行，却是文化话语权的决定的。接受外界的流行还是固守自己的传统，模仿别人或是被别人模仿，都是由文化话语权主宰，而文化话语权的背后是实实在在的经济实力因素。无论是美国的各种建筑风格更替，还是影响欧洲和世界其他地区的建筑色彩走向，抑或国内住宅建筑色彩，从东部地区流行的黄红色调到黑白灰调的转变，以及中西部城市的模仿和复制，都诠释了经济能力支撑文化话语权，从而带动色彩风向的趋势。因此，反映了城市地区社会发展状况的建筑色彩，要做到"很地方、很中国"的色彩，也不是设计师一厢情愿就能达成的事情，在经济实力上升后的色彩选择和表达才可能更加从容和自信，正所谓"形势比人强"。

3.4.5　城市色彩趋势探讨

（1）促进生态节能的建筑色彩选择

　　除了表现本土文化的色彩方向之外，最有可能，也是最迫切的趋向，是需要探索节能减耗的建筑色彩形象。在生态失衡和能源危机已经成为全球性环境威胁的今天，建筑色彩如何促进节能减耗，就成为城市色彩领域不可回避的课题。

　　目前常用的生态节能建筑立面形式主要有：光伏设施立面或屋顶、水循环系统与植被覆盖系统立面、节能玻璃幕墙系统（其中包括双中空加真空玻璃幕墙系统和单晶硅光电玻璃系统）、与建筑外墙面结合的或悬挂在外墙面之外的遮阳构件立面等。这些主动与被动节能设施立面所呈现的建筑色彩往往受限于节能构件和设施产品，难有理想的色彩表达。

　　其实，建筑外立面色彩本身就有着节能减耗的可能性。建筑外墙色彩的表面反射率直接影响建筑内部温度的变化。曾有建筑物理领域的研究者从建筑热工的角度分析得出结论：白色屋顶或墙面，比黑色屋顶或墙面的热工性能好，在夏天有明显的降低室内温度的效果。据有关实验表明，在温度最高值时，白色表面比蓝色表面低10℃，比黑色表面低19℃，由此得出的结论是，白色是建筑外墙和屋面最理想的表面反射颜色。一时间，白色建筑最节能、最生态的声音也是此起彼伏。事实上，建筑色彩有着非常广阔的选择范围，不会只有几个原色和无彩色黑白那么简单的菜单，每一类色彩还包括色彩的明度与纯度等变化因素需要考察。而且单纯从热工角度确定建筑色彩，也是对建筑本土特征的一种忽视。

　　建筑色彩的影响因素，除了热工条件之外，还有光照、文化、历史等等丰富的影响动因。从热工效能的角度选择建筑外墙色彩，也是需要兼顾多重影响因素的。较为合理的方式是在经过详细调研提取的建筑色彩谱系基础上，用热工效能的计算来校验修正推荐色谱。在我曾经主持的广东省重大科技专项——低碳城市规划技术集成研究专题[1]中，其中一个重要的内容就是研究气候适应性的色彩设计方法，通过对建筑色彩谱系色相、明度与彩度范围的确定，为广州市提取适宜当地气候温湿度的建筑色彩谱系。最终结合试验分析表明，在广州典型亚热带海洋性气候的温度条件下，适宜的城市色彩范围在低彩度、中高至高明度的黄灰、黄红灰、黄绿灰、蓝绿灰色彩范围，上述色彩易于形成适合的室内温度，这与我曾主持完成的《广州市城市色彩规划》[2]项目成果基本一致。通过Ecotect模拟分析以及简化模型的测试得出，上述色彩范围的最适宜色相、明度和彩度色彩，在最高温度的夏天，可以让室内温度下降1.1～1.3℃，冬天可以上升2.3℃。依靠建筑外立面色彩的明度、彩度控制和色相范围选择，可以达到2℃的室内温度调节值，这已经是具有节能减耗意义的建筑色彩调节作用了，如果按2℃的空调能耗的理想值推算，可节约10%的建筑电能。

　　除了温度的提升或降低，建筑外立面以及道路桥梁涵洞等构筑物色彩在明度方面的调节，也可以实现外面表反射率的提高，从而提升公共设施环境和建筑外部空间的光感，弥补光照辐射量的不足。例如我的研究室为广州市制定的城市色彩推荐色谱，在《广州市城市色彩规划》项目通过审批后，已成为广州市控制性详细规划、城市设计、景观规划等关

---

[1] 广东省重大科技专项《广州市海珠生态城低碳建设技术集成与示范》项目子课题《低碳城市控制性详细规划技术集成与示范》，编号：2012A010800011，课题负责人：郭红雨；主要研究人员：郭红雨、雷轩、张帆、金琪、吴楚风、刘菁等。
[2]《广州市城市色彩规划》，广州市规划局委托项目，负责人：郭红雨；主要研究人员：郭红雨、蔡云楠、李井海、刘洁贞、蔡闻悦、朱泳婷、陈虹、何豫、张大元、梁林怡、谈卓枫、刘姜军等，获广东省优秀规划设计一等奖，全国优秀规划设计三等奖，广州市优秀规划设计一等奖。

图3-69　提高反射率的黄灰色在广州市桥梁隧道中的应用（摄影郭红雨、龙子杰，制图何豫）

于城市色彩的编制和审查的重要依据，作为广州市建委编制的《广州市亚运设施环境景观指引》、《广州市城市主干道建筑外观整饰规划设计指引》等技术指引的色彩依据，广泛应用于广州市城市建设中。其中，在隧道采光天井上和桥梁底面的应用（图3-69），具有较好的明度提升作用，阳光感强烈的黄灰色大大增强了幽暗空间的光感，起到了视觉效果舒适、节约照明能耗的节能作用。

　　从这个意义上来说，能够减少夏季室内热辐射、提升冬季室温、提高照度光感、符合当地光照环境特征、调节适宜体感的建筑色彩选择，都是效果明显的建筑节能手段，而且具有价格低廉、形象出彩的优势。在现代建筑科技进展的支持下，通过色彩应用，营造生态安全、资源节约的色彩新方向，将会有越来越可观的发展前景，而且技术的进步也会支持更加精准的城市色彩生态技术趋势。

　　（2）符合视觉敏感性要求的色彩材料扩展

　　色彩的第一视觉特性，本身就具有醒目的标识作用。随着社会经济的发展和生活品质的提升，人们对于安全警示、信息提示等标识必然有更高的要求。城市色彩标识就是一种温和有趣、又具视觉愉悦感的提示语言。为了引起人们对不安全因素的警惕，并指引人们借助安全色标的指示采取防范和应急措施，安全色标应有强烈鲜明的辨识性，并且具有强刺激的视觉反射性。所以，人们借鉴自然界中具有危险性的黄蜂色彩、金环蛇等黄黑条纹色彩，将黑黄相间作为一种危险的警示标志，用于提醒"特别危险"；白底与黑色搭配的强烈对比、突出醒目，用于提示重要信息；红色与白色相间的图案，对比强烈，鲜明且不容忽视，用于表示禁止；蓝色与白色相间的色彩，因为清晰稳定，用于提示标准信息等。

随着色彩材料的不断研发，令色彩的视觉反射度有较大提升，大大扩展了标识色彩的表现。荧光色的兴起就是一个应用扩展迅速的例子。受紫外线等光线照射后而发光，在照射停止后发光也很快停止的物质称为荧光物质，所发出的光称为荧光。早在1575年，就有人发现菲律宾紫檀木切片的黄色水溶液在阳光下呈现极为耀眼的天蓝色。1852年，G.G.斯托克斯用分光计观察奎宁和叶绿素溶液时，发现它们所发出的光的波长比入射光的波长稍长，由此判明这种现象是由于物质吸收了光能并重新发出不同波长的光线，当入射光消失时，荧光材料就会立刻停止发光，斯托克斯称这种光为荧光。荧光是在外界光照下，人眼能看到的一些相当明亮的色光，如绿色光、橘黄色光、黄色光。长余辉荧光材料和磷光型荧光材料的荧光色，其反射光强度比一般有色物质明显加强，色彩鲜艳度也增加了，色彩表现既醒目又新鲜，色感耀眼夺目，令观者激越。随着对荧光物质研究的进步，荧光色从传统的荧光黄绿、荧光黄、荧光白，发展到荧光红、荧光蓝、荧光橙、荧光紫等，已有越来越多样化的色彩呈现。

早期的荧光色因为其反光性高，比高纯度色彩更加具有醒目的提示作用，主要应用在道路分隔线、交通标志牌等警示标识上。近年来，多色相的荧光色成为具有时代感的色彩新宠。由于常见的荧光增白剂发蓝色荧光，加入了荧光剂的颜色吸收可见光及紫外线后，把原本普通视觉下不能感觉到的紫外荧光转变为一定颜色的可见光，色彩呈现超越了普通色彩的感知范畴，使得荧光色呈现高反射率的视觉效果，并且隐含着傲人的冷调，在具有视觉冲击力和视觉效果的色彩表现的同时，还展现出高冷醒目、年轻振奋、鲜亮酷炫的时尚感，令荧光色备受追捧，在建筑设计、城市街道家具与设施色彩方面都有应用的趋势，尤其是一些体育场馆的点缀色、重大体育赛事的装饰色、店招标识色彩上有更加夺目亮眼的表现。

荧光色是对普通色感的突破，为人们提供了正常日光下普通视觉无法观赏到的色彩效果。让人有理由相信，运用科技手段扩展色彩感知范围，提高建筑材料的色彩丰富度，是城市色彩可以期待的新趋势。研发更加符合视觉敏感性要求，又凸显色彩独特审美价值的色彩材料，将是城市色彩科学与艺术相结合的新方向。

（3）提升生活与环境品质的色彩应用方向

不同色彩对人具有不同的生理和心理上的暗示，颜色饱和度愈高，视觉器官就愈容易疲劳，色彩环境明度过低，也会带来情绪的压抑。有色觉实验表明，适宜的色彩环境可以通过视神经的刺激，能够激发大脑皮层的兴奋感。采用反射性好、对人的视觉刺激小，不易引起视觉疲劳的柔和色彩，可以减轻疲劳感，感知获得的舒适愉快的色彩印象，对于提高环境品质有着强有力的影响。

在城市设施方面，高速路护栏的色彩选择需要起到提示道路边界的作用，同时也不能给驾驶者过强的视觉刺激，以免产生视觉疲劳。但现有的高速路护栏颜色一般多为绿色、蓝色、白色和镀锌的银色。如此产品化的蓝绿色护栏未必是最佳的选择，因为单纯的蓝色、绿色易与周围绿化环境相近，不能起到道路边界的警示作用，也不会给环境增加美感。好的高速道路护栏色彩，应针对公路尺度、公路周边环境色彩进行色彩搭配设计，根据视觉敏感特性，选择在当地光照环境下易于凸显的色彩，又与周边植被或水域颜色相映衬。西班牙托莱多省高速道路上道桥与涵洞的护栏，采用了少见的桃红色。这个中明度中高纯度的桃红色，没有高艳度红色或橙色的焦灼感，在种满绿灰色橄榄树的丘陵底色上，以对比色的关系鲜明跳跃而出，为在崎岖不平的山地间穿行的高速公路平添了一抹俏丽的桃红（图3-70）。此例说明，为了更高效的工作、更安全的交通、更舒适的生活，城市色彩的应用选择与设计需要有更强的科学性、更高的艺术性和更加细腻的心理感受分析，

图3-70　西班牙托莱多省高速路护栏的桃红色（摄影郭红雨，制图朱泳婷）

这也是符合未来发展趋势的城市色彩走向之一。

　　总之，在这个经济越发达，环境越濒危；财富越膨胀，资源越紧缩；科技越进步，生活越危险的时代，城市色彩的发展趋势不可避免地要与节能环保、安全舒适并且凸显个性化的要求联系在一起，走向色彩让生活更美好、色彩让环境更健康的方向。

第四章

自然的色彩，城市的风景

自然环境色彩由城市的总体自然背景色彩和自然要素类色彩构成。其中，城市的总体自然背景色彩是指由地理纬度、山水格局、气候特征、土壤植被、特别是光照云雾等构成的大面积的环境底色；自然要素类色彩主要包括自然环境中的土壤、岩石、水系、植被、花卉、果实等具体类型的自然要素色彩。自然环境色彩塑造了城市的整体色彩环境的基本特征，对于城市色彩的基因有着决定作用，是城市色彩不可超越的地域属性。而且，一个城市或地区的自然环境色彩也会潜移默化地影响人们的色彩取向，会塑造地方性的色彩偏好。

深刻解读城市自然环境系统，保护原生态的自然色彩特质，提取并运用自然环境色彩信息，是塑造城市专属色彩形象的重要途径。对于自然环境特质突出、自然色彩景观丰富的城市，特别需要从自然环境色彩中寻找色彩的基因，将自然环境色彩的特色作为城市色彩形象塑造的重要依据，以遵循自然之道的理念，营造城市色彩环境的个性。

4.1　风云气象的光影刻画

自然环境中对地方性城市色彩影响最持久深刻的，也最细致入微的因素是气候因素。气候环境也是最具独特性的城市色彩生成条件。气候环境的光照、温湿度、雾霾等条件，会潜移默化地塑造当地人的色彩生理感知，由此形成的色彩生理感知又成为色彩心理的基础，从而决定性地影响当地人的色彩偏好，由此形成具有气候适应性的地方色彩特征。

4.1.1　地方性光源培育地方性的眼睛

温湿度、光照、云、雾、霾天气可以决定一个地区的自然环境，特别是色光源，会决定性地影响着一个城市或地区的色彩景观。通常，柔和的光线使色彩的鲜艳度增加，而强烈的光线使色彩的鲜艳度减弱。

在南北回归线之间低纬度区域的强日照光环境下，日照时间长，阳光入射角度大，物体的光反射率大，会形成耀眼的反射光，外来者通常难以适应反射光而频频眨眼，而本地人的视网膜在长期基因遗传的作用下，已经对这种强刺激有了一定的适应性，眨眼的频率明显比来访者低。相应的，为了满足长期强光照射下视神经系统的光色调节需求，本地人也会通过主观的色彩平衡调节作用，在城市色彩环境中减少高明度色彩的使用，以降低耀眼的反射光线的刺激，同时强光照也会降低色彩的纯度，也同样需要在城市色彩环境中使用较高彩度的色彩，使色彩的呈现在高强度光照中表现正常。这即是本地自然环境中地方性色光源培育的"地方性的眼睛"以及地方性的色彩偏好。

因而，这并不像一些想当然的想法那样，认为越是阳光强烈、温度较高的地方，一定会避免暖色，使用冷色。这也就是为什么在强光照且炎热的墨西哥城，人们还会使用大量高彩度色彩的原因（图4-1）。

"高原明珠"墨西哥城，位于北纬19°36′–19°03′之间的北美大陆南部，海拔约2240米，阳光灿烂，日照强烈，城市建筑阴影区域少。作为视觉在强烈日光照射下对色彩感觉的补偿，城市建筑色彩中大量使用中至中高纯度的色彩。除了使用浓郁的民族风情的建筑色彩之外，具有传统图腾原色的大型建筑壁画也是当地喜爱的建筑装饰手法。而且，在20世纪20至70年代的墨西哥壁画运动的推进下，色彩浓丽、大气磅礴的壁画在城市中大量涌现，为墨西哥城增加更多亮丽辉煌的色彩风景。反差强烈的土红、橙黄、天蓝等建筑色彩与色调响亮的大型壁画构成尺度宏大、色彩斑斓、浓重绚丽的城市色彩景观（图4-1），在高原的灿烂阳光下，热烈壮美地绽放。

同样，在咏叹讴歌"我的太阳"的意大利，日照也是充沛又强烈，也有用浓重的红色、黄色、黄绿色以及绿色等多种浓郁色彩来装饰建筑表面的做法，与拉丁民族火热激情相似的浓厚色彩足以防止被强烈的阳光淡化（图4-2）。

图4-1　墨西哥城的建筑色彩（摄影蔡云楠，制图何豫）　图4-2　意大利罗马的建筑色彩（摄影郭红雨，制图朱泳婷）

然而，在北欧地区阳光辐射量少、空气透明度高、光质清澈的光环境背景下，只需单薄的色彩就可以显示出亮丽的色彩效果。故此，北欧城市色彩多使用低纯度、中高明度的清薄颜色，从室内家居装饰到城市建筑空间，都呈现出清新明丽的淡雅色调，所以北欧的色彩特征也被称之为冷淡风。

因此，由太阳光入射角度和空气品质造成的地方性光质差异，不仅影响了地方性的色彩偏好，甚至会在长期的遗传基因培育中，塑造地方性的生理特征。甚至有日本学者（野村顺一）提出地域性光环境导致色彩生理感受的差异，并造成生理进化结果的观点：例如，"在光照弱、高纬度的北欧地区的人们，绿色视觉发达，视网膜中有多种色素沉淀，特别善于接受蓝绿色系。反之，长期生活在强日照环境刺激中的拉丁民族，视网膜中心窝有强烈的色素沉淀，培育了发达的红色视觉，使得他们有接受红色、黄红色等暖色系的偏好"[1]。

因为色彩的本质是光，只有在有光的条件下人们才能观察到物体的颜色，也正因光线的变化，才产生不同的色彩表现。所以有学者用诗意的语言总结为："色彩是破碎了的光，太阳的光与地球相撞，破碎分散，因而使整个地球形成美丽的色彩"（小林秀雄《近代绘画》中评论莫奈所言）。

由于地方性色光源培育"地方性的眼睛"，了解地方性的城市色彩，首先就需要认识地方性的光，也就是光气候。

根据色觉理论，我们看到的对象物色彩是由物体色刺激视神经，在大脑中形成不同的生理颜色，并外化为物理颜色的结果。光气候条件的变化会影响自然光源的亮度以及光的传播媒质，使光源的光谱成分发生变化，进而影响到物体的反射或透射光的光谱成分，使物体表面色彩在不同的光气候条件下呈现出相应变化，导致人们观察到的物体色彩发生改变。影响天然光变化波动的总体气象因素即是光气候，是由太阳直射光、天空扩散光和地面反射光形成的天然光平均状况。

在中国，疆域1260万km²的广袤国土范围（其中陆地面积约为960万km²，海洋面积约为300km²），跨越了寒带、温带和热带，产生了差异巨大的气候状况。我国气候研究者在分析测算30多年的气象数据，包括维度、海拔高度、绝对湿度、日照时数、总云量和辐射的基础上，得到了我国主要城市的室外年平均总照度和散射照度，利用辐射光当量进行了每日逐时的照度和辐射的对比观测之后，将全国划分为第 I 到第 V 共五大梯度的光气候分

---

[1]（日）野村顺一著. 色彩心理学［M］. 张雷译. 海口：南海出版社，2014：131-134.

图4-3 中国丽江少数民族服饰色彩（摄影郭红雨，制图朱泳婷）

区。其中，青藏高原日照最强，属第一梯度的光气候分区，华南大部分地区与华北和东北南部地区属第三级光气候分区，四川盆地光照最弱，为第五光环境分区等。

处于中国第一光环境分区的云南丽江，位于东经100°25'北纬26°86'，海拔2418m的云贵高原上，高原气候特点明显，阳光充足、云雾稀少、日照强烈、反射率高。阳光灿烂的气候环境造成当地人喜欢使用厚重浓艳色彩的偏好，当地民族服饰和装饰色彩艳丽斑斓（图4-3），传统建筑常用白照壁、红棕柱和多彩的浮雕花饰，虽然色相范围较窄，但是高纯度的原色应用较多，色调粗犷浓烈（图4-4），是对强光照环境回应的典例。尽管传统建筑与服饰的色彩也包含着一定的文化隐喻，但是光环境在当地人们集体色彩感觉中的选择作用依然是强烈明确的。

与强光照的丽江相反，位于北纬30.67度，东经104.06度的成都，属中亚热带湿润和半湿润气候区，因地处低洼的四川盆地西部且邻近川西高原山地，受山地下沉的冷空气影响，又具有显著的垂直气候和复杂的局地小气候，年平均日照时数为825.7～1202.9小时，12月-2月日照时数仅为31.5～56.4小时，全市晴天日数（日平均总云量小于2成）为10～19天。全市大部分地区的主导风向为北东（NE）和北北东（NNE），静风频率占全年的32%～55%，因而多云雾、少日照，是中国阴雨天气最多的地区之一。成都因此处于中国最低梯度的光环境分区，即第五光环境分区。其显著气候特点是：春季常温不高，夏季短光弱照，秋季凉雨绵绵，冬季多雾阴云。四川民间谚语中的"蜀犬吠日"正是对这一气候特征的形象描述。在这样低调的光照环境下，晴天的天空也是纯度很低的蓝绿灰色，植被环境是中至中低明

图4-4 中国丽江民居建筑色彩（摄影郭红雨，制图朱泳婷）

度的绿灰色，整体上，成都的天空、水色、植被都在中纯度和中至中低明度的范围内展现，春季明丽阳光照耀下的江水偶有绿如蓝的色彩，夏天云层间闪烁的阳光唤起新发竹叶的嫩绿，秋冬细雨冲刷的冬青树叶反射出湿润冷绿的光亮（图4-5）。这些明度和彩度变化极其细微，但已经足够为成都的冷灰色调点彩，就如同成都作家李劼人描写当地市井生活的小说《死水微澜》的意象。

在这样的色彩环境中，视神经在无须调高彩度的情况下就能清晰地感受色彩，也逐渐为居民培育了在中低明度光环境下，欣赏色彩在低彩度间变化的色彩偏好与适应性。为了对自然环境色彩做出回响，成都地区的川西民居建筑就地取材，在地带性黄壤、黄棕壤的大地底色背景下，以青黑色瓦屋顶、青灰色砖墙、褐色门窗梁柱等趋近统一的低彩度色彩组合，呈现出暗淡暖灰至中性灰的朴素色调（图4-6），夹杂其间的灰白粉墙以其高明度放大了物体的反射率，调剂了低光照环境下的视觉感受，也有效地增加了采光量。这样的建筑色彩关系如同幽绿竹林中点缀着黄白相间的栀子花般自然自在。在以往许多民居研究的论著中，川西传统建筑色彩往往被简单总结为当地材料限制的结果。然而从色彩与环境的适应性角度，可以理解为自然环境对建筑色彩的约束与刻画，就像在四川盆地中自然天成的民居那般放松与舒展。

由此可见，太阳高度角、云量、云状、大气透明度等光气候因素的不同，可以显著影响人们对色彩的感知和选择，这即是城市色彩感知中的光气候效应。根据色觉理论，光气候效应主要通过明视性（包括色彩观测的稳定度和明视距离两方面）和色觉稳定度来反映。因此，运用色觉理论中光气候效应分析方法，特别是明视性指标的测试，以科学计量的方法揭示在不同光气候条

图4-5　中国成都自然环境色彩（摄影郭红雨，制图朱泳婷）

图4-6　中国成都川西民居建筑色彩（摄影郭红雨，制图朱泳婷）

件下城市色彩的客观变化，可以为城市色彩的设计提供科学依据。

　　在我的研究室承担的济南市三个重点片区城市色彩规划项目[1]中，曾探索运用色觉理论和光环境分析方法，提取适宜的城市色彩推荐色谱，以提出科学的建筑色彩设计路径与方法。

　　济南市位于中国光气候分区中的第Ⅲ分区，城市年均总照度整体处于全国中等水平。一年当中济南市的太阳辐射量在5-7月较强，11-2月较低。仅从日照量上判断，应该是阳光灿烂、色彩辨识度较高的地区。但是济南市南依泰沂山脉，北临黄河，地势向北倾斜，北边的黄河是地上河，城市防洪坝高出城市地面20余米，造成市区自然地势低凹，城市自然通风能力差，城市易形成雾霾天气。利用2001年以来气象观测站报表资料和MICAPS处理的物理量资料统计分析，济南及周边地区视程障碍类以雾类（63%）、烟霾类（烟幕、霾）居多（28%），以雾类最多；其他沙尘类、吹雪类与降水类较少（9%）。分析显示，济南市大雾以辐射雾为主。辐射雾是在晴天无风或弱风的条件下，夜晚地面辐射降温强烈，造成水汽饱和凝结而成的，在比较稳定的环流背景下，特别是在秋冬两季，极易形成大范围连续性大雾天气。秋冬季又是太阳辐射量较低的时期，因而会大大降低城市色彩的感知度。加上城市建设污染的影响，使得近年来济南市雾霾天气成为影响城市色彩感知的重要因素。

　　这里要说明的是，雾和霾的色彩还是有区别的，通常雾的厚度只有几十米至两百米，所以阳光中波长较长的红光、橙光、黄光都易穿透，而波长较短的蓝、紫、靛等色光，很容易被悬浮的水汽和少量微尘粒散射，只是因为散射过程中消耗的光能量较多，降低了光能量，故呈淡蓝灰色、青灰色。而霾的厚度会达到1000-3000米，所含灰尘、硫酸、硝酸、有机碳氢化合物等粒子较多，散射波长较长的光比较多，所以，霾看起来呈浓厚的黄灰色甚至有诡异的黄红灰色。

　　具体到济南的天气，还是以辐射雾为主的情况比较多。在自然通风能力差，大气含尘量较多、空气污染严重、干旱少雨，多辐射雾的情况下，空气中的粉尘和颗粒悬浮物散射

---

❶ 济南市三个重点片区城市色彩规划项目包括：《济南市奥体中心片区城市色彩规划》，济南市规划局委托项目，获得第七届色彩中国大奖，项目负责人：郭红雨，主要研究人员：郭红雨、雷轩、谭嘉瑜、金琪、张帆、朱咏婷、何豫、陈虹、龙子杰、陈中、许宏福等；《济南市西客站片区色彩规划》，济南市规划局委托项目，项目负责人：郭红雨，主要研究人员：郭红雨、谭嘉瑜、金琪、张帆、雷轩、陈虹、何豫、麦永坚、肖韵霖、郑荃、邓祥杰、洪居聘等；《济南市北湖片区色彩规划》，济南市规划局委托项目，项目负责人：郭红雨，主要研究人员：郭红雨、谭嘉瑜、金琪、张帆、雷轩、陈虹、何豫、麦永坚、肖韵霖、郑荃、邓祥杰、洪居聘等。

了较多自然光，削弱了自然光的能量，使城市色彩样本的阴影对比降低，明度下降，整体环境是低彩度的、面孔模糊不清的，建筑色彩易形成灰调子，呈现一片灰蒙蒙的天空和灰暗冰冷的建筑群的视觉形象。而且已建成的大体量金属屋面和玻璃幕墙的建筑，加重了反射光环境，加剧了灰蒙蒙的视觉效果（图4-7）。

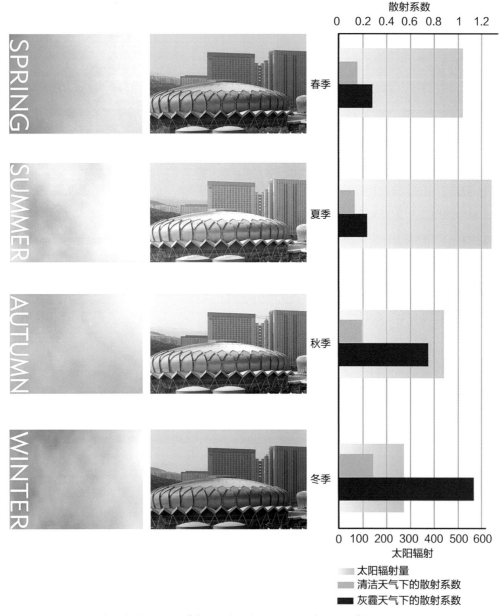

图4-7　中国济南市光环境分析（引自《济南市奥体中心片区城市色彩规划》）

在光环境分析的基础上，我们运用色觉理论和等效明度差的统计分析，量化分析光气候因素对城市色彩感知的影响，提出与色彩设计相关的测试结论：在观测距离、材质等因素恒定的情况下，色彩面积对于色彩明视性影响较大，但其影响程度远不及明度值改变1级所带来的影响；色觉稳定度受明度影响较大，基本随明度降低而降低；对明视性影响由大到小的因素为：相对湿度、SO_2浓度、NO_2浓度和PM10；偏冷色相色彩的光气候效应明显，中性偏暖的色相不明显；除了光气候和色彩感知障碍天气外，建筑物体量和观测距离也是对色彩感有重要影响的因素，500米观察距离下，色觉稳定度受光气候因素的影响最明显。

以此测试分析为前提，我们在济南多个重点片区的色彩规划中提取适合当地的城市色彩推荐色谱，提出具有针对性的建筑色彩设计指引：建议选择使用中高明度的色彩；多采用明度对比中等的色彩组合；因为该地区光的过滤性扁平，需要发展建筑的垂直线条和立面造型的雕塑感，避免建筑表面的平板化，通过分层分段的施色强化建筑造型特征；减少大面积高反射率镀膜玻璃和金属反光屋面与墙面的使用。特别依据光气候效应分析中的距离要素，结合建筑高度体量制定适宜色彩感知度的色彩设计指引（图4-8）。

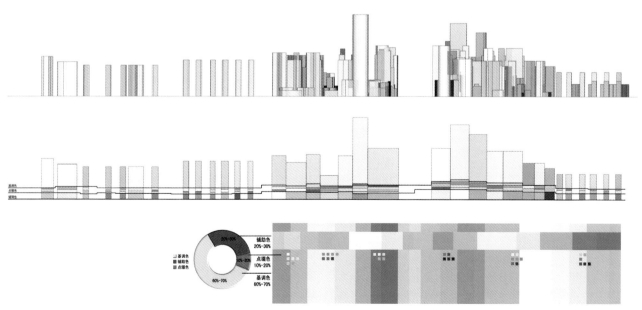

图4-8　适宜色彩感知度的重点地段建筑界面的色彩设计指引（引自《济南西客站片区城市色彩规划》）

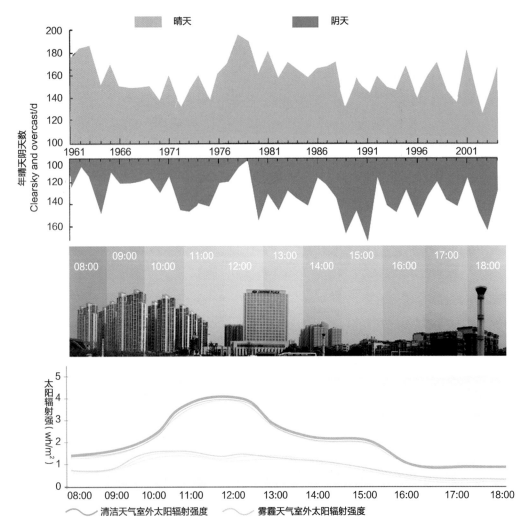

图4-9　中国襄阳市诸葛广场光照分析（引自《襄阳城市色彩规划》）

　　在此之后，我们继续在南昌城市色彩规划[1]和襄阳城市色彩规划[2]中探索通过运用
ecotect技术的光照分析，模拟该城市典型季节的太阳轨迹与日照强度，解析重点地段的
光气候特征（图4-9），提出符合色彩明视性效果和滨江界面色彩韵律的建筑色彩方案指

[1]《南昌市中心城区城市色彩规划》，南昌市规划局委托项目，获得第九届色彩中国提名奖。项目负责人：
郭红雨；主要研究人员：郭红雨、谭嘉瑜、金琪、朱泳婷、张大元、梁林怡、何豫、麦永坚、郑荃等。
[2]《襄阳城市色彩规划》，襄阳市规划局委托项目。项目负责人：郭红雨；主要研究人员：郭红雨、张
帆、谭嘉瑜、金琪、雷轩、陈虹、何豫、朱泳婷、麦永坚、肖韵霖、郑荃、钟华建等。

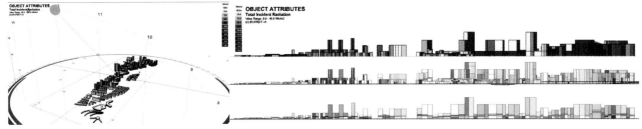

图4-10　符合色彩明视性效果的南昌市滨江地段建筑色彩方案指引（引自《南昌城市色彩规划》）

引（图4-10）。通过科学量化的光气候效应分析，探寻适应当地光照环境的建筑色彩谱系和色彩设计方案的工作取得了积极成果，其中济南市奥体中心片区色彩规划获得第七届色彩中国大奖，南昌市城市色彩规划获得第九届色彩中国提名奖。

　　当然，阳光照射带来的色彩影响，并不只是体现在色彩感觉的效果上，还会影响温度的变化，所以，从热辐射量和温度效应的角度产生的应对方案，又会产生不同的结果，例如强光照的地区也多是高温炎热的地区，建筑物为了减少吸收太阳辐射热量，可能大量使用白色，这就引出影响城市色彩面貌的另一个风云气象要素——温度。

4.1.2　温度适应性的城市色彩谱系

　　除了光环境之外，温度是气候环境中与城市色彩关系最密切的因素。对于各类温度条件下，色彩的生理和心理反应，已有很多经验阐述，例如暖色使人感觉燥热，冷色使人心境平和。同理，也会推断出，建筑物上施暖色，屋内温度一定会相应升高，而建筑物上施冷色，应该可以有效降低室内温度。由此，有些人会产生如下论断：处于热带地区的人们，每天头顶骄阳，一定不能接受暖色入眼，其城市色彩只能在冷色范围选择；而瑟瑟寒风中的寒带城市只能在暖色范围选择城市色彩推荐色谱等。这些说法有一些是感觉体验，有一些是在感知基础上想当然的推导，以此左右城市色彩推荐色谱的选择难免有失偏颇。

　　在我主持的广东省重大科技专项低碳城市规划技术集成研究专题[1]中，一个很重要的

---

❶ 广东省重大科技专项《广州市海珠生态城低碳建设技术集成与示范》项目子课题《低碳城市控制性详细规划技术集成与示范》，编号：2012A010800011。课题负责人：郭红雨；主要研究人员：郭红雨、雷轩、张帆、金琪、吴楚风、刘青等。

内容就是运用气候适应性的设计方法，研究利用不同色相、明度与彩度的建筑色彩，设计节能减耗的生态建筑，形成低碳生态的城市空间环境。这项研究结合了我多年前主持完成的广州市城市色彩规划❶项目，运用Ecotect生态分析软件即时分析功能，通过温度适宜性的实验分析，校验广州城市色彩推荐色谱，用最适合气候特征和低碳节能效益的标准实证城市色彩谱系的适应性。

在"花城"广州，由北向南延伸的白云山、从西向东穿越的珠江水、南部的海洋、红色系到黄红色系的地带性土壤、红色砂砾岩为主的岩石色彩，共同为城市色彩构筑了大面积的背景色，四季常绿的植被与海洋的蓝色，又为广州自然环境色彩增添了稳定、冷静的笔触。广州是北回归线上的南亚热带季风气候城市，太阳辐射总量较高，日照时数充足，夏季炎热，有日照时过量。广州常年暖热少寒、夏长冬短、相对湿度大、降水量丰沛，海洋性气候特点明显。在我们于2007年完成的广州市城市色彩规划项目中，采用量化分析的方式，提取云山、珠水、海洋、土壤、植被等热烈明媚的自然环境色谱，解析广州的强日照和多雨特点，以及近年来增加的灰霾天气对城市色彩特质的影响，运用光线环境模拟比色的方式，为广州城市色彩推荐色谱界定了明度较高、纯度较低，有阳光感、较明朗的淡雅粉调的色系范围，形成具有"阳光明媚的粉彩画"特点的广州城市色彩体系。在广州城市色彩推荐色谱中，中高至高明度、低纯度的黄灰色、黄红灰色、黄绿灰色系、蓝绿灰色系是主辅色的主要构成，形成了广州阳光明媚的色彩基调。在材料质感上，推荐色质感光洁、带有冷感的材料，以适于大雨冲刷或强日照天气。

在温度环境效应的研究中，我们将广州市的地理纬度、来源于广州市气象局的常年温度与太阳辐射量等统计数据，整合建立了一个广州市外热环境条件数据库，建立了简化的理想建筑模型，对城市空间的热环境与建筑色彩关系进行分时段、分季节的温度模拟分析，特别针对夏至日和冬至日两个重要的外热条件时间节点，进行全天温度数据分析比较，测试分析10色色相环上典型色相用在建筑立面上形成的内热温度，并逐个分析典型色相的明度和彩度变化造成的室内温度指数（图4-11）。

测试证明，影响色相对建筑内热环境影响的原因是色彩的表面反射率，建筑内热温度

---

❶《广州城市色彩规划》，广州市规划局委托项目，获广东省优秀规划设计一等奖，全国优秀规划设计三等奖，广州市优秀规划设计一等奖。负责人：郭红雨；主要研究人员：郭红雨、蔡云楠、李井海、刘洁贞、蔡闻悦、朱泳婷、陈虹等。

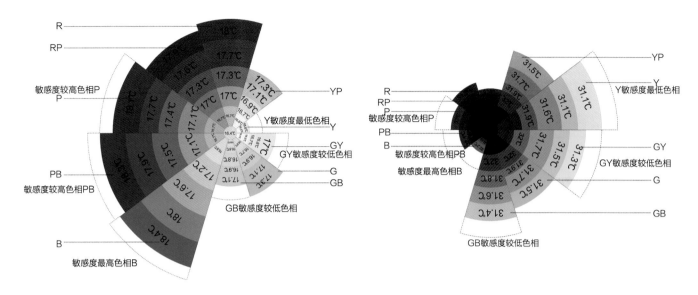

图4-11　建筑色彩明度与纯度变化影响室内温度分析（引自《低碳城市控制性详细规划技术集成与示范》）

与建筑色彩的彩度成正比例关系，与建筑色彩的明度成反比例关系；就温差大小来说，色相变化与彩度变化带来的增温效应大于降温效应，明度变化引起的增温效应大于彩度变化引起的降温效应。彩度即便改变五个等级所造成的室内温度变化也没有明度改变一个等级造成的温度变化大；彩度对建筑内热温度的影响与色相相同，紫红色、红色、紫色、蓝紫色、蓝色系的彩度变化引起的室内温度变化更为敏感，黄色、黄绿色、蓝绿色、橙色、绿色的明度变化引起的室内温度变化更为敏感（图4-12）。这明显与很多想当然的认为蓝紫色和蓝色不会升高室温的推测不同。按照对建筑内热温度的高低来排序，造成室内温度由低到高的建筑外立面色彩依次是黄色系、黄绿色系、蓝绿色系、橙色系、绿色系、紫红色系、红色系、紫色系、蓝紫色系、蓝色系。

　　用该实验校准我的研究团队的广州城市色彩规划成果，结果与广州城市色彩推荐色谱的色彩选择非常接近：证明了在广州典型亚热带海洋性气候的温度条件下，适宜的城市色彩范围在低纯度、中高至高明度的黄灰、黄红灰、黄绿灰、蓝绿灰色彩范围。在校验色谱的基础上我们又再次修正完善了广州市城市色彩推荐色谱（图4-13），使之更易于形成适合广州城市气候特征的室内温度。另外，我们结合建筑材料温度效应进行的实验结果表明：为满足高温湿热气候下建筑外立面耐水性和自洁性的要求，以中高明度且光洁的石

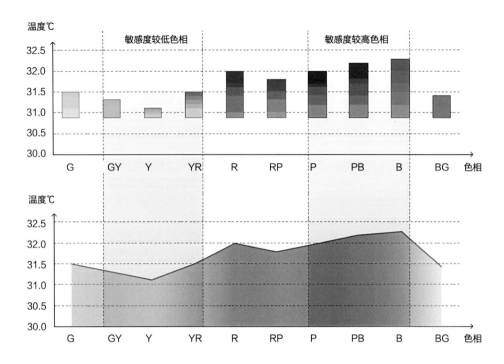

图4-12 建筑色彩影响室内温度测试结果（引自《低碳城市控制性详细规划技术集成与示范》）

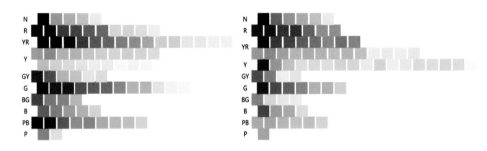

图4-13 依据试验结果对广州城市色彩推荐色谱的修正（左为原色谱，右为修正后色谱）（引自《低碳城市控制性详细规划技术集成与示范》）

材、混凝土、面砖材料为宜（图4-14）。

　　这个研究实验说明，将温度环境分析方法应用于城市色彩谱系的校准和检验，可以为城市色彩谱系选择提供范围参考和佐证。具有本土意义的城市色彩谱系，一定是具有积极的气候适应性的色彩，同时，气候因素也在强化这种适应性的色彩表现效果。

黏土砖材
广州的黏土砖材适宜采用色相Y、YR系列，明度较高，彩度较低的红砖。

混凝土
广州适宜采用低彩度、中高明度的Y色系清水混凝土以及低彩度、高明度的YR、Y、G、GY、BG等彩色混凝土。

木材
广州适宜采用微黄、黄白、黄色、微褐、浅褐、浅灰褐色、浅褐色色系的木材材料。

玻璃幕墙
广州适宜采用G、BG、GY等色系，中高明度、中低彩度的玻璃材料。

张拉膜、钢结构
广州适宜采用接近白色，明度以中低明度为主的张拉膜和钢结构材料。

图4-14　符合试验结果且适合高温湿热气候的建材代表色谱（引自《低碳城市控制性详细规划技术集成与示范》）

气候适应性的城市色彩选择与校验也并非只依靠光气候和温度环境这两类因素，还有可能涉及云雾、风力、湿度以及季风变化等其他气候因素。这也从另一个角度说明，气候因素的复杂性及对城市色彩的影响有着广泛的关联作用。当我们要判断，到底是以体感温度来决定色彩，还是以视觉感受来挑选颜色，其实是哪一类影响因素孰轻孰重的问题。换言之，如果当地气温特征显著，气温过高或过低的变化明显，导致温度因素在当地强过视觉效果等因素，应该选择以温度效果来决定色彩形象。反之，当温度因素并不是特别极端，而光环境差异明显时，应该以适应光环境特性作为色彩表现的依据，其他影响因素的判断也是如此。

　　特别需要强调的是，气候适应性的城市色彩分析方法，更适于用来校准城市色彩推荐色谱范围。因为城市色彩谱系的最终产生还是需要在广泛调研自然环境色彩、人文环境色彩和人工环境色彩的基础上，经综合分析后提取得成，然后在气候适应性的校验中达到最具本地属性的状态。

　　气候适应性的城市色彩研究与实践，是近年来城市色彩科学性逐渐得到人们认同的表现。随着城市色彩实践中的技术手段、科学理念的发展，从自然环境中提炼城市色彩色谱基因，不能再像传统建筑营造那样，依靠经验判断和感性直觉来选择，而是需要客观科学的技术手段来达成，这是城市色彩科学发展的必然要求。

　　除了上述气候环境适应性的情况之外，当地的土壤、岩石、植被等自然色彩特征培育本土化色彩倾向的实例也是不胜枚举。从恒定的地形地貌到变幻的风云气象，从一枝一叶的植被色彩到一朝一夕的光影律动，自然环境无处不在地影响着一个地区的人们对色彩明暗度、彩度的偏好，甚至是色相的选择。可以说，人们赖以生存的自然环境以润物细无声的方式塑造了当地人的色彩生理感知，由此形成的色彩生理感知又成为色彩心理的基础，形成当地的色彩审美取向，从而培育了具有环境适应性的地域性色彩体系。

4.2 万水千山的颜色馈赠

如同气候环境的地区差异一样，不同地理环境的自然环境色彩也应该是独具特色又各有差异的。但是，在全球趋同化的今天，我们看到越来越多雷同、平庸的城市色彩面孔。究其原因，是本土化的自然环境色彩弱化和表现的缺位是最突出的缘由。事实上，自然环境色彩是城市色彩形象的基础，也是城市色彩体系的来源。城市色彩景观的塑造不仅不能放弃地方性的自然环境色彩，还需要遵循自然之道，探寻自然色彩的特质，提取城市色彩的基因，并且在城市色彩形象的塑造中积极地再现自然之色，表现自然之美，因为，自然环境的色彩，是城市色彩最真实的来源，是城市最自然的风景。

在自然环境中，大尺度的山川色彩、河湖与海洋色彩，为城市渲染了自然环境的大背景色彩，是城市色彩可以依托的基底色彩。大尺度的自然环境色彩在中国尤其受到关注，这是因为大尺度的山川湖海在一定程度上与中国的自然地理格局有关，是具有国土形象的自然背景色彩。中国西北部的天山、阿尔泰山、祁连山，西部的昆仑山，西南的喜马拉雅山、横断山脉，东北的大小兴安岭和长白山等这些以东西走向为主、少数南北走向的大山，为中国搭起了刚性的骨架，而东面与南面则是碧波万顷的海洋。尽管中国有着绵长的海岸线，在数千年来以农耕文化为主的大陆性民族的视野中，海洋是比山脉更加难以逾越的边界。所以，我们的国土是以山川筑成的疆域，以海洋勾勒的边界，山与海就这样构成了国土的整体框架。数千年来，山海的边界了蕴育了农耕文化，让华夏民族的视线聚焦于山川大地的完整性，更加倚重山海边界对于国土整体性的屏障意义，也加强了中国自然地理结构的内向性和整体性，这就是山是骨骼，水是血脉❶的作用。

---

❶ 单之蔷. 卷首语［J］. 中国国家地理，2006（3）.

所以中国人习惯于站在整体国土的层面上看待我们的山河，常用"三山五岳、五湖四海"❶代表中国的山地格局和地貌体系；用"白山黑水"代指整个东北三省；用"山河表里"代指山西；用锦绣山河代表美好的国土，也用"国破山河在"（杜甫）来悲叹国家与民族命运的伤痛；还有用"泰山北斗"比喻受众人崇仰的人物，用"山高水长"比喻人的风范或声誉永存，以及用"智者乐水，仁者乐山"的借物咏志、比拟人格。

山河的概念对于中国人来说意义非凡，可以说，每一座高山都有象征，每一条水脉都有内涵。所以，对任何一个了解中国文化语义的人来说，任何一条大河都绝不仅仅是一条大河。在这样的背景下来解读山川湖海的大背景颜色，会获得更加丰富的色彩内涵，有的山川色彩是自然色彩的直观体现，有的山河湖海则是混合了人文历史甚至文学意涵之后的颜色。

4.2.1　沸腾山河的岩色

在中国著名的山城重庆，北有大巴山，东有巫山，东南有武陵山，南有大娄山，地形大势由南北向长江河谷倾斜。全市海拔高差2723.7米，山地面积占76%，丘陵占22%，河谷平坝仅占2%，主城区海拔高度在168～400米之间起伏。山峦丘陵在城中穿插，山高谷深、峰岭纵横的山地将城市分为多个组团状城区。重庆市区内著名的山地有南山、歌乐山、缙云山、四面山、巫山、仙女山等，大都为红色砂岩山体，山体岩面呈赭红色（图4-15）。例如古称巴山的缙云山，岩层为红色砂、泥页岩相间组合，土壤是以紫色砂页岩、石英砂岩等风化而成的黄壤化紫色土和黄壤为主。在红色山体的环境色彩反射下，山上早晚的云霞也被涂抹了嫣红，古人因此用代表赤色之帛的"缙"字命名为缙云山；又如属于丹霞地貌的四面山，由红色碎屑岩（主要是砾岩和砂岩）组成，岩色赭红，山体的覆土也多为紫色土、黄壤、红壤、黄棕壤等。

建筑在这些红岩赤壁上的重庆，常见裸露岩层山体矗立，不仅为城市提供了大尺度的山脉环境色彩，也还有赭红灰色的岩壁、红色岩体的阶梯、红灰色的岩石砌筑的堡坎、照

❶ 三山是指黄山、庐山、雁荡山，五岳指泰山、华山、衡山、嵩山、恒山。三山五岳虽不是中国最高的山，但东、西、中三岳都位于中华民族文化摇篮的黄河岸边，对中华民族的文化发展有重要的意义；五湖指洞庭湖、鄱阳湖、太湖、巢湖、洪泽湖；四海指东海、黄海、南海、渤海。

壁、牌楼（图4-16）等中小尺度的山岩色彩，这样的山色在重庆几乎俯仰皆是，构筑了从中观到微观尺度的红岩山色。

除了山是红色的，重庆的江河也是红色的。两江襟带浮图关的重庆，左临嘉陵江，右临长江，在朝天门码头一带形成两江交汇。此处的长江水在与嘉陵江水的对比下，明显呈黄红色调，这一方面是从上游富含金黄色沙土的金沙江裹挟而来的金黄泥沙，另一方面，也是因为重庆境内山体红岩颗粒与紫红壤、黄红壤的覆土也汇入江中所致，浑浊黄红调的江水奔流而下，为红岩山城衬托了水润的黄红色（图4-17）。

同时，重庆还享有中国传统四大火炉城市之首的桂冠以及"雾都"的称号。在夏季的高温酷暑中，火红骄阳的辐射光线，经雾霾层中微小颗粒的散射后，发散出较长波长的黄红色光，更放大了红岩山体的环境色彩。

重庆的红色山体之所以那样红，还有着文化因素的强劲助力。20世纪60年代的著名小说《红岩》，用红色岩石这种壮丽的山石形色，代指了川东地下党英雄群体的坚强形象以及新中国建立前夕血与火的考验。书中所描绘的红岩赤壁形象，在重庆随处可见，可能是红岩嘴，也可能是曾家岩，还可能是虎头岩，又或者都不是。但是这无关紧要，重庆有红岩，重庆是红岩的概念，早已通过这个小说深入国人心中，点燃了人们火热的激情。红岩因此成为革命精神的色彩符号，也在一定程度上成为了重庆的色彩象征。在这样自然与人文色彩的叠加作用下，重庆就成为了人们公认的红色山城。

在早期的重庆建筑色彩中，虽然也有红色的砖墙建筑，以及红砂条石砌筑墙身的建筑、红砂石阶梯和红色岩石的城墙，但是大部分民居为穿斗式木构建筑，并以吊脚楼居多。黑色小青瓦、深栗色木构与红砂石岩墙基是其基本色彩，并伴有灰白色夹壁墙点缀其间，建筑整体色彩与巴蜀地区地域性民居并无较大差异。特殊之处在于山地地形的较大高差，要求建筑随山就势建造，故多为底层架空的吊脚楼民居。这样的形式特征，就造成了栗色木结构多于灰白色夹壁墙的情况，建筑色彩中深栗色的木构材料也就成为最主要的

图4-15　中国重庆的红色砂岩山体（摄影郭红雨，制图何豫）

图4-16　红色岩石砌筑的阶梯、牌楼等（摄影郭红雨，制图何豫）

图4-17　黄红色调的江水（图片来源新华网，制图何豫）

图4-18　重庆的山地民居色彩（摄影石永强，制图朱泳婷）

图4-19　重庆大学理学院（摄影周放，制图何豫）

图4-20　重庆黄山陪都遗址建筑色彩（摄影张妹凝，制图朱泳婷）

色彩基调（图4-18），这几乎就是川东（以重庆为代表）山地民居与川西（以成都为代表）平原民居最大的色彩差异了。

民国时期，重庆的建筑色彩更为暗淡，因为城市中商业、文化和行政建筑类型的增多，也因为西洋风格的砖石建筑形式代替中国传统木构框架建筑成为了主流。于1930年建成的重庆大学理学院，即是青石、灰砖、黑瓦的砖木混合结构建筑（图4-19）。到了陪都时期，由于经济条件的制约，尤其是抗战期间时局的影响，要求建筑施工快、造价低，建筑材料多使用能够成批生产快速砌筑的青砖、灰砖等颇为朴素的建材，建筑色彩基本为灰色调。为了减少被日军空袭的危险，还有一些建筑的墙面涂成深灰色，如黄山陪都遗址的蒋介石旧居等建筑（图4-20）。那一时期的砖石结构建筑大多为暗沉的灰色，犹如重庆的陪都地位一样，是一种压抑且沉重的灰暗。

反而是到了现代，尤其是从20世纪90年代开始，陶瓷面砖、马赛克、涂料等新型建材的涌现，大大提高了建筑色彩的自由度。彼时也正值重庆本土建筑师设计热情高涨，积极展露才情，创作产量颇丰的年代。在现代建筑技术与材料的支持下，重庆很多建筑色彩主动向红岩山体的色彩靠拢。红色，尤其是接近红色岩体的赭红、砖红、黄红灰调的建筑色彩增多了（图4-21）。城市建筑色彩不回避这种火热的颜色，就好像重庆人喜欢在大夏天里吃火锅，以刺激战酷暑，要的就是大汗淋漓的酣畅一样。不得不承认，这是材料技术的发展，支持了人们内心对红岩山色的热爱与呼应，让神往已久的红岩色彩得以进入城市空间。

在夏天的重庆，赭红色的山体岩石、砖红色或黄红色的建筑、淡土红色的地面铺装与雕塑等，在红日高温的辐射下，折射发散出淡红灰色的光雾（不同密度的气团被加热后引起不规则折射所形成的自然现象），渲染着山城半岛这一片沸腾的山河（图4-22）。

不过，随着21世纪初高技派风格的进入，玻璃、钢结构等冷淡色系的材料逐渐占领了高层、超高层建筑的表皮，红岩的热情开始冷却下来，但是世界趋同的风格又来了。

图4-21　重庆建筑与地面铺装的红色（摄影郭红雨，制图何豫）

图4-22　重庆山城半岛的红色基调（摄影郭红雨，制图何豫）

4.2.2 青山绿水的光华

作为中国十大风景名胜之一的漓江山水，是中国自然山水的杰出代表，高温多雨的气候帮助这里形成世界上发育最典型、最完美的湿润亚热带岩溶峰林地貌。漓江峡谷的阳朔碧莲峡段被称为十里画廊（图4-23），是漓江最美的一程。由江河地表水和暗流侵蚀可溶性石灰岩形成的两万多座喀斯特地貌山峰，在河谷地区平畴展布，或峰林俊秀，或峰丛环立，构成了一座座独立挺拔的峰林，以及像莲花成簇绽放的峰丛，在开阔的谷地上拔地而起，在田野河流间左右相迎。喀斯特地貌的葱绿山峰上以常绿灌木和藤本植被为主，岸边翠竹丛生，清澈如镜的漓江水蜿蜒萦绕在青山峰林之间，呈现一派碧峰清流、山水相映、薄雾轻舟的自然山水画卷，正是徐霞客用"出水青莲"来描述的美景（图4-24）。

阳朔的山水画廊是比江南更大尺度的柔美画卷，而且是以自然景观为主的青绿山水，因而其青绿色调甚合中国文人的山水色彩趣味，自古就获得中国文人的垂青，是被千万首诗词咏赞过的理想山水。抗日战争时期，有很多文人墨客避难到此，被阳朔美丽的风光所

图4-23 中国桂林阳朔碧峰峡段十里画廊的青绿色彩（摄影郭红雨，制图何豫）

图4-24 碧峰峡的青绿山水色彩（摄影郭红雨，制图何豫）

吸引，留下诸多文艺佳作。徐悲鸿在碧莲峰下居住期间创作的《漓江烟雨》就是那一时期的著名画作。

咏赞阳朔山水画廊的诗画，主要集中在山水形色的描绘上，足见青绿山水的视觉魅力之强烈。古人韩愈的诗，对漓江山水的色彩特征作了极好的总结："江作青罗带，山如碧玉簪"。如青绸绿带的漓江青绿清澈，阳光照耀下的水汽呈或浓或淡的白雾飘浮于江面，江岸上成团成簇的凤尾竹林呈中绿到深绿，神仙姿态的岩溶地貌的峰林和峰丛，远望青黛蓝绿，中观碧绿葱郁，近观还可以看到部分山体塌陷后露出的黄白相间的石壁，整体色调青绿，色阶层次丰富（图4-25）。碧莲玉笋，山水相映的漓江山水，虽然沉浸在一片青

图4-25　碧峰峡山水远景（上）、中景（中）、近景（下）色彩（摄影郭红雨，制图何豫）

图4-26　漓江水色（摄影郭红雨，制图何豫）

图4-27　阳朔砖石类建筑石材色彩（摄影郭红雨，制图何豫）

绿色中，但是并不会令人觉得寒寂，这是因为绿色虽然是冷色，但也隐含着黄色的光芒，特别是峰岭与岸边的植物色彩富含黄色与黄绿色，而且漓江清透的荡漾着的波光（图4-26），也提亮了绿色中的黄白色亮光，让绿色变得层次丰富，使得青峰碧波的山水环境，柔媚中有刚劲，既清秀又壮美。

绿色是最具存在感的颜色，有独立表现的色彩倾向，难以和其他颜色相容与搭配。宏观尺度的漓江山水，使得青绿调的山光水色更具有强烈的整体氛围，为人工环境色彩限定了一定的色彩范围。而阳朔城镇建筑与漓江山水关系又紧密相连，是城郭尽在万山中，城在景中，景在城里的嵌入式关系。在这样一片青绿色调的笼罩下，人工环境色彩的表现就显得尤为关键。

阳朔的传统建筑为此提供了较好的示例。阳朔城中的桂北风格传统建筑，墙面分为泥砖墙和砖石墙两大类。泥砖墙面是用阳朔地区地带性的黄棕壤或红壤掺沙，加碎稻草压制成泥砖筑造的黄泥墙，携带着漓江两岸的土壤色彩，极具自然乡土的亲切感；然而，更大量性的传统建筑则是砖石建筑，以清末建于阳朔高田镇朗梓村的青砖古建筑群以及建于同治年间以青色纹理花岗石为主要建材的瑞枝公祠为代表。如今，砖石类建筑已成为现代阳朔乡土建筑的范例，对阳朔城镇色彩具有显著影响。

阳朔砖石类乡土建筑的墙体材料主要来自于阳朔当地峰丛峰林的淡黄色石灰岩、黄灰色砂岩或白云岩，也有青绿灰色的石灰岩或青石，以及基质为灰色、新鲜面呈浅黄灰色、棕黄色和灰色的豹皮石灰岩等（图4-27），阳朔白沙镇山岭中出产的大理石也是常用的墙面材料，主要品种有墨玉大理石、绿松花大理石、红松花大理石、荷花绿大理石、红条纹大理石、绿色纹大理石等，多呈青灰色调。此外，阳朔现代乡土建筑也有灰砖砌筑外墙的做法，少部分使用漓江河谷的鹅卵石夯土筑墙等。这些砖石材外墙，色调质朴自然，特别契合了石峰表面裸露岩石的黄白灰色和青绿灰色（图4-28），追随了青绿山水的色调。

图4-28 色调质朴自然的阳朔乡土建筑（摄影郭红雨，制图何豫）

图4-29 青绿灰色的阳朔瓦屋顶（摄影郭红雨，制图何豫）

　　阳朔乡土建筑的屋顶基本采用小青瓦，而且在中明度的灰色上也浸染了山水的青绿色和黄绿色（图4-29），与本地的青石板（阳朔花岗岩）、青灰色阳朔石铺地等石材一起，再次迎合了青绿的山水环境色调。

　　阳朔乡土建筑也有一定的装饰色彩表现，主要是依靠木阁楼以及门窗扇的杉木、楠木与竹片等原木色彩来实现的，朴素的棕黄色，恰当地呼应了漓江两岸植物色彩中相对鲜艳的黄调。

　　整体来看，阳朔乡土建筑、石桥与石板街道等都沉浸在中明度、中低彩度的青灰色中，色调平和统一，貌似没有明显的色彩倾向，实则隐含着青蓝的山色、青绿的水色、黄灰的岩色，即使是中性的无彩色灰也在绿色的映照下，呈现出些许青绿灰。这样的人工环境色彩以一种随和又肯定的态度，支持了青绿色的存在感，接受着青绿山水颜色的晕染。

　　在赞美漓江山水的词汇中，无论是"青罗带"还是"碧玉簪"，都是对娇柔之美的赞誉。如果把漓江山水视为柔媚的女性化形象，阳朔的传统建筑色彩更像是清秀朴素的布衣书生。山水环境色彩与建筑色彩之间，一边是原生又甜润的女声山歌，一边是清秀且隐逸的书生诗文，清奇的山水色彩与质朴的建筑色彩，必须是"这边唱来那边和"的自然交流，即使有建筑色彩采用了无彩色的黑灰色，也不会施浓妆，不会太暗沉，毕竟漓江山水是飘逸的仙女。山水环境在给予色彩馈赠的同时，其实也指引了人工环境色彩的方向。

4.2.3 山海联袂的城色

从色彩的影响力来看，海洋作为宏大尺度的城市背景，对城市色彩的基调有着不容忽视的决定作用，与深入城市空间结构的山水环境相比，显然影响作用更强大，尤其是山地环境下的中小规模的滨海城镇，在色彩上更易受到山海环境的影响。

蓝色海岸地区（Cote d'Azur），又称作里维埃拉地区（Riviera），位于法国东南部的边境地带，西起土伦，往东经尼斯、夏纳和摩纳哥至意大利，是法国滨海阿尔卑斯省（les Alpes-Maritimes）和摩纳哥公国（Monaco）所在地区的总称。长达115公里的蜿蜒海岸线上有摩纳哥（Monaco）和法国南部的尼斯（Nice）、夏纳（Cannes）、埃兹（Eze）、格拉斯（Grasse）等地，海洋与山脉共筑了沿岸的独特景致。这里的区域性气候特征为冬季温暖多雨、夏季炎热干燥的地中海式气候，空气干爽少雨，常年阳光灿烂，有每年长达300天以上的晴朗天气。在地中海阳光的照耀下，一片无尽蔚蓝，尽显山海交融。

蔚蓝海岸地区的地带性土壤为褐土和棕壤，岩石为多石质的基性岩，岩石色彩以黄灰色、黄红灰色的石灰岩为主。地带性植被以亚热带常绿硬叶林和灌木为主，包括亚棕榈树、苏铁树、橄榄、柠檬、金橘等，植物色彩呈中明度、中纯度的绿灰与暗绿色，由于山地海拔关系，花卉色彩在红紫到蓝紫范围分布较多。所以该地区的自然环境色彩是由海天一色的蔚蓝海洋、黄红灰色的山岩和绿灰色调的植物为主构成的色调（图4-30）。

其中的尼斯（Nice）三面环山，一面临海，有着7500米长的黄金海岸线。因为山地的阻隔，冬暖夏凉的气候特征尤为明显，一年四季阳光充沛。"很多人来此寻找光明。我来自北方，是一月那绚丽的色彩和白昼的光辉感动了我"，画家亨利·马蒂斯的赞美直接点明了尼斯最出色的环境特质是明媚的阳光。

为了配合这明艳的阳光，天使湾畔的尼斯老城区也是色彩缤纷的。由于尼斯所在的法国地中海沿岸地区的地带性土壤为褐土，沿海地区土壤以黏土、沙质以及石灰质土壤为主，其中的红色黏土作为制瓦基材烧制而成的橘红色屋顶，为尼斯铺就了一片火焰般的朱红色屋顶，好像海上落日那样明艳耀眼（图4-31）。

尼斯老城始建于公元前350年的商业海港，当时隶属热那亚联盟，中世纪以来被法国和罗马帝国交替占领，直至1860年才正式成为法国领地。所以尼斯老城受意大利建筑风格的影响较大，老城区建筑墙面的色彩在橙红、橘黄、黄色等为主的黄红色系范围展开，还有不少建筑立面上采用赭石红色涂料，披挂了浓艳热烈的热那亚式红赭色，好像是为了

图4-30 蔚蓝海岸地区自然环境色彩（摄影郭红雨，制图朱泳婷） 图4-31 蔚蓝海岸线上法国尼斯的橘红色屋顶（摄影郭红雨，制图朱泳婷）

应和高纯度的碧海蓝天吹响的嘹亮色彩的号角。湛蓝的海水作为补色，与城市中橙红色的暖色形成了稳定的平衡，红色因此更艳丽，蓝色也更纯粹。来源于海洋色彩和灰绿色地中海植物的点缀色彩，装点在百叶窗、阳台、栏杆等装饰构件上，破解了城市建筑色彩过多暖色的沉闷（图4-32）。

　　与尼斯仅一小时车程的摩纳哥公国（Monaco），同样阳光明媚、海水湛蓝，只是依山傍海的地势比尼斯更加险峻，海岸线虽短，但壮丽的山海景致更加突出。因为城市坐落在岩石峭壁上，与山体同构的建筑高低错落，朱红色的屋顶也比尼斯的红屋顶更有层次（图4-33）。摩纳哥城市建成区大多为多层、小高层和大体量的文化娱乐公共建筑，建筑墙面色彩远没有尼斯老城区那样浓艳，色彩的明度更高、纯度更低，色彩范围以黄红和黄灰为主，并带有浅淡的黄灰色，与山地裸露的岩石色彩极为接近（图4-34），使得山城同构的特点在形态和色彩上都得到了体现。俯瞰蔚蓝海湾的袖珍公国摩纳哥，也在这样明亮又温暖的色彩环境中，表达了比尼斯更精致、更华贵的气质，毕竟，她是蔚蓝海岸线上的浮华之最。

　　在蔚蓝海岸线上，芒通的城市色彩更加积极的表达了对地中海阳光的迎合。依山面海的芒通，同样享受着地带性的地中海式气候，阳光普照，阴雨较少，但是有雨时，又雨量滂沱，给城市带来清爽湿润的空气品质特征，也非常适合植物生长，对当地经济植物的生长有较大影响。19世纪以来，芒通因为优厚的天气条件，栽培了的大量树木花卉，一直

图4-32　与海洋色彩互补的尼斯老城建筑色彩（摄影郭红雨，制图朱泳婷）

图4-33　摩纳哥公国温暖明丽的城市色彩（摄影郭红雨，制图朱泳婷）

是英、法等欧洲的植物学家和医学家最推崇的欧洲"城市花园"，1996年它被评选为法国"鲜花最丰富的城市"，亚热带鲜花植物在此处生长茂盛，最特别之处是当地盛产柠檬和柑橘，享有"柠檬之城"的桂冠。这为芒通带来了山岩海色之外的植物色彩氛围。

图4-34　与山地岩石色彩一致的建筑材料色彩（摄影郭红雨，制图王炎）

带着这样的环境色彩认识，再来审视芒通的城市色彩，可以发现，在蔚蓝海岸地区常见的橙红色屋顶，黄红色、黄色墙面下（图4-35），芒通的城市色彩中好像吸收转化了更多阳光的温度。地中海阳光的温暖和清亮，都演绎为成熟甜蜜的柑橘色，又或是熟透了的杏色，透亮的红黄色调，像是被灼热的日光晒得发烫的脸庞的颜色。这种与柠檬之城相呼应的橙色，也与大面积的蔚蓝海色与天空颜色取得了补色的平衡，并且起到了互为衬托的加强作用（图4-36）。因为海洋蔚蓝，更显得橙色的耀眼，也因为橙色的娇艳，更对比出海天的碧蓝，中低纯度、中明度的山体岩色在两类高纯度的对比色中，以低调的辅助色彩形象，起到了温和过渡的作用。

除了摩纳哥、尼斯、芒通这些山海交融的城市色彩表现之外，同在蔚蓝海岸线上的白色的夏纳（图4-37）、粉黄色的圣特罗佩（图4-38）等城镇也有类似的城市色彩形象。相似的岩石色彩、土壤色彩、阳光和温湿度，成就了蔚蓝海岸地区地带性的城市色彩特征：橙红色的瓦屋顶，黄色至黄红色范围的墙面色，蓝灰、绿灰等补色的木百叶窗作为点缀色等，以山海交融的姿态镶嵌在蓝色海湾和深浅不一的绿色中。

蔚蓝海岸地带性的城市色彩形象中也存在着个性化的差异：越接近山区❶的城镇色彩越朴素，多用裸露石材垒筑墙面，不加粉饰，质感粗糙，颜色是中高明度、中低纯度的暖黄灰色，这主要受制于当地的建筑材料条件；越靠近海滨，特别是与意大利接壤地带的城镇，越多使用精细的彩色灰泥饰面，色彩也愈多热烈的茄红色和赭红色，整体色彩趋向黄红色调，这也有着意大利式立面装饰的影响和渗透（图4-39）；而在蓝色海岸线上越接近西班牙方向，受意式风格影响较少的城镇色彩就越加明丽，偏于粉红色调。

---

❶ 法国中央高原山地、比利牛斯山脉及阿尔卑斯山麓地区。

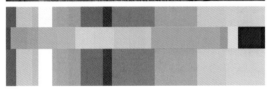

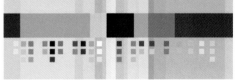

图4-35　法国芒通城市色彩的黄红色调（摄影蔡云楠，制图黄维拉）

图4-36　芒通建筑色彩的阳光温度（摄影蔡云楠，制图黄维拉）

图4-37　法国戛纳建筑色彩的白色调（摄影郭红雨，制图朱泳婷）

图4-38　粉黄色调的法国圣特罗佩（摄影郭红雨，制图黄维拉）

这其中，山岩材料并不是独立演出的角色，与之相互映衬的海水是联袂出演的重要角色。同样地处地中海岸的马赛（Marseille），与蔚蓝海岸线西端的土伦仅65公里之遥，却被划在蔚蓝海岸之外，是因为其海水的浮游植物叶绿素浓度较高，海水有些混浊，透明度降低，水色纯度降低，呈蓝灰色。建于石灰岩山丘上的马赛古城和伊夫堡，其建筑材料是取材于当地的黄灰色石灰岩。由此类建材筑成的马赛伊夫堡与山岩的色彩、质感浑然一体，似乎从岩石中生长出来一般，但是黄色趋向灰白，明度和艳度较低，这就是相邻海水色彩的映衬效果。在互补的色彩关系作用下，较低纯度的蓝灰色海水，也不会让淡黄灰的石灰岩古堡建筑显得更黄（图4-40）。这样的互补色关系也再次印证了，色彩既是客观物质性的，也是主观感受的产物。所以山海颜色的相互映衬成为该地区城镇色彩特征的来源，城镇的色彩是山海联袂演出的投影。

在中国文化语境中，相对山水色彩的涵义，海洋的颜色显得简单纯粹得多，尤其以农耕文化为主导的传统文化，并没有对海洋有过多伦理文化与人格思想的投射。所以，大海的色彩，更多表现了原始、天然的颜色，也更适宜从自然本色的角度来认识。

与广州市地理纬度接近的珠海市，因为与大海的关系更密切，而表现出与广州自然环境色彩构成的明显不同。地处北回归线以南的珠海市，位于广东省珠江口的西南部，倚山临海，海域辽阔，百岛蹲伏，陆岛相望，是一座面海而生、向海而兴的城市。珠江入海水网、海洋、山体、植被、沙滩、岛屿、岩石等构成了珠海的自然环境背景，其最具独特性的自然景观是690公里长的优美海岸线和广阔的海洋。珠海是珠三角中海洋面积最大、岛屿最多、海岸线最长的城市，有大小岛屿146个，有百岛之城的美誉，这一切自然禀赋使得滨海景观色彩成为珠海自然环境色彩的基调。

图4-39　法国尼斯老城建筑的热烈黄红色调（摄影郭红雨，制图朱泳婷）

图4-40　法国马赛伊夫岛古堡与环境色彩（摄影蔡云楠，制图陆国强）

然而，珠海的海不像蔚蓝海岸的海，湛蓝壮阔；更没有马尔代夫的蓝天碧海、"水清沙幼"的景象，珠海的海常常是黄色或黄绿色的。

这是因为珠三角水系特殊的网状结构、与河网相连的河口系统，以及复杂的成陆过程，造就了珠江河口复杂的潮流交汇。在此，有三江交汇和八口入海，为珠海带来大量的淡水，淡水让海水的含盐度偏低，使其营养化程度较高，海水色彩也更容易变黄。更重要的是，珠海滨海带是由西江和北江入海冲积物积聚而成的，滨海海滩多为呈浅黄色的二氧化硅和石英砂。由于珠海位于珠江的西侧，受地球由西向东自转因素的影响，珠江流域的泥沙大多随水流、潮汐和地球自转的力量堆积到西岸，也就是珠海沿岸海域，泥沙的沉积甚至让珠海每年的土地面积也在不断增加，所以近海20公里以内的海水颜色多受滨海沙土色彩影响，呈现黄灰甚至黄绿灰色调（图4-41）。这也再次印证了中国的近海大多是"富饶而不美丽"的说法。

尽管珠江口的海不是碧波湛蓝的颜色，但也有着自己独特的光彩。当众多珠江水道，经过千山万壑在此汇入大海时，水色是不能一眼望透的黄绿灰色调。珠江水道与海洋交汇的近海，融汇了几千年的岁月沉积，经历了千帆过尽的历史，如今，依然波澜不惊地吟咏着平静的慨叹和满腹的惆怅。在北纬21°48′～22°27′之间，折射着南方热烈的阳光，在水色和天光的摇曳中，海水不紧不慢地闪烁着珠玉般的光泽。

虽然远离岸线的海水逐渐开始变蓝，直至东澳岛、庙湾岛的碧蓝，但是远距离的海水色彩

图4-41　中国珠海滨海环境色彩（根据《珠海市建筑风貌与建筑色彩规划》调研成果修改，制图朱泳婷）

已经失去了城市空间的背景作用，对城市整体色彩环境的影响是较弱的。因此，珠海总体自然环境中最突出的特征是近海海域的滨海景观，也就是绿岛、黄岩、细砂的陆地和近海的水色。珠海近海海域的自然景观色彩，呈现了从绿黄灰调，向黄绿灰至蓝绿灰调过度的色彩变化，以及江、河、海水的光泽和韵律，这正是珠海最具标志性的地方色彩。

鉴于此，在我主持承担的珠海市建筑风貌与建筑色彩规划❶项目工作中，我们重点分析并提取了珠海的滨海景观色谱，使之以色彩基因的形式再现在城市色彩体系中，通过研究建立与珠海自然环境色彩浑然天成的

图4-42　珠海城市色彩平面分布图景（引自《珠海市建筑风貌与建筑色彩规划》）

推荐色谱，为珠海定位了"水韵华彩百岛城，珠颜玉色山海间"的色彩图景（图4-42），力图让山海色彩的光辉照耀城市的物质空间，尤其是将带着珠玉光泽的海水色彩，作为珠海城市色彩的内在基调，渗透在城市的建筑、街道等人工环境的色彩形象中。珠海的近海海水色彩尽管没有令人惊艳的颜色，但是她复合包容的色调倾向，隐忍低调的色彩艳度，闪烁含混的色彩明度，都饱含了珠三角地区山岭、河流与海洋的内容，承载着珠江入海口的往事与希望。而这一切，都是岭南山水与大海相交汇的产物，是自然山水赠予珠海独有的礼物。

因此，接受自然馈赠的一种极好的方式，就是将其转化为可见的城市色彩谱系，珍藏于此，也标识在此。

4.3　地方水土的色彩滋养

自然环境色彩除了以山川湖海的宏大尺度，影响城市色彩的整体形象之外，更多时

---

❶《珠海市建筑风貌与建筑色彩规划》，珠海市规划局委托项目，项目负责人：郭红雨，主要设计人员：郭红雨、陆国强、黄维拉、王炎、李秋丽、朱咏婷、何豫、龙子杰、陈虹、赵婧、陈中、李亦然、钟雯等。

候，是以中小尺度的色彩元素形式，渗透在城市空间中的，通过土壤、岩石、水色或植物花卉色彩，细致入微又无所不在地塑造着城市色彩的面貌。

4.3.1 托斯卡纳艳阳下的灿烂色彩

影响城市色彩的元素类型多样，而且要素之间具有整体关联的特征，例如特定气候环境可以影响水系色彩和植被色彩，尤其是花卉色彩；当地的土壤、岩石色彩可能左右河流水系的色彩；特殊的光照环境可以影响土壤岩石的色彩表现；由土壤岩石制成的建筑材料，又会在本土植被的映衬中焕发出特有的颜色光彩等。

在意大利中部大区的托斯卡纳地区（Tuscany,Toscana）首府佛罗伦萨，满眼望去都是褐红色的瓦屋顶和深、浅橙黄色的墙（图4-43），这一切主要源自当地的本土材料。与大多数建于中世纪的城镇一样，当时割据的城邦城镇多是以主教与国王的活动中心兴建起来的要塞或城堡，通常选址坐落在易于防守的山地或临河地带。彼时的生产力状况只能支持手工劳作的建造工作，而且各城邦之间在物资、信息、技术方面相互隔绝，致使各城镇得以发展了自己的建造技艺，且充分运用了本土地方材料，形成了相对独立又具地方专属性的城镇色彩面貌。

地处阿尔诺河谷的佛罗伦萨，属于地中海气候，气候温暖，夏季尤为炎热，阳光尤其灿烂。这是因为佛罗伦萨位于高纬度地区（北纬N43°46′），与我国西北部的新疆乌鲁木齐市纬度相当（北纬N43°49′），又加之地处群山环抱的河谷地带等因素，使得太阳光传播路径长，在此过程中，波长最长的红色光被散射的程度最小，易使光线显得饱含金红的光辉，为佛罗伦萨带来暖艳的红色（图4-44）。

佛罗伦萨所在的托斯卡纳地区，是意大利重要的大理石产地，盛产白绿纹相间的大理石、砂糖状白色云母大理石、适于雕塑的角砾状且有花纹的大理石等。灰白色、淡土黄色的石材往往在重要的府邸建筑、宗教建筑上显赫登场，以增添庄严的氛围。同时，托斯卡纳地区也满布地带性的褐壤，富含铁质，呈褐红色的褐色黏土烧制成的屋面瓦和砖料（图4-45），经高温加热氧化后带有独特的赤红色，为佛罗伦萨造就了一片高低错落的赤红色陶土瓦屋顶，墙面涂层也迎合了大地的褐红色，刷着深深浅浅的黄红色和淡橙色的灰泥。

佛罗伦萨城市色彩的本土性不仅有来自大地的土壤颜色，而且也得到了热烈的托斯

图4-43　意大利佛罗伦萨褐红色调屋顶和深、浅橙黄的墙色（摄影郭红雨，制图陆国强）

图4-44　佛罗伦萨的暖艳红色（摄影郭红雨，制图陆国强）

图4-45 佛罗伦萨的本土建材色彩（摄影郭红雨，制图陆国强）

卡纳艳阳的助燃作用。当来自大地的黄红或黄色墙面、橙红的屋顶与金红色的托斯卡纳艳阳相遇，含铁质土壤元素的陶土瓦与红砖墙，再次被点燃，绽放出一片明亮、丰厚的褐红色（图4-46），深绿色或灰白色的百叶窗，浓绿的葡萄园、绿灰色的橄榄树、墨绿色的笔柏和地中海松，用补色的关系强力衬托了这种燃烧色调。

图4-46 佛罗伦萨明亮丰厚的褐红色调（摄影郭红雨，制图陆国强）

色彩是人的眼睛对于不同频率的光线的不同感受，色彩既是客观存在的光谱频率，又是主观感知。屋顶和墙面的红色、橙红色和黄色对阳光的反射率较高（如红色对光的反射率为67%，黄色对光的反射率为65%，绿色对光的反射率为47%，青色对光的反射率是36%等），反射率越高，颜色越亮越鲜明，也就会令金红色的阳光更加耀眼。这样看来，也许是托斯卡纳的艳阳描绘了红色的城镇，也有可能是红色的城镇点染了阳光，又或许是相互作用的叠加，最终，为佛罗伦萨营造了一种热烈温暖的优雅氛围，犹如托斯卡纳男高音安德烈·波切利纳那阳光般温暖的音色一样，闪烁着富有穿透力的光泽。由此说来，托斯卡纳被称为华丽之都的原因，除了有文艺复兴的辉煌之外，从大地中生长出来的这片褐红色也是重要的由来。

4.3.2　热带丛林中的浓郁色调

不过同为红壤，在远离地中海气候的东南亚地区，却有着另一番精彩的面貌。

巴厘岛的地带性土壤为砖红壤，也称热带铁铝土。黄红色的土壤，为信奉印度教的巴厘岛人，提供了建构特有宗教建筑的本土基材。在340万岛民中，90%的岛民都笃信巴厘印度教❶，这里每户有家庙，家族组成的社区有族庙，村落有村庙，全岛共有神庙12611座，塔形神庙作为最典型的建筑类型，在岛上随处可见，巴厘岛也因此被称为"千寺之岛"。

石材建造的巴厘神庙用以供奉三大天神（梵天、毗湿奴、湿婆神）和佛教的释迦牟尼，此外还祭拜太阳神、水神、火神、风神等。这里神庙建筑不以高大威严的体量取胜，反而是以乡间院落的形式营造。巴厘岛人认为庙宇既是神的主体，又是神的居所。标准神庙的第一道大门形象好像被剖开两半的塔，是一种名为坎迪班塔（Candi Bentar）的对称式大门，雄伟威严的石门，多为红砖砌筑。第二重门名为帕杜拉沙（Paduraksa的），是由石雕巨人像守护的同样对称式门，与第一重门的材料和颜色相似。大门的台基到顶部都镶嵌着印度风格雕刻，一般为灰色火山石石材雕饰。神庙庭院内设有大殿、神龛和称为梅鲁（Meru）的宝塔。宝塔形似伞亭，奇数的层叠塔檐用黑灰色稻草铺成，逐层向上收分。

---

❶ 巴厘印度教：印度教的教义和巴厘岛本土文化结合发展出来的巴厘印度教"兴都教"也称"巴厘印度教"。

图4-47 印度尼西亚巴厘岛神庙的橙红色（摄影郭红雨，制图赵婧）

图4-48 巴厘岛神庙建筑色彩（摄影郭红雨，制图赵婧）

这些巴厘岛神庙建筑，将极强的精神信仰象征体现在建筑形态上：屋顶部分代表神的本身，墙身部分代表人类，墙基部分是魔鬼。这样强烈的宗教意义，在橙红色的墙砖渲染下极为强烈（图4-47），而黑灰色的茅草屋顶，因为色彩倾向模糊不确定，正适合注释宗教的神秘感，金黄、明黄居多的罗伞和装饰布，用来点染祭祀活动的气氛，表达信众的热情。在巴厘岛由家庙与住宅建筑组合的院落空间中，民居也多为红瓦大坡顶和红砖墙建筑，家庙依然是黑灰色稻草顶，同样有色彩斑斓亮眼的装饰色彩点缀其间，如此带有仪式感又浓烈热情的色彩成就了巴厘岛独有的建筑色彩特征（图4-48）。

在这些色彩中，尤以红色砖石最具震撼力，并且与巴厘岛的气候环境和自然植被达到相得益彰的匹配关系。邻近赤道的巴厘岛，几乎是亚洲纬度最低的地区之一，属典型的热带雨林气候，全年受赤道海洋气团控制，风力微弱，无季相变化，日均气温常年保持在27℃左右。在终年高温多雨的天气中，上午常常是毫无遮拦的日光倾城，骄阳似火。午后就可能是乌云压顶，时常暴雨倾盆。这样周而复始的日晒雨淋环境中，浓绿的阔叶植物和色彩娇艳的热带花卉，把红土砖色衬托得愈发浓烈厚重，是一种糅合了当地土壤的肥沃、岩石的粗粝、海洋的暴怒、火山的炙热，并且承载了风暴的狂飙和烈日灼热的浓烈红色（图4-49）。特别是面对诡谲莫测的热带海洋气候和波涛汹涌的印度洋，也只有被此地的雨水和高湿度环境浸透过、被风暴和烈日锤炼过的深沉湿润的红调，才能表达神的绝对权威，庇护神的虔诚信众。

在同属于热带自然环境的柬埔寨暹粒，我们可以看到热带砖红壤、红色砂岩、灰白色砂岩、石灰岩、凝灰岩和火山角砾岩等本土材料，在神庙建筑上演绎出的相似又不相同的色彩形象。

位于中南半岛的柬埔寨暹粒，自公元802年起，就已成为古高棉宗教及精神中心：吴哥。众多宫殿、寺庙、城堡分布于吴哥古城内外，其神庙规模之大，气势之宏伟，都是巴厘岛家族院落式庙宇

图4-49　浓烈厚重的巴厘岛红调（摄影郭红雨，制图赵婧）

不能比拟的。暹粒的神庙有不少是以灰白色的砂岩、石灰岩筑成的。其中被誉为古代东方的四大奇迹之一，也是高棉古典建筑艺术高峰的吴哥窟，就是由灰色砂岩建造的，尤其是宝塔型的祭坛和回廊采用了附近荔枝山的暖灰色砂岩垒石筑成。同样，巴戎寺也以黄灰色长石砂岩为主要建材，用红棕色角砾岩铺设围墙筑造（图4-50）；由中国政府援助修复的茶胶寺是以黄灰色长石砂岩和绿灰色硬砂岩为主材建造，采用了红棕色豆岩角砾岩做墙基和地面铺装。

　　黄灰色、灰色、灰白色砂岩石材和角砾岩与红土石砖混合建造的神庙历经千年严酷风雨和日光曝晒，色调变化显著。尤以深藏在浓绿热带丛林中的崩密列神庙为代表。建于11世纪末至12世纪初的神庙早已坍塌损毁，退化、崩塌的砂岩裂缝中生长着乔木和藤本植物，疯狂蔓延的树根藤蔓继续将岩石解构出各种裂隙，每个空隙中好像都居住着灵魂。多空隙的灰色和灰白色砂岩因为吸收了较多雨水而霉黑痕迹斑驳，并覆着了青绿灰的苔藓。历经千年的石材颜色像热带风暴来临前暗沉压抑的天空，静默中暗藏着神秘的力量（图4-51），这正是高温多雨的气候对本土材料色彩塑造的结果。

　　除了灰色砂岩外，更多的暹粒神庙是使用红砂岩和砖红壤建造的。暹粒的地表富含丰

图4-50　柬埔寨暹粒的灰色砂岩神庙建筑色彩（摄影郭红雨，制图陈晓苗）

图4-51　暹粒崩密列神庙色彩（摄影郭红雨，制图陈晓苗）

富的红土石。红土石是经过炎热的热带季风
长时间风化的岩石，流失了大部分可溶性矿
物质后，残留的氧化铁和石英等矿物质形成
的多孔红棕色岩石，多在开采后切割成砖
状，并在空气逐渐硬化后制成石砖。在暹粒
神庙中的红土石长方砖常用在台基护墙、铺
地和围墙上，也制成土瓦铺设在长廊顶部
（图4-52）。

由中国政府援助修复的周萨神庙就是用
红土石为主要材料砌筑的，坚硬的红色角砾
岩石为墙基，此外还掺杂了黄红色的砖石和
黄褐色的瓦及砖红壤建造，红调较为鲜明柔
和；罗洛士寺群中的罗莱寺和神牛寺以及
泰普拉南寺也是由红砖及砖红壤砌筑，因
为在砖墙外饰有砂石和泥灰浮雕，色彩在
红黄色调的范围内有较丰富的层次。女王宫
（Banteay Srei）是吴哥保存最完好、最著
名也最纯粹的红色建筑，有"吴哥古迹明
珠""吴哥艺术之钻"的美誉。由朱红色砂
岩和红土砖块建造的女王宫，从铺地到墙身
直至屋顶均为红色砖石构筑，并且在门楣和
山形墙上布满了精美雕刻。虽然历经风雨的
冲刷和烈日的炙烤，颜色依然火红艳丽。建
筑墙体的红色砖石在暹粒热带季风气候的强
烈阳光下，似要被晒得炸裂一般，反射着刺
眼的光芒，红得鲜艳灿烂，一阵云翳掠过，
耀眼的红色又冷静得变成寡言的暗紫乌红
（图4-53），表现出与当地气候最契合的本
土材料色彩面貌。

图4-52　暹粒的红色砂岩与红土石神庙建筑色彩（摄影郭红雨，制图陈晓苗）

图4-53　暹粒女王宫红色建筑群（摄影郭红雨，制图陈晓苗）

图4-54 暹粒的岩石与土壤色彩（摄影郭红雨，制图陈晓苗）

暹粒的神庙都有着宏阔的尺度和壮观的造型，即使有些建材与巴厘岛神庙的类似，也会形成大不相同的色彩形象，这也有天气和水土状况的差别。虽然两地同在热带，全年都处于高温之下，不同的是热带雨林的巴厘岛，全年多雨，湿度更大；热带季风气候下的暹粒，有明显的旱季和雨季，所以，暹粒神庙的红色，不像巴厘岛神庙的红色那样娇媚润泽，而是带着热带季风气候的暴烈日光和燥热温度的干烈。

从大地上生长出来的暹粒的岩石与土壤，常年经受着烈日炙烤和风雨浇注，最终变成红砂岩的耀眼和灰砂岩的沉寂（图4-54）。由这些深具环境灵性的材料建造的神之居所，跨越了时间，见证了衰荣，在疯长的藤蔓和参天大树的包裹下，显得愈加神秘，也最适合讲述天神与阿休罗们争斗的传说。这即是地方自然环境中土壤与岩石，支持本土化的宗教文化，又以震人心魄的色彩形象渲染地方性环境氛围的典例。所谓高棉微笑的神秘感，有不少是来自于这些砖石土壤的色彩表现。

4.3.3　南法山城的阳光色调

地方性的岩石色彩也极具凸显地方个性的表现力，往往与土壤色彩联袂营造城市的本土色彩。例如法国的土壤岩石，随着地带性土壤和山脉岩石带的分布，表现出区域性的色彩特征与差异。例如法国西部和北部的土地是棕色的灰壤土，面积最广；地中海沿岸土壤富有棕红色黏土，是烧制橙红色屋面瓦的绝佳材料；法国南部的中央高原和地中海地区，多山地高原，包括中央高原的南端，以及东部的阿尔卑斯山地，西南面的比利牛斯山脉等，为南法城镇提供了本地特色鲜明的石材原料，由此构建的若干山地城镇，像是从山地环境中自然生长出来的一样，自然而然地演绎着岩石与土壤的色彩乐章。

法国南部的卡尔卡松（Carcassonne）旧城，位于中央高原山地深入地中海沿岸的奥德峡谷地区。这一带具有岩石地质的山脉一直是建筑城堡重要石材产地，暖黄灰的石灰岩、灰白色的片岩和板岩、深灰的泥灰岩以及红色大理石，都是极具本土性的筑城材料。建筑在岩石山冈上的卡尔卡松古城堡，与山地石灰石同质同色，宛若生长于此的石头王国

（图4-55）。因为地中海气候的明媚阳光，令建筑墙面的灰色石材也镀满太阳的光辉（图4-56），强烈日晒下的红色瓦屋面，褪变为淡黄红色，其中间或穿插着橙红色的新瓦，好像黄红色阳光的斑驳投影，艳丽又醉人。

在山地城镇圣保罗德旺斯，岩石与阳光的交相辉映被演绎得更加充分。同所有法国中世纪小镇一样，圣保罗德旺斯也是以山顶为中心，依山势螺旋展开的高低错落的格局。小镇采用该地区盛产的石灰石和石英砂岩作为主要建材（图4-57）。带有米黄色光泽的暖灰色石灰石和石英砂岩，在阳光照耀下尤为温暖，淡土黄色的泥浆作为砌筑石灰岩墙面的

图4-55　法国卡尔卡松旧城色彩面貌（摄影蔡云楠，制图朱泳婷）

图4-56　卡尔卡松本土建材色彩（摄影蔡云楠，制图朱泳婷）

图4-57　法国圣保罗德旺斯本土建材色彩（摄影郭红雨，制图赵婧）

粘合剂，为城镇建筑铺设了一层淡黄灰色的底色。由于黄色的光感特别强，淡黄灰色的墙面好像吸收了这里一年300天以上的灿烂阳光一样温暖（图4-58），把镶嵌其中的灰白石灰岩也照耀得熠熠生辉，在色彩斑驳的黄红色瓦屋顶的点缀之下，石头城镇在厚重的历史感中散发着欣欣然的生机。

　　类似的南法山地城镇还有阿维尼翁、阿尔勒等。地处石灰岩产区的阿维尼翁，土壤类型为红壤和黄壤。本地灰白色的石灰岩、淡黄色的砂岩等石材为主要的建筑材料（图4-59），黏合石材筑墙的泥土，在蔚蓝天空的映衬下呈现出明亮的淡土黄色，屋顶的橙红色瓦，已经被晒得褪变为土黄色和淡土红色。强烈的日光在城镇处处闪耀点染，在建筑色彩中留下了阳光的痕迹（图4-60）。

　　小城阿尔勒的建筑也是由相近的地带性红壤和黄红壤，淡黄色、灰白色大理石和石灰石等石材筑成的淡黄灰色墙身立面，并覆有红色黏土烧制成的黄红色瓦屋面。由于阿尔勒的城镇建造中采用的大理石较多，建筑立面少了粗粝石块的质感，多了平滑光洁的亮度，建筑色彩也是更加明亮的黄灰色，似乎比圣保罗德望斯有更多阳光色彩的表达。所以，同样灿烂的地中海阳光照耀在质感更光亮的阿尔勒建筑上，构成的是明亮粉彩的城镇色彩基调（图4-61）。也许是因为阳光过于强烈的关系，阿尔勒黄红色屋面瓦的色彩蜕变也更为显著，不仅有深浅黄红的差异，还有走向紫色、褐色或黄色的褪变，这同样是当地阳光参与塑造的本土建筑色彩的成果。

图4-58　圣保罗德旺斯城镇建筑色彩（摄影郭红雨，制图赵婧）

图4-59　法国阿维尼翁本土建材色彩（摄影蔡云楠，制图朱泳婷）

图4-60　阿维尼翁城镇色彩（摄影蔡云楠，制图黄维拉）

图4-61　法国阿尔勒城镇色彩（摄影蔡云楠，制图朱泳婷）

　　南法的山地城镇色彩饱含了山石的质感和土壤的温度，更演绎了阳光的颜色，是山地环境对地中海阳光最大程度的迎合。似乎是为了突出阳光感的城镇色彩，南法山地的植物色彩都谦逊地降低了艳度，像绿灰色的橄榄树、蓝绿灰的针叶林与景天科植物等，当然还有紫色的薰衣草，这些中低明度、中纯度的植物背景色彩，更加凸显了山城岩色的阳光感和艳度。温暖明亮的色彩氛围是这些山城小镇共有的基调，浸满了阳光的粉彩色调，散发着夏日微风的轻松和冬日艳阳的温暖，尤其是在夏季强烈的阳光下，南法山地的山城岩色，合着薰衣草辛香的热风，交织成令人难忘的浪漫气息。

4.3.4　阿尔卑斯山下的坚实红装

　　同样的山地城镇，不仅存在着南北的差异，也会有气候、植被、岩土等环境因素的影响。在法国喜剧片《欢迎来北方》（Bienvenue chez les Ch'tis）中，一个生长在南法普罗旺斯地区的南方人听到法国北方的种种寒冷，不由得在暖气中打了个寒战，当他看到北方的一切时候，更是受到重重一击：红色的屋顶、红色的砖石墙，一切分明是都红色的，却是寒冷的！这样的场景，在法国北方以北，尤其是阿尔卑斯山北麓的德国更是相当常见的。

　　作为城堡之国的德国，特别善于利用山地修建城堡，尤其是在中世纪，各地诸侯领主纷争不断的背景下，竞相开山采石，在险峻山地上构筑城堡，并以此为核心发展为市镇。以当地红色页岩和砂岩等山石为建筑基材构建的建筑，加上巴伐利亚高原黄棕壤烧制的红色陶土

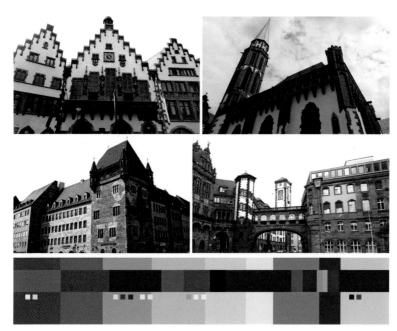

瓦屋顶的点染，呈现一片重叠错落的深红、砖红和土红色（图4-62）。这是与温暖的南法山地城镇中的橘红、黄红大相径庭的红，因为红色中含有紫调而富于紧张感，好似浓缩了冬季的寒冷，又因为热情的红色混合了沉着的黑色而饱含力量，显得浓厚坚硬，似乎是可以抵御冰雪，不被冷风吹透的红。例如主要建材为红色砂岩和红瓦屋顶的海德堡（图4-63）、以暗红色陶土瓦屋顶著称，名为"俯瞰陶伯河的红色城堡"（Rothenburg oberhalb der Tauber）的童话小镇罗滕堡（图4-64）、以成片的红瓦屋顶覆盖着黄灰色砂岩、灰白石灰石与红色砂

图4-62　德国城镇建筑深浅重叠的深红、砖红和土红色（摄影郭红雨，制图朱泳婷）

图4-63　德国海德堡城市色彩（摄影郭红雨，制图朱泳婷）

图4-64　德国童话小镇罗滕堡建筑色彩（摄影郭红雨，制图朱泳婷）

岩建筑的维尔茨堡（图4-65）、以本地产淡红色砂岩与红色陶土瓦为主要色调的纽伦堡（图4-66）、以红砖、红瓦和灰白石灰岩与黄色涂料为主要建筑色彩的慕尼黑（图4-67）等。

中世纪时期的德国城镇有着浓郁的哥特风格，从法国传来的哥特式建筑，因为契合了德意志精神中的肃穆严谨和崇高坚定，而在德国落地生根，并备受推崇。13～16世纪的德国哥特风格建筑有着尖拱券、尖坡顶、教堂的钟楼与飞扶壁等哥特式建筑共有的特点，此外，还承袭了9～13世纪的罗曼式（Romanik,又称罗马风建筑）的风格，厚实的底层砖石墙、窄小的窗洞、逐层挑出的门框装饰和高大的塔楼，比起西欧其他地区

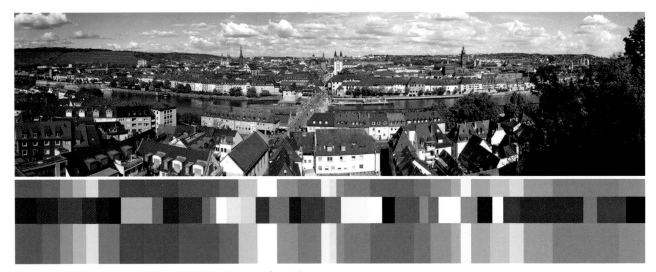

图4-65　德国维尔茨堡城市色彩（摄影郭红雨，制图朱泳婷）

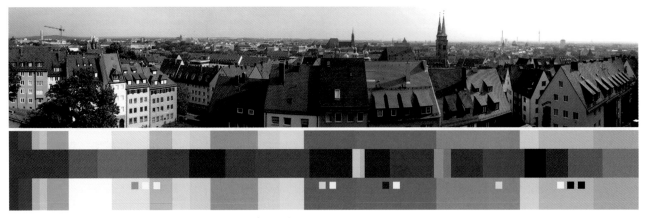

图4-66　德国纽伦堡城市色彩（摄影郭红雨，制图朱泳婷）

图4-67　德国慕尼黑城市色彩（摄影郭红雨，制图朱泳婷）

　　的哥特式建筑多了些雄浑厚重，再经由坚硬又厚重的砖红石材和红色屋顶的渲染，这一类哥特风建筑就比欧洲其他地区的哥特式更显强悍与庄严（图4-68）。

　　德国中世纪建筑的木结构运用也独具地方特色，被称为Fachwerkhaus的建筑，中文译为桁架结构式建筑，多在底层石材墙面的基础上采用木料构造的桁架。桁架之间是填充的墙体，大面积的桁架之间，填充泥坯，小面积则是用葡萄枝蔓编织的篱笆，填充含有草根或麻筋的泥土。为了提高墙体的保暖性能，后期的桁架之间的填充物大都采用砖石。桁架之间的填充墙面多涂以白色、土黄色。仅从材料和构图上看，与我国西南地区的穿斗式民居有类似之处。但是穿斗结构不同于桁架，没有压杆和拉杆之分，也没有斜杆，二者在结构体系的受力关系上有着本质的不同。出于防腐的需要，Fachwerkhaus建筑外露的木结构框架都漆成黑色或深棕色，也有涂成红色的。沉稳的黑色、棕红色与白色或黄色灰泥墙面，搭配出引人注目的装饰效果，构成了德国12世纪以来最有地方特色的建筑风格（图4-69）。此类型建筑尤以南德地区及周边的奥地利、瑞士最为突出，这也是德国中世纪建筑与法国等西欧国家建筑的明显差异。Fachwerkhaus建筑在德国兴起于12世纪，一直延续到19世纪，其盛行的原因是与当

图4-68　德国哥特式建筑强悍庄严的红装　图4-69　德国桁架结构式建筑（Fachwerkhaus）色彩（摄影郭红雨，制图朱泳婷）
（摄影郭红雨，制图朱泳婷）

地自然环境中茂盛的森林面积密切相关的。德国的森林面积在欧洲国家居于首位，全国森林覆盖率达到30%以上。当地生产木材的自然环境支持了木构架的大量使用，也说明当地的石材是颇为昂贵并且其产量有限的。

　　尽管石材并不是最易获得的材料，但是德国人还是好用、善用石材的。这除了受当地阿尔卑斯山系的山地环境影响外，也与德意志民族顽强、刚硬的民族性格有关。讲求严谨，追求秩序，富有理性主义和思辨精神是德意志民族精神的核心内容。无论是古典德国的建筑还是20世纪的包豪斯建筑，德国的城市建设都在传达这种理性主义的力量。石材恰好可以为此做贡献：石材可以加强建筑造型的简洁明确，强调功能的严整实在以及品质的优良稳定；用坚硬得没有任何弹性的石材来诠释严肃精确和高度理性化的思想，尤其是用坚实无比的花岗岩来阐释德意志民族的坚强个性是最恰当不过的了。

　　1890年，朗本恩曾经在《以林布兰特为师：一位德国人所写》中写道："花岗岩是北欧的和日耳曼的石头，因此特别适合于德国的民族表现。"在德国，粗糙的花岗石还被认为是充满力量和防御作用的建筑表现材料。但是由于造价的制约，花岗岩墙面也只是在重要的宗教建筑、公共建筑上使用。退而求其次的德国建筑师认为砖也是一种可信的民族

图4-70 德国建筑中的红色砖石风尚（摄影郭红雨，制图朱泳婷）

图4-71 富于童话感的德国哥特式建筑色彩形象（罗腾堡）（摄影郭红雨，制图朱泳婷）

材料，并着力强调德国建筑传统中的红砖特征[1]。故此，形成了土红色砂岩、页岩、花岗岩、石灰岩以及红砖在德国建筑中的应用风尚（图4-70）。

　　丰富的木材，崇尚的石材，以及地方气候特征的影响制约，使得德国的哥特式建筑别有一番风貌，被称为德国式哥特建筑。时至19世纪，德国人为了强化日耳曼精神的统一思想，强调哥特人与日耳曼人同源同种，再次把哥特建筑作为日耳曼精神的体现来表现，令哥特式建筑风格在德国再受追捧，坚实可靠的红砖红瓦更为流行，为城镇披挂了一层厚重、坚实的红色重装。

　　德国哥特式建筑在本地材料、自然环境和气候特征的综合影响下，呈现出强烈的本土化特征。因为德国的冬季多雪，为了减少屋顶雪荷载，屋顶需要有较大坡度才能利于排除积雪，所以红瓦屋顶都建造得尖而陡；而寒冷漫长的冬季天气也需要厚重的外墙和窄小的窗口来加强室内保温效果，由此催生了厚实的黄灰色花岗岩砖石墙、小而深的窗口、形似眼睛的老虎窗；圆形或八角形的楼梯间凸出在建筑主体之外，同样是基于减少积雪的考虑，其上也冠以陡峭的红色尖顶。就这样，尖锐的屋顶和略显笨拙憨态的石材墙裙，意外地构成了活泼俏皮的建筑形态与极富童话感的色彩形象（图4-71）。

---

❶ 孙钊. 青岛德占时期居住类建筑外表皮研究［D］. 东北林业大学，2013.

严肃认真的德意志民族，运用本土材料，针对本地气候改良的德国式哥特建筑构筑，用尖而陡的红色屋顶、厚重朴拙的黄灰色石墙、黑棕色木构与白墙面相间的桁架立面，构成生动有趣的城镇色彩形象（图4-72），一如来自这片土地的格林童话一样，有着淳朴粗犷的趣味、爱憎分明的幽默和浓郁的民间韵味。尤其是在阿尔卑斯山下，以山毛榉和栎树为主的阔叶林以及冷杉、云杉和松树为主的针叶林，铺就了冷硬且坚韧的墨绿色森林背景，点缀其中的城镇就更显出小红帽一样的俏皮色彩了。

　　试想，地中海气候下清澈的阳光，灰绿色的橄榄树，和煦的阳光和干爽的风，一定不能滋养出这样硬朗的砖石色彩；而阿尔卑斯山下的红色砖石也迥异于热带雨林中湿润浓烈的红调。所以，优雅的色调还是震撼的色彩，都是在当地的自然水土中蕴育生长出来的气质，有着专属于此地的色彩基因。如此的自然色彩，才能成为城市专属的风景。

图4-72　生动有趣的德国城镇色彩（摄影郭红雨，制图朱泳婷）

第五章

文化的色彩，地方的语言

自然环境提供了城市色彩的特定生长土壤，人文环境则以其深厚的内涵赋予城市色彩独特的性格，构筑了城市色彩面貌的灵魂。城市的人文环境主要是指城市的精神条件总和，包括城市历史、宗教信仰、风俗民情、节庆活动、社会意识、非物质文化遗产等内容，具有历史的深度和空间的广度，是城市本土精神产生的土壤。

如果说自然环境色彩是阐述这里与那里、此地与彼地的差异，那么人文环境色彩则标识出我们与他们、家乡和异乡的不同。所以，一个适宜且优秀的城市色彩形象，一定是可以作为一种语言，表达独特的城市文化性格的。

5.1 波西米亚的色彩之光——中欧文化亚区的捷克城市色彩

今天，当我们说起"波西米亚"（Bohemian）这个词的时候，通常会联想到一种自由浪漫的文艺气质和放浪不羁生活态度，甚至是流苏与蕾丝层叠组成的零落牵绊的服饰形象，它代表了一种令人心旌飘荡的浪漫和不知所踪的神秘。其实这是波西米亚名称的被误用，该名称源于15世纪时一些生活在波西米亚地区的吉普赛人，被当时的波西米亚国王驱逐逃亡到法国后，又被法国人误以为是波西米亚人，遂称吉普赛人为波西米亚人，而将这些吉普赛人的形象风格也称之为波西米亚风。

因此，要了解真正的波西米亚风情的色彩，首先要清晰解读波西米亚地区所在的中欧文化亚区的构成及其历史发展的来龙去脉。

中欧文化亚区是欧洲5个文化亚区中最为复杂、破碎、多元的一个亚区，在上千年的发展历史中，凯尔特人、斯拉夫人、日耳曼人、突厥人、匈牙利人、罗马尼亚人、阿尔巴尼亚人等不同种族、语言和宗教的人们在此演绎了各种冲突和融合，造就了多元而破碎、多变而不稳定的中欧文化亚区。

其中的捷克，位于欧洲中部，与德国、波兰、乌克兰、斯洛伐克、匈牙利以及奥地利接壤，古称即为波西米亚。波西米亚虽然是日耳曼语中对于捷克的称呼，但即使在今天的捷克语中，波西米亚人还是捷克人的代称，所以本书在此以波西米亚地区代指捷克。

多民族的捷克人由斯拉夫人、日耳曼人、马扎尔人、吉普赛人等种族构成，其中最主要的就是斯拉夫人。发源于易北河上游的斯拉夫人西迁至捷克和斯洛伐克地区，先后历经了7世纪的萨摩公国、9世纪的大摩拉维亚国家、10世纪以波西米亚为中心的捷克公国，至11世纪起成为神圣罗马帝国的重要贵族成员；12世纪后半叶，捷克公国又改称波西米亚王国；14世纪捷克地区成为德意志实力最强大的诸侯国，布拉格也成为帝国朝廷所在地；15世纪捷克地区爆发了反对罗马教廷、德意志贵族统治的胡斯运动，实际上脱离了神圣罗马帝国；17世纪时，斐迪南二世皇帝重新统治了捷克，捷克作为一个国家消失了，成为哈布斯堡-洛林皇朝统治下的一个行省，至此，捷克进入了长达数百年的哈布斯堡王朝统治时期。第一次世界大战后，随着奥匈帝国解体，捷克与斯洛伐克终于联合成立捷克斯洛伐克共和国。1938年开始，先是被英、法国将苏台德地区和与奥地利接壤的南部地区领土割让给德国，之后又被德国占领全境，成为德国的波希米亚和摩拉维亚保护国。1945年在苏联配合下，捷克获得民族解放战争的胜利，成立捷克斯洛伐克人民民主共和国。1992年捷克和斯洛伐克分离，1993年捷克共和国成为独立的主权国家。

千余年来的捷克历史是动荡不安的。作为一个处在欧洲十字路口的国家，捷克因为战略位置重要而饱受战争困扰，先后遭到左邻右舍的侵略与胁迫，有被强大的德意志帝国裹挟牵引的时期，也有反抗帝国统治的胡斯宗教改革运动、影响德意志命运的"掷出窗外事件"；20世纪初期与斯洛伐克联合建国，20世纪末又和平分离；曾在奥匈帝国大家庭里几进几出，还有过并入东欧社会主义阵营后，又通过"天鹅绒革命"最早离开的历史。

捷克有如此起伏跌宕的历史、饱经沧桑的命运，却没有像波兰那样谱写以悲怆为主调的民族文化。捷克国土空间的交错与重叠、多元民族的分离与组合反而形成了一种多元的、松散的、明快的文化。捷克从来没有以政治军事力量强悍而威武称霸的时期，似乎也不艳羡那样的强势。多次离合与兴衰的历史命运，最终塑造了捷克人追求自由的灵魂和热爱生命、珍视文化艺术的性格。如果说俄罗斯人是用英勇与壮烈与命运抗争，捷克人则是用荣辱不争、幽默坚韧来回应压力，就像尤里乌斯·伏契克所写"我们为了欢乐而生，为了欢乐而死，因此，永远不能让悲哀同我们的名字联在一起"。捷克人的民族性格细腻谨慎、理性精致、文艺气息浓厚、个体意识强烈，从反法西斯运动领袖尤里乌斯·伏契克、捷克散文之父哈谢克、人道主义杰出代表奥斯卡·辛德勒、捷克民族乐派奠基人贝多依齐·斯美塔那，到表现主义文学先驱弗兰兹·卡夫卡和诺贝尔文学奖获得者米兰·昆德拉等，这片土地养育的名人巨擘不胜枚举。比起敬重权威，却更加珍爱文化的民族塑造的城市色彩也必定有着不同寻常的美丽。

捷克城市的多彩绚丽，不仅有时间长河的沉积，还有文化空间上重叠，历经千年淬炼和打磨，折射出如捷克水晶般璀璨的色彩光泽，造就了众多色彩斑斓的城市：神秘华彩的布拉格、童话色彩的古姆洛夫、优雅色调的卡罗维发利、泰尔奇的静谧画风等等，不一而足。

5.1.1　布拉格的神秘华彩

风姿绰约的布拉格位于欧洲中部波西米亚平原上，坐落在捷克西部伏尔塔瓦河畔，享有"金色布拉格""千塔之城"和"欧洲建筑博物馆"的美誉，歌德赞其为"欧洲最美丽的城市"。1992年被联合国教科文组织破例将布拉格整座城市列入"世界人类文化遗产"名录。布拉格建于9世纪下半叶，在12~14世纪先后建成老城、小城、城堡城和新城。从10~13世纪强大厚重的罗马式、13~15世纪尖塔入云天的哥特式、16世纪气质隽永的文艺复兴式、17~18世纪轻松华丽的巴洛克式等，各个历史时期的建筑风格在布拉格都有华丽出演，几乎混合了中东欧各国的所有式样，甚至还夹杂着东方建筑风格，是欧洲各时期、各地区建筑艺术的荟萃地。

布拉格的罗马式风格的建筑是从10~13世纪开始兴建的，当时的罗马式艺术风格从罗马经过法国和德国一路流传至捷克，为今天的布拉格留下了众多精彩的罗马风建筑艺术形象，如城堡内的圣乔治教堂（St. George's Basilica,建于公元920年）是整个波西米亚地区罗马式建筑的代表作之一，红色外墙和白色双塔的色彩鲜明热烈，绿灰色屋顶的小面积点缀增加了生动感，积木般的红色门面为形象一贯朴素的宗教建筑赋予了活泼俏丽的颜值，体现了波西米亚色彩的自由精髓和文艺气质（图5-1）。此外还有维希赫拉德高堡上的圣马丁圆顶教堂（Rotunda sv. Martina）、新城的圣隆基纳教堂（Rotunda sv. Longina）等小巧又朴实的罗马风建筑（图5-2）。这一类建筑立面大多以米黄色石材为基调色，辅以橘红色瓦屋顶，简明纯正的色彩形象与敦厚质朴的

图5-1　捷克布拉格圣乔治教堂色彩（摄影郭红雨，制图朱泳婷）

图5-2　布拉格罗马风建筑色彩（摄影郭红雨，制图朱泳婷）　　　　图5-3　布拉格圣维特大教堂色彩（摄影郭红雨，制图朱泳婷）

形体相得益彰。

　　起源于法国的哥特式建筑风格，基本特征是尖形拱券、肋状拱顶与飞扶壁和哥特式窗户等，随着哥特建筑的发展，尖拱券和肋形拱变得越来越尖锐和富有装饰性。哥特式建筑屋顶高耸入云的尖塔和密集修长的束柱，都使得整体建筑形象清癯消瘦、骨感分明。这种建筑风格恰如其分地应和了清教徒渴望摆脱尘世欲望，与上天达到最大程度接近的宗教情怀。布拉格的哥特风以圣维特大教堂（图5-3）为代表，米黄色石材为宗教建筑带来坚定纯净的色彩基调，随时间流逝而形成的暗土黄色又增加了它的深沉沧桑，教堂立面上繁复的尖拱券和肋形拱为建筑刻画了强烈的阴影，加重了土黄色墙面的暗调，相对小面积的绿灰色尖顶反而被这黧黑的面孔映衬得青春亮丽。当然，圣维特大教堂之所以精彩华美，不只是土黄色基调和青绿灰色的搭配。大教堂南立面中央的尖拱券窗上的奢华金色窗饰，以及拱门上由4万多片马赛克镶嵌的《最后的审判》壁画等华丽活泼的装饰色彩（图5-4），都为肃穆的宗教场所点染了世俗的活力。

　　圣维特大教堂如同其他哥特风格教堂建筑一样，应用了大面积彩色玻璃花窗，有细长的"柳叶窗"，也有圆形的"玫瑰窗"。在阳光照射下的花窗玻璃照亮了高且纵深的教堂空间，为沉闷压抑的教堂投射了神秘斑斓的光彩。彩色玻璃以象征天国的蓝色和象征基督

图5-4　布拉格圣维特大教堂装饰色彩（摄影郭红雨，制图朱泳婷）　　图5-5　布拉格圣维特大教堂玫窗色彩（摄影郭红雨，制图朱泳婷）

鲜血的红色为最主要的色彩，通过玻璃马赛克拼合描绘了宣传教义的宗教故事，向世俗信众传达了朦胧神秘的天国色彩意象（图5-5）。哥特式建筑瘦骨嶙峋、冷峻禁欲的外观形象与色彩，搭配如天堂美景般迷离的彩色玻璃，对于宗教场所来说简直是不可抵挡的形象，致使哥特式教堂在整个中世纪一直处于兴盛状态。

这一时期布拉格的哥特风建筑与构筑物还有老城桥塔（图5-6）、老城广场上的提恩教堂（图5-7）、新城的圣彼得教堂、老市政厅塔楼（图5-8）以及查理四世时期的查理大桥等，其共有的色彩特征是以深浅不一的土黄、黄灰石材作为色彩基调，陡峭的屋顶、尖利的塔楼和垂直的立面线条加强了建筑立面上强烈的暗调，塔顶和墙身上的金色装饰在暗黑的阴影中熠熠闪烁，比起罗马风建筑色彩的开朗明亮，哥特风建筑的色彩形象颇为严峻深邃，并且因为深刻的阴影关系和意外的金光闪耀而有些神秘莫测。

诞生于14世纪意大利的文艺复兴建筑，是布拉格城中另一种色彩风格的演绎，从皇家夏宫到民宅建筑都有出色的代表。文艺复兴式建筑力图借助古典美学的比例来塑造典雅的协调，所以从整体造型比例到立面的花纹饰装饰都讲究严谨秩序，其色彩特征不是靠阴影关系的紧张感取胜，而是运用墙面绘画或门窗柱式色彩装饰线条来出彩。文艺复兴式建筑的色彩基调多为淡雅的紫灰、黄红、薄荷绿等柔和温婉的色系，辅助色与点缀色的搭配

图5-6　布拉格老城桥塔色彩（摄影郭红雨，制图朱泳婷）

图5-8　布拉格老市政厅塔楼色彩（摄影郭红雨，制图朱泳婷）

图5-7　布拉格老城广场上的提恩教堂色彩（摄影郭红雨，制图朱泳婷）

多用相邻色或同类色，如浅湖绿饰淡绿灰，橙红色配淡黄灰，丁香色配浅赭石灰，粉白点色缀淡紫灰等，柔和细腻的色彩与富有条理的立面线条相辅相成，表达了精美典雅的文艺复兴式气质，既华美雅致，又一丝不苟（图5-9）。

当然，也有"剑走偏锋"的墙绘色彩，如著名的一分钟屋（the House at the Minute）。这个建于1615年的建筑在外墙上装饰上了独特的文艺复兴式斯格拉菲托（Sgraffito）切刮艺术图案，内容为圣经故事及古典神话传说。这种采用重叠涂抹彩泥，再由工匠用刮刀切划的方式做成单色刮画艺术，通过灰白与黑色的明暗深浅关系，营造了古雅神秘的氛围。特殊的刮画工艺造成其在文艺复兴建筑中少有的低沉黑灰色调

（图5-10），而显得另类神秘。

流行于17世纪初到18世纪中叶的巴洛克艺术风格，强调建筑的雕塑感和绘画装饰，多用米黄色大理石和黄金色装饰建筑，繁复的图案与纹饰华美瑰丽。因为在布拉格被广泛应用并提炼升华，而获称"布拉格的巴洛克"风格。较之罗马风与哥特式的朴素、文艺复兴式的雅致，巴洛克式建筑色彩则显得更加活泼华丽。布拉格的巴洛克的代表作如华伦斯坦宫（图5-11），乳白色墙面、橘红色筒瓦与暗土黄色的石材装饰线脚组成俏丽又宁静的色彩画面；宗教建筑的代表如圣米古拉斯大教堂（Chrám Sv. Mikuláše）、胜利之后圣母堂（Kostel Panny Marie Vítězné）和阿西西的圣方济各堂等教堂建筑（图5-12），都深具巴洛克风格，乳白色墙身色彩与米灰色石材组成立面基调，被绿色金属屋顶衬托得更加朴素，红色瓦顶或浅淡朱红的柱子跳跃表现，入口山花上和绿色小尖塔上的金色装饰完成最后的点缀；布拉格斯特拉霍夫修道院（Strahov Monastery）也同样是这几种色彩的经典组合，只是白色墙面上淡灰色的窗框与装饰线脚，令色彩感觉更加典雅秀丽（图5-13）；民宅建筑中的巴洛克建筑色彩就更加丰富跃动，从聂鲁达大街到老城广场周边，鳞次栉比地排列着形象新奇、色彩绚丽的巴洛克风格建筑（图5-14）。这些建筑的立面色彩从象牙色、杏色、淡黄色、亮蓝色到浅绿灰色等不一而足，在橙红色屋顶和灰绿金属塔顶的映衬下更加鲜亮，而且门楣窗框上的点缀色也较多采用了与建筑主辅色明度、纯度和色相差距较大的颜色，甚至有蛋黄色配亮蓝色的补色搭配，令色彩形象明媚轻快。

虽然巴洛克式建筑的屋顶和墙面色彩与文艺复兴建筑相差无几，但是因为巴洛克建筑多富丽的装饰和雕

图5-9　布拉格文艺复兴式建筑色彩（摄影郭红雨，制图朱泳婷）

图5-10　布拉格老城广场上的一分钟屋建筑色彩（摄影郭红雨，制图朱泳婷）

图5-11 布拉格华伦斯坦宫建筑色彩（摄影郭红雨，制图朱泳婷）

刻，擅用椭圆形空间、凹凸的曲面、断裂的山花和形状烦琐的装饰线脚，让建筑立面的着色部分更多样，施色形式也更花俏，在追求流动感甚至是戏剧性变化的立面形象中，随之起舞的建筑色彩也因此显得轻松与欢愉。

18世纪后半叶从法国流传到捷克的洛可可风格建筑，比新奇的巴洛克式更奢华，比理性的文艺复兴式更精美。洛可可风格的装饰形象带有自然主义的趣味，多用变化多端的曲线和漩涡花纹，模仿自然界中贝类、枝

图5-12 布拉格巴洛克式教堂建筑色彩（摄影郭红雨，制图朱泳婷）

图5-13 布拉格斯特拉霍夫修道院建筑色彩（摄影郭红雨，制图朱泳婷）

图5-14 布拉格的巴洛克式建筑色彩（摄影郭红雨，制图朱泳婷）

蔓等纷繁琐细的浮雕装饰，塑造出纤弱娇媚、繁复精巧，如蕾丝花边的形象。洛可可式建筑在色彩的选择上更常用淡奶油色、鲑肉色、玫瑰色粉等低纯度、中高明度的浅暖色调，装饰花边的色彩与建筑基调色并不寻求对比和互补关系，而是喜欢用相邻色或同类色，但是与条理清晰的文艺复兴建筑色彩的组合关系不同，洛可可式建筑色彩的配色喜欢使用渐进叠加的色彩效果，并善用闪烁的金色为奢华迷醉点睛。所以，洛可可建筑的色彩形象比柔和更缠绵，比明快更娇媚，易显得暖昧甜腻，充满宫廷闺阁的情调。例如老城广场上的金斯基宫（Palác Kinských）（图5-15）以及诸多洛可可式的住宅建筑（图5-16）。

17世纪到19世纪初从法国传来的新古典主义建筑风格，在19世纪初发展为帝国式风格（Empire），这也是布拉格城中特色鲜明的一类建筑风尚，尤其在文化艺术类建筑中有精彩呈现。例如仿古希腊风格的老城城邦剧院，造型饱满稳定，乳白色基调与粉绿色辅调相衬，为殿堂建筑带来清新脱俗的气质，从柱头到檐口及窗口的金色浮雕装饰又恰当地强调了剧院的高雅格调，色彩形象既简洁明朗又尊贵雅致（图5-17）。

19世纪后半叶在布拉格兴起的新文艺复兴式、新哥特式和新巴洛克式，是向各类历史建筑风格学习的风格，例如民族剧院（Narodnl divadlo）、国家博物馆（National Museum）和鲁道夫宫（Rudolfinum）等新文艺复兴式建筑，色彩都较为朴素，大面积的土黄色、米灰色石材作为基调，绿灰色或蓝灰色金属屋顶作为辅助，少量的金色装饰作了零星的点缀，色彩形象庄重沉厚（图5-18）。不

图5-15　布拉格金斯基宫建筑色彩（摄影郭红雨，制图朱泳婷）

图5-16　布拉格的洛可可式建筑色彩（摄影郭红雨，制图朱泳婷）

图5-17　布拉格的老城城邦剧院建筑色彩（摄影郭红雨，制图朱泳婷）

图5-18　布拉格的新文艺复兴式建筑色彩（左上：民族剧院；右上：鲁道夫宫；中：国家博物馆）（摄影郭红雨，制图朱泳婷）

图5-19　布拉格新文艺复兴式民宅建筑色彩（摄影郭红雨，制图朱泳婷）

过新文艺复兴的住宅建筑用色则更丰富，黄绿灰色、淡黄色、灰白色等清新雅致的色彩是常见的建筑基调色，暗红色、橘红色等鲜明有力的装饰色彩结合立面的线条层次，强调了建筑形象的均衡比例之美（图5-19），而新哥特式（图5-20）和新巴洛克式的色彩运用则更加大胆鲜明、成熟稳健。

19世纪末至20世纪初期的新艺术主义运动在捷克形成了布拉格新艺术主义风格，其显著特点为充满幻想的形象和细腻华美的装饰。外墙上常采用瓷器、灰泥等材料以植物题材作装饰边框，多见的色彩搭配为乳白色与淡水绿色、淡黄绿灰与暗砖红色、淡黄色与薄荷绿色和深蓝灰色等，间或有暖褐色和橘色调的彩绘为淡雅的墙面增色，但是金色装饰都是必不可少的点缀。这样的色彩形象有着古典主义复兴风格迥然不同的轻松欢愉情调，在楼宇林立的城市中是一曲飞扬的梦幻抒情乐章，例如新市政厅（图5-21）、巴黎大街的住宅楼宇（图5-22）等。

图5-20　布拉格新哥特式建筑色彩（摄影郭红雨，制图朱泳婷）

图5-21　布拉格新艺术主义风格的新市政厅建筑色彩（摄影郭红雨，制图朱泳婷）

图5-22　布拉格新艺术主义风格的住宅建筑色彩（摄影郭红雨，制图朱泳婷）

图5-23　冬日布拉格城市色彩印象（摄影郭红雨，制图朱泳婷）

图5-24　夏日布拉格城市色彩印象（摄影郭红雨，制图朱泳婷）

总体来看，布拉格城市的建成期主要在中世纪时期。古典建筑以哥特式和巴洛克风格建筑为主，建筑造型与装饰线脚变化多样，建筑屋顶形态丰富，多陡峭尖顶。橙红色屋顶和淡黄色墙面是布拉格建筑色彩的基调，绿灰屋顶以及乳白色、蓝色、金色等装饰色彩点缀其间。位于高纬度地区的布拉格，冬天短日照且云层浓厚，被积雪遮掩的坡顶建筑露出暗红、暗绿、黑灰色的颜色，尖塔坡顶塔楼在街巷中投射下斜长浓厚的阴影，有着中世纪宗教油画的阴郁不安和敏感神秘（图5-23）；而在夏天，明媚的阳光又照耀出橘红、玫瑰红、淡黄、浅绿等主辅调色彩的灿烂，巴洛克式建筑上的天蓝、金色、浅粉与明黄等鲜亮色彩对比鲜明，色彩节奏轻快多变（图5-24）。黄昏时刻，在一半是冷调的青蓝、一半是暖艳的紫红的天空下，阳光高度角较小的夕阳，在各种哥特式建筑、巴洛克式建筑的尖塔和屋顶上都披挂了金色的光芒，色彩艳丽，阴影强烈。

虽然俏丽美艳的红顶黄墙是布拉格的主辅色调，但是布拉格的色彩特征并不是简单的甜美可爱。位于欧洲心脏的布拉格，融汇了东西欧城市色彩的靓丽，欧洲建筑历史上的各类风格流派在布拉格都有精彩展现，而且都在布拉格升华演绎了自己的形象，例如"布拉格的巴洛克""布拉格新艺术主义风格"等，布拉格的古典建筑可谓是各类建筑流派的华彩篇章，有着各种建筑风格最炫目的色彩呈现。也是因为捷克起伏跌宕的历史和东西欧文化在布拉格的碰撞交汇，布拉格的建筑色彩不仅散发着异彩光芒，也将沧桑的历史深深地刻画在色彩的阴影里。因此，布拉格城市色彩是神秘与华丽的组合，比壮丽更精美，比强大更历久。气质复杂的布拉格城市色彩有着难以琢磨又耀眼华丽的光彩，所以尼采说："当我想以一个词来表达'神秘'时，我只想到了布拉格。"

5.1.2 捷克古姆洛夫的童话色彩

被联合国教科文组织授予世界文化和自然双重遗产称号的捷克古姆洛夫（Český Krumlov）享有童话世界的美誉。位于捷克高地上的CK小镇（Český Krumlov）紧密簇拥在S型的河道两旁，高高耸立的城堡像是从岩石峭壁上生长出来的一样，与山地同构共生（图5-25）。小镇主要建筑的结构形态大都是中世纪的哥特风格，但是建筑外立

图5-25　与山地环境共生的捷克古姆洛夫小镇（摄影郭红雨，制图朱泳婷）

面多为文艺复兴式以及巴洛克式，还有部分洛可可式的彩绘饰面，例如小镇的标志性建筑，建造于13世纪的彩绘塔（图5-26），塔楼主体部分的一至二层为哥特式，三层是在以前哥特式的基础上改建的文艺复兴式，彩绘塔的外部装饰则为文艺复兴式。彩绘塔于1581年由意大利建筑师Baldassar Maggi d'Agorn设计建造完成，现在的塔身外饰手绘图案是在1994年至1996年间重新绘制完成的。塔楼乳白色外墙上的淡赭红色彩绘与鲜艳的孔雀绿屋顶演绎了纯真喜悦的情绪，塔尖上的金色装饰则是它贵族身份的象征。与彩绘塔一样，捷克古姆洛夫城堡的整体结构也是哥特式，小城堡外围的壁画装饰属于文艺复兴式，都是在淡土黄色立体砖绘的图案上加赭红色绘画的色彩风格（图5-26）。历经风霜雨雪后的墙绘颜色已经显得暗淡陈旧，倒是红色陡坡的屋顶历久弥新，越发红得醇厚浓烈。

因为在青山绿水之间，捷克古姆洛夫（Český Krumlov）的屋顶红色似乎比布拉格的更显娇艳。大量的乳白色、淡黄色墙面和少量的浅粉色、青果绿色外墙为小镇渲染了一层温馨甜美的建筑底色，错落层叠的红色坡顶响亮盛放在蜿蜒的河道两旁，点缀其间的淡绿色尖塔和穹顶愈显生动俏丽，色彩搭配的效果几近童话世界的唯美浪漫（图5-27）。

图5-26 捷克古姆洛夫小镇的彩绘塔与城堡色彩（摄影郭红雨，制图朱泳婷）

图5-27 色彩搭配效果几近童话世界的捷克古姆洛夫小镇（摄影郭红雨，制图朱泳婷）

小镇建筑的用色似童言无忌般大胆出位，深玫瑰红、湖蓝色、果绿色等带着童稚情绪的色彩（图5-28），似乎都是为了摆脱现实世界的束缚，进入童话世界所做的努力。不过这些强烈的色彩并没有冲突对撞，这不仅有赖于极为统一的红屋顶色彩的协调，还因为艳丽的墙面上一定有白色的装饰线带来典雅的克制，淡彩的墙面上也总是有高彩度的装饰色来点燃激情（图5-29）。这样的建筑色彩搭配定律，为童话小镇的建筑提供了毫不冲突且丰富有趣的色彩关系，稳稳地托举了魔幻的梦想。

　　捷克古姆洛夫（Český Krumlov）小镇的童话色彩形象除了色彩搭配的效果之外，形态的作用也至关重要。相比布拉格林林总总的宗教建筑、文化建筑、商业建筑和住宅楼宇等，小镇的建筑类型相对单纯，多为民居、商铺等类型。所以建筑造型也没有那么严格精准地控制，即使是标志性的红色坡顶，也是形象多变的：有缓坡顶、有急坡顶；有简明的双坡顶、也有稳重的四坡顶，还有俏皮的三坡顶；有的陡坡屋顶直落而下，气势凌厉，

图5-28　捷克古姆洛夫小镇建筑墙面的童稚色彩（摄影郭红雨，制图朱泳婷）

图5-29　捷克古姆洛夫小镇建筑的装饰色彩（摄影郭红雨，制图朱泳婷）

也有屋顶在陡然落下快要接地时，又急急地接上一段曲线屋面来"降速"，让形态自由到任性。如此率性随意的坡顶，即使用了接近统一的红色，也不会有重复单调的感觉，反而展现一片热闹欢腾的童趣，因为随性的形态让再冷静的色彩都无法板着严肃的面孔，更何况是活泼热烈的橙红色呢。

　　同样是因为形色不可分的原因，小镇民居建筑低矮亲切的体量，让屋顶和墙面的比例达到1：3甚至1：2的关系，在人行道路的界面上可以看到的更大面积的橘红屋顶，低层高的建筑会把一大片组合住宅的红屋顶拖下来，懒懒的、都快要拖到地面了；也有谷仓建筑鼓着壮硕的身形，却顶着一小块帽檐似的屋顶，彩色的墙身被拉伸变形的憨态；还有民宅建筑为了将就起伏的地形，让立面略显歪斜跄跄；甚至有像萌态脸谱的建筑立面；好似描了睫毛眼线的老虎窗造型（图5-30），等等。高艳度的墙面与屋顶彩色放大了这些有

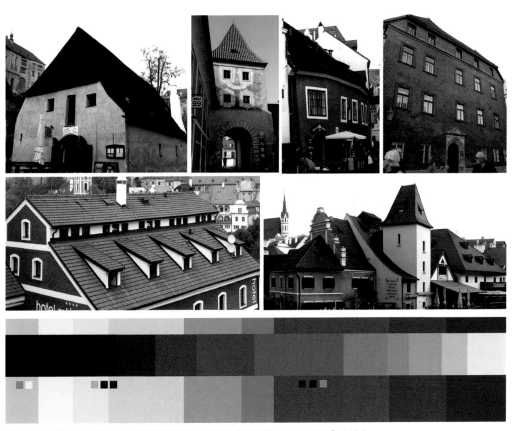

图5-30　捷克古姆洛夫小镇的建筑形态与色彩（摄影郭红雨，制图朱泳婷）

趣的形态，增强了小镇建筑萌萌的童话感；也因为低层小体量建筑居多，建筑的阴影远没有高塔林立的布拉格那么强烈深刻，而且两次世界大战的战火都没有损伤这个小镇，大概也没有太多的苦难需要埋藏在阴影下。所以，即使是宗教建筑在此也不会显得特别肃穆，锐利如铅笔尖、俏皮如洋葱头的教堂塔楼似乎是为了点亮法术而存在的魔法杖（图5-31）。

可以说，是建筑色彩与形态共同创造了捷克古姆洛夫（Český Krumlov）的童话感，形态支撑了色彩的表现，色彩强化了形态的特征，否则童话世界是无法描绘出来的，因为同样以住宅建筑类型为主的小镇卡罗维发利（Karlovy Vary）就是另一番景象。

图5-31　捷克古姆洛夫小镇教堂尖塔的形态与色彩（摄影郭红雨，制图朱泳婷）

5.1.3　卡罗维发利的优雅色调

卡罗维发利位于克鲁什纳山脉脚下，深藏在泰普拉河和奥赫热河冲蚀形成的深谷中，始建于1350年神圣罗马帝国的查理四世时期，最终在19世纪形成了波西米亚风情浓郁的温泉小镇。

小镇沿泰普拉河两岸依山随形、错落分布着重要的公共建筑、温泉宾馆、商业建筑和住宅类建筑，建筑风格主要为巴洛克式、洛可可式、新古典主义和新文艺复兴式，建筑立面多在中低彩度、中高明度之间展现，且以色相相邻的乳白、象牙色、黄灰和粉黄等轻暖粉调色彩居多，间或有低彩度、中高明度的粉红、粉紫、淡绿色立面穿插其间（图5-32）。与捷克古姆洛夫相比，卡罗维发利小镇建筑的黄色墙面与橘红色屋顶的彩度大大降低，而且屋顶以低彩度的蓝灰色或蓝绿灰色金属盔顶居多。

图5-32　捷克卡罗维发利小镇建筑的轻暖粉色调（摄影郭红雨，制图朱泳婷）

图5-33　卡罗维发利建筑色彩的相邻色运用（摄影郭红雨，制图朱泳婷）

卡罗维发利的建筑立面色彩，非常善用相近色和相邻色彩做主辅色的搭配（图5-33），甚至在明度与艳度非常接近的程度上呈现色彩关系，也较少在一个立面形象中表现对比色或互补色的对撞，如果用到对比色相的组合，一定会把色彩的艳度降到极低，明度提到中高。这样的色彩组合似乎比较容易陷入循规蹈矩的俗套，尤其是以黄红色、黄色为主辅关系的搭配，很容易形成甜俗肤浅的观感。不过，在卡罗维发利的建筑色彩中，即便是粉黄、粉红的冰淇淋色彩组合（图5-34）也可以达到甜而不腻的效果，这就必须归功于其建筑色彩搭配的严谨章法了：明丽的粉白和中性的亮灰为大量的粉红、粉黄、粉绿色彩提供了恰到好处的对比与分隔，承担了让建筑色彩面孔清晰可辨的重任，浅蓝灰色的盔顶来完成最后的艳度矫正和冷暖调和，即使采用较暖艳的红屋顶时，也一定要用铁灰色金属瓦屋面来镶嵌装饰（图5-35）。当建筑色彩中相邻色过多，致使主、辅、点

图5-34　卡罗维发利小镇建筑色彩的冰淇淋色调（摄影郭红雨，制图朱泳婷）

图5-35　卡罗维发利小镇建筑的盔顶色彩（摄影郭红雨，制图朱泳婷）

色彩关系过分接近时，还会使用亮眼的金属装饰构件来点睛，例如巴洛克式建筑中的绿色卷草型铁艺栏杆，或金色花纹装饰等明媚亮丽的色彩点缀（图5-36）。

卡罗维发利的建筑色彩是有一定脂粉气的，尤其是较多使用浅粉色、奶油色等色彩的冰淇淋色调（图5-34），为卡罗维发利带来了阴柔之美。白色也是凸显卡罗维发利女性气质的重要色彩，市场温泉回廊和德沃夏克长廊纤细的白色柱列（图5-37），细腻精致如剪纸花纹的白色雕饰，以及无数白色星芒状装饰，好像宫廷舞会上随音乐起伏的蕾丝花边，点缀了优雅浪漫的女神气质。

相比布拉格建筑色彩深刻丰富的历史感，卡罗维发利的建筑色彩更加抒情与亲切，更善用精致粉色以及高明度、极低彩度的色彩表达明媚轻松、雅致浪漫的情绪，用严谨细致的配色章法演绎内敛优雅的古典格调。

不同于古姆洛夫建筑色彩的率真直白，卡罗维发利的建筑色彩更加典雅高贵。虽然卡罗维发利也使用了与捷克古姆洛夫（Český Krumlov）接近的淡黄墙面与红屋顶色彩，但是因为较多挺拔秀丽的多层建筑，而且毗邻建筑间的色彩在色相上相邻、在明度与彩度上相近，加之温泉山谷丰富的植被色彩，深如黛色的远山以及在城中飘溢着的水汽，形成的色彩形象绝非活泼可爱的童话场景，而是富于浪漫色彩的仙气。

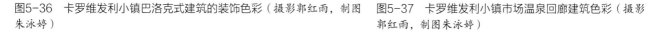

图5-36　卡罗维发利小镇巴洛克式建筑的装饰色彩（摄影郭红雨，制图朱泳婷）

图5-37　卡罗维发利小镇市场温泉回廊建筑色彩（摄影郭红雨，制图朱泳婷）

单纯看卡罗维发利的建筑色彩似乎很清淡，是否会过于轻描淡写而没有激动人心的地方呢？其实水汽氤氲的温泉山谷环境为建筑色彩铺陈了恰到好处的演出背景，在山峦谷地的青烟袅袅中，云隙中隐约闪烁的光线和温泉蒸腾的淡蓝色水雾，将建筑色彩置于中低照度的环境中，高明度、中低彩度的建筑色彩足已清晰展现，同时，又不会过分张扬而显得突兀。这是卡罗维发利小镇自然环境对色彩形象的影响，更有人文环境对建筑色彩的塑造。

从14世纪起就作为欧洲著名温泉圣地的卡罗维发利，一直是欧洲皇室贵族和名人权贵的最佳度假地，不少文化艺术名流也都热衷此地，普希金、歌德、席勒、贝多芬、肖邦、马克思、果戈理都曾来此旅游疗养。时至今日，这里又成为了俄罗斯新贵们的休闲胜地。卡罗维发利有着倚重高端度假产业的城镇功能，也延续了昔日贵族名士在此休闲度假的文化历史传统，这一切必然造就了与之相适应的轻松高雅的建筑色彩形象。因此，卡罗维发利的整体建筑色彩是清雅明快、趣味精致的，通过讲求色彩关系的优美和谐，强调主辅点色彩的严谨比例关系与色彩节奏的均衡性，对于华丽的装饰色彩，保持一种既欣赏又克制的使用态度，以色彩形象的高品质感，体现上流社会高贵脱俗的审美趣味。尤其是卡罗维发利建筑色彩严整娴熟的配色章法，好似主调与和声关系明晰有致的欧洲古典宫廷乐章，主题鲜明、语言清晰，强调分寸适度的精准雅致，讲求理智制约的情感表达，色彩关系完整而严谨，色彩效果追求完美而均衡，充分演绎了卡罗维发利作为高端温泉疗养度假胜地的悠闲雅致的文化个性。

5.1.4 泰尔奇的静谧画风

捷克城市色彩的另一个典例是摩拉维亚东南部的泰尔奇（Telc）。靠近波西米亚边界的泰尔奇城由赫拉德茨封建领主强大的维特克家族建立，是由建于公元14世纪中叶的哥特风格城堡发展起来的小镇。以市场为中心的泰尔奇历史中心（Historic Centre of Telc），现在已是著名的世界文化遗产地。

在1530年代时，泰尔奇小镇原有的哥特式建筑毁于大火，领主邀请了他颇为欣赏的意大利文艺复兴建筑师巴尔达萨尔、马吉·德阿罗尼奥等人进行整修重建。整修工程保留了部分的哥特式建筑和哥特式的拱廊造型，主要以文艺复兴风格为基调重建了泰尔奇小镇中心建筑，设计手法吸收了佛罗伦萨和威尼斯文艺复兴建筑风格，增加了文艺复兴式的山形墙与装饰。不过，到了17世纪中叶，泰尔奇小镇的画风经历了巨变。于17世纪建造的神学院（1651—1655）和教堂（1666—1667）采用了巴洛克风格。此后，1740年前后的建筑立面整饰，使得小镇建筑风格更加趋向巴洛克式，最终使泰尔奇历史中心的建筑色彩和山墙装饰都统一为巴洛克风格（图5-38）。

泰尔奇的萨哈利亚修广场是小镇的文化与政治经济中心。保存良好的建筑界面色彩与形态，清晰地展现了中欧地区的时代变迁过程，记录了中世纪末期中欧的政治和经济发展状况：即使是在群山起伏的摩拉维亚森林中部，也建立了有组织的社区活动中心和贸易集散地，泰尔奇历史中心正是那个时代背景的记录。

呈三角形平面的萨哈利亚修广场，由71栋二至三层民宅围合而成。这些建筑带有哥特式的结构和连续的拱廊空间，有部分文艺复兴的立面山墙，更多的则是巴洛克式的造型风格（图5-39）。由巴洛克式立面构成的广场周边建筑界面，一楼一色，每一个建筑立面都有各自的色彩基调，既有色相差异，又在明度和纯度上趋近，形成了在中高明度、中纯度的淡黄色、淡红色、淡绿色、淡黄红色和灰白之间连续展现的色彩界面。

泰尔奇历史中心广场变化的建筑色彩，为相同体量的连续界面带来了色彩的韵律感（图5-40），但是这种色彩风格迥异于童话感的捷克古姆洛夫的童趣活泼，也没有卡罗维发利的优雅抒情，而是以轻柔宁静的色调表现了静谧的梦幻感。因为在开敞的广场空间里，街道贴线率非常高的立面和整齐的层高，让建筑外表面几乎没有多少阴影，即便是花

图5-38　巴洛克风格的捷克泰尔奇小镇历史中心（摄影郭红雨，制图朱泳婷）

图5-39　巴洛克立面的建筑色彩（摄影郭红雨，制图朱泳婷）

图5-40　富于色彩韵律感的泰尔奇小镇历史中心广场（摄影郭红雨，制图朱泳婷）

色各异的立面也是平面化的。清新的色系描绘了超乎现实感的舞台布景画风，加之环城堡水系的幽静，在摩拉维亚起伏群山中营造了如神秘镜面一般静谧的世外桃源，甚至有一些超现实的虚幻感，这正是泰尔奇历史中心独特的形象魅力所在。

　　布拉格、捷克古姆洛夫、卡罗维发利和泰尔奇的城市色彩是捷克城市色彩形象的精粹代表，不但体现了捷克城市在各个发展时期以及历经各种建筑风格影响下的城市色彩特征，也记录了捷克社会变迁的痕迹，尤其表达了捷克民族文化的个性。捷克的城市色彩就像斯美塔那的《伏尔塔瓦河》的旋律一样宽广且复合，有像泰尔奇那种轻柔粉调的慢板色彩；有类似卡罗维发利小镇那样优美抒情的宫廷舞曲；有像捷克古姆洛夫小镇似号角般明亮欣喜的激越色调和艳丽夺目的点睛亮彩；更多的则是布拉格城市色彩那样的复合与多元，既有小溪在丘陵山间轻快跳跃般的波光闪耀色彩，也有伏尔塔瓦河那样历经千年沉浮积淀的沉厚色调，奔涌的洪流中融入了民族的精神与希望，在起伏的波涛中又暗藏着深刻的痛苦与不安，最终演化为一种坚韧从容、感人至深的色彩力量与节奏。

优美又深邃、古老且精致、复合中显轻松，宁静中有魔幻、浪漫中含惊喜是捷克城市色彩的核心特征。波西米亚的色彩之光就是历史文化和民族个性的表达，因为多波折，所以略显阴郁而神秘；因为追求自由，所以色彩缤纷；因为珍重历史，所以色彩厚重；因为不尚强权，所以文艺抒情。捷克的城市色彩具有鲜明的艺术化、浪漫化、民俗化、自由化的气质，甚至还有叛逆不羁的强烈视觉表现。不沉迷于过去的苦痛，也不迷醉于往昔的辉煌，享受现在的美好时光，崇尚自由的个性，正是捷克城市色彩特质的精髓所在。

5.2　文化马赛克的斑斓异彩——南欧伊比利亚半岛的城市色彩

5.2.1　混合镶嵌的人文色彩

欧洲西南角的伊比利亚半岛仿佛是欧洲大陆伸向大西洋的海岬，在那里，地中海与大西洋交汇，欧洲与非洲相对，西方与东方相会。

伊比利亚半岛上的西班牙是欧洲的例外，灿烂多彩的混合文化，强烈的非欧洲色彩的异域风情，使之与欧洲大陆的其他国家相比是如此的不同，就像一句西班牙旅游推介语："西班牙是不同的（España es diferente）"。西班牙人更愿意用复数称自己的国家为"ESPANAS"，即多个西班牙，用以阐述西班牙拥有4种语言、7种方言以及多样化的地貌地景和气候的涵义。西班牙是一个民族多样的国家，既有大量移民输出，也有大量移民融入，腓尼基人、迦太基人、希腊人、罗马人、犹太人、西哥特人、阿拉伯人、法兰西人、德国人等，都先后走进了西班牙的文化历程里，欧亚文明在此冲击交汇，东西方悠久的历史文化在这个半岛上培育了多元交叉、瑰丽多姿的文化，描述西班牙为欧洲的一朵奇葩最恰当不过。

伊比利亚半岛的多山地貌令西班牙全境35%的国土都在海拔1000米以上。由于多山地的分隔，崇山峻岭间形成了各自的小气候，致使各个地方的亚文化相对独立，差异明显。同时，西班牙又作为连接欧洲与亚洲文化的通道，成为不同民族与宗教文化的交汇地。

两千多年来，西班牙的文化有着东西方文明的影响和本国各民族智慧的融汇，以及欧洲各时期文化浪潮的冲击，其主流文化是由希腊-罗马文化、犹太-基督教文化、伊斯兰文化和伊比利亚文化共同塑造而成的。公元前5世纪，北方游牧民族来到伊比利亚半岛，随后从中欧迁来的西哥特人又击退游牧民族入主伊比利亚半岛。从公元前227年罗马人征服伊比利亚半岛开始，罗马军团的新移民就为伊比利亚半岛注入了新鲜的血液。罗马式的建筑风格通过圣地亚哥之路进入伊比利亚半岛，为西班牙许多重要的城镇镌刻了罗马化的印记，如科尔多瓦壮丽宏伟的桥梁构筑物等。公元3世纪起，基督教的传播使得罗马文化与西哥特人的文化在此混血，铸就了独特的西哥特风格城镇，例如西哥特王国的都城托莱多（Toledo），虽然历经王朝变迁和异族统治，但是与大地同色、与地形同构的建筑群（图5-41），依然用雄伟的城镇轮廓和硬朗的淡土黄色石材显耀着西哥特王朝时期的坚实和强悍。

图5-41　西班牙托莱多老城城市色彩（摄影郭红雨，制图朱泳婷）

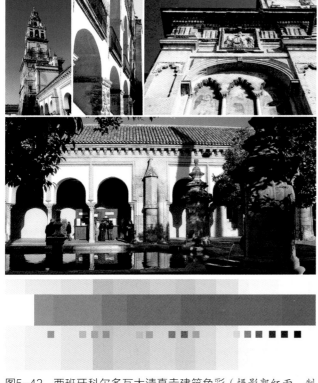

图5-42　西班牙科尔多瓦大清真寺建筑色彩（摄影郭红雨，制图朱泳婷）

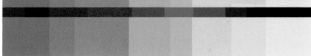

图5-43　科尔多瓦大清真寺的华丽壁龛色彩（摄影郭红雨，制图朱泳婷）

公元8世纪起，阿拉伯人进入西班牙。第一个摩尔人❶的王国定都在科尔多瓦，从此开始了摩尔人对西班牙近800年的统治，也就是"穆斯林的西班牙"时期。阿拉伯人文化为西班牙城市建设留下了鲜明的穆斯林文化痕迹，科尔多瓦城至今还有着穆斯林西班牙的最初风貌，伊斯兰教文化与基督教文化并存的科尔多瓦大清真寺即是典例。大清真寺建于穆斯林占领科尔多瓦的8世纪，是在当时西哥特人天主教堂的基础上改建而成，几个世纪后，基督徒又重新夺回清真寺变为教堂。大清真寺如此复杂的身世，注定了建筑形式的复合和色彩的多样。大清真寺在建筑风格上受早期罗马风的影响，淡黄色砂岩石材砌筑的立面有清晨阳光的清亮，与橘园的橙黄交相辉映，温暖灿烂（图5-42）。清真寺的门廊和礼拜空间都采用华丽的拱券装饰，数层花瓣形重叠的复合拱券形式是常见的形象。其中，室内壁龛上拱券华丽细腻，黄金宝石的镶嵌令色调金碧辉煌（图5-43）。主殿里由865根圆柱组成的拱券空间最负盛名，古典柱式的柱林材质为石英、玛瑙、大理石和花岗岩，柱头上3m×6m的马蹄形双层拱券由红砖和白云石交替砌成，灰白色的圆柱上盛放红白相间的双虹（图5-44），是清真寺内部最耀眼的色彩，同样色调的马蹄拱也被装饰在清真寺外墙的门楣上（图5-45），尽管历经沧桑，依然难掩昔日艳丽。

---

❶ 摩尔人指在中世纪时期居住在伊比利亚半岛（今西班牙和葡萄牙）、西西里岛、马耳他、马格里布和西非的穆斯林。历史上，摩尔人主要指在欧洲的伊斯兰征服者，特别是在11～17世纪创造了阿拉伯安达卢西亚文化，随后在北非作为难民定居下来的西班牙穆斯林居民或阿拉伯人，是西班牙人及柏柏尔人的混血后代。

图5-44 科尔多瓦大清真寺的双虹柱廊（摄影郭红雨，制图朱泳婷）

图5-45 科尔多瓦大清真寺外墙的门楣装饰（摄影郭红雨，制图朱泳婷）

15世纪以后，西班牙重新回到基督教世界，又成为"基督教的西班牙"。在这样独特的历史过程中，基督教文化和穆斯林文化相互渗透、融合，形成了多元、神秘、奇异的西班牙文化。

由于西班牙各地受到基督教和穆斯林的影响不同，北部盛行的是哥特人和汪达尔人的文化，南部盛行的是阿拉伯人的风俗，造成西班牙各地区间城市色彩的差异明显，不仅有本土色彩和外来色彩的融合与拼贴，更有各种色彩文化的混血。伊斯兰教文化甚至改变着基督教建筑，留下了强烈的阿拉伯文化烙印，形成了两种独特的阿拉伯艺术形式：莫萨拉贝风格（也称基督教少数派风格）和穆德哈风格（或称阿拉伯少数派风格）。特别是罗马式风格盛行时期的穆德哈艺术（Mudejar），吸收了古罗马、西哥特、伊斯兰和文艺复兴的多种元素，夹杂着伊斯兰式元素，大量使用了西班牙的彩色玻璃和雕刻装饰，令原本肃穆庄重的罗马风建筑平添斑斓的色彩风姿，让城市色彩形象也具有浓郁的阿拉伯风情，尤以西班牙南部安达卢西亚地区的三颗珍珠：科尔多瓦（Córdoba）、格兰那达（Granada）与塞维利亚（Sevilla）为盛。

科尔多瓦（Córdoba）是由不同历史时期的文明铸成的耀眼古城，早期腓尼基人和迦太基人创建了科尔多瓦的基础，古罗马时代又作为贝蒂卡行省的首府辉煌闪耀，伊斯兰教王朝时期的科尔多瓦曾是哈里发帝国重要的文化与科技中心，这些文明的光辉成就了科尔多瓦深沉复杂的城市性格，但是对城市色彩形象影响最突出的还是阿拉伯文化的色彩印记。由北非进入西班牙的阿拉伯人带来了穆斯林宗教信仰中对圣洁白色的偏好，这也是因为北非大部分阿拉伯民族聚居区都处于低纬度的热带沙漠气候环境下，受副热带高压和离岸信风的交替控制，气候炎热干燥，地面多沙漠，白色建筑和服饰对较强的太阳辐射都有强烈的反射作用，由此形成了偏好白色的建筑色彩倾向。在阿拉伯人色彩偏好的影响下，科尔多瓦的民宅建筑大多为白色，加之，阿拉伯人对蓝色、绿色等象征生命源泉的冷色调的崇敬，在白色民宅上的点缀色多为蓝色、蓝紫色和绿色等马赛克瓷砖。尚白的建筑基调与摩尔式的装饰元素相融合，塑造了圣洁华美的色彩形象。高纯度、中明度的暖调橙色，大多作为门窗框线脚或马蹄形拱券的装饰色彩存在，有时也作为建筑墙面的主色。无论白色与橙黄色在建筑立面上如何变换位置与面积，二者始终是在互相映衬。在科尔多瓦的百花巷（图5-46），被衬托得雪白透亮的白墙面，恰到好处地提亮了狭窄逼仄的巷道空间的亮度，橙黄色也愈发显得浓艳娇媚。

图5-46　科尔多瓦百花巷的建筑色彩（摄影郭红雨，制图朱泳婷）

与科尔多瓦同为安达卢西亚明珠的塞维利亚，也同样因为伊斯兰教王朝的历史形成了类似的色彩形象。塞维利亚的圣克鲁斯区作为犹太人聚居区，传承了西班牙第三大文化犹太文化的脉络，有着与伊斯兰教色彩文化相似的色彩表现，即尚白的建筑基调与摩尔式装饰元素融合的形象（图5-47）。在圣克鲁斯区迷宫般狭窄蜿蜒的街巷中，一幢幢白色民宅鳞次栉比，低彩度的赭红色屋面低调辅助，浓厚的橙黄色和砖红色墙裙与装饰线脚一起映衬出洁白如雪的墙面，有时也有橙黄墙面与白色装饰线脚调换主次关系的色彩搭配变调，其间点缀着中高彩度的深绿色或深蓝色遮阳百叶窗来提神醒目，黑色手工铁艺适时地起到加重阴影轮廓的效果。当蓝绿色调的马赛克墙裙和白色马蹄形拱券一起在砖红色墙面上出场时（图5-48），穆斯林西班牙的精致异域风情就散发得更加浓郁了。

位于南部安达卢西亚地区，伫立在750m高的悬崖之上的老城荣达（Ronda），将穆斯林西班牙的白色运用得更加强烈。以白色为主调的建筑群雄踞在壁立的山崖之上，在灿

图5-47　西班牙塞维利亚圣克鲁斯区建筑色彩（摄影郭红雨，制图朱泳婷）

图5-48　作为装饰色彩的马赛克墙裙和白色拱券（摄影郭红雨，制图朱泳婷）

图5-49　西班牙山城荣达的色彩面貌（摄影郭红雨，制图朱泳婷）

烂阳光照耀下产生炫目的强烈反光（图5-49），加强了悬崖峭壁的视觉震撼，渲染了一种惊心动魄的壮美。所以海明威曾经在他的小说里称赞荣达是西班牙最适合度蜜月的地方，因为目之所及都是浪漫的风景。当然，他在文中所说的浪漫是野性勃发的浪漫，是符合斗牛发源地的彪悍气质的浪漫。一贯文静的白色可以有如此狂野的表达，主要是险峻的山势和山屋同构的形态造成的，其次，较少的装饰色彩也加强了纯净白色的力量。

　　与科尔多瓦作为西班牙穆斯林王朝的第一个帝都相对应，格兰那达（Granada）则是"穆斯林的西班牙"的最后辉煌，直到1262年，在西班牙各地，因为基督教徒的入侵而失去领地的穆斯林纷纷来到格兰纳达，使得该地区的穆德哈艺术风格发展至高峰。

　　被达罗河划为两部分的格兰那达，是在阿拉伯要塞城堡基础上发展起来的。在格兰那达城中，与阿尔罕布拉宫相邻山坡上的阿尔拜辛区，多层民居密集成簇布局，空间结构错综复杂，犹如阿拉伯迷宫一般。在土黄色丘陵的背景下，雪白色建筑组群因为土红色陶瓦屋顶的相间，而富有立体质感。当然，这些高亮的色彩之所以醒目，还因为有暗绿色的铅笔柏、枝干粗糙的橄榄树、结着金黄果实的柑橘树以及绿篱的衬托。摩尔人尤其喜好用高大茂密的墙式绿篱分隔空间，这种源自穆斯林园林设计的方法，在我国新疆维吾尔族的建筑庭院中也常见。坚实的拱券围篱与暗绿笔柏等植物紧密组合，好似在每一组建筑周边涂抹了浓厚结实的绿调阴影，建筑墙面的白色也就更具阳光感了（图5-50）。

　　在这座安达卢西亚地区的城市中，最具穆德哈艺术色彩风姿的当属阿尔罕布拉宫（Alhambra Palace）。阿尔罕布拉宫城堡的外墙是用石料和红色黏土混合筑成的，在高

图5-50 西班牙格兰那达的城市色彩（摄影郭红雨，制图朱泳婷）

地上，静默支撑着一组厚重宫殿群，淡红的土墙被阳光照耀得更加暖艳亮丽，阿尔罕布拉宫也因此被称作"红宫"（图5-51）。

作为"穆斯林的西班牙"建筑的典型代表，阿尔罕布拉宫的宫殿和清真寺集中了穆德哈艺术风格的典型要素。首先是砖砌的表现，与传统欧洲的石材建筑不同，摩尔人擅长砖作技术（砖作技术随着公元711年后的穆斯林政权由近东的萨珊波斯地区传入伊比利亚半岛）。在阿尔罕布拉宫中朴素的砖既有承重墙体和围护墙体的功能性，更有表现精致细密砖作艺术的装饰性，马蹄形拱、矢状拱、交叉拱、三叶和多叶形的装饰拱券比比皆是，交织拱的"赛博卡"母题、砖刻浅浮雕、砖镂砌、鱼骨砌、菱形砌和雄碟等各色砖艺技法杂陈其间。因为砖作的精湛与盛行，穆德哈风格建筑也被称作"砖砌罗曼式"。尽管砖作呈现的还是单一色彩，但是因为细致的凹凸肌理，加强了光影效果，令红土砖墙的色彩更具粗糙的颗粒感和立体质感（图5-52）。

穆德哈艺术的另一个特征是在建筑内外墙面上做抛光彩色釉料瓷砖或瓷片的图案化拼

贴，即彩色马赛克镶嵌装饰。色彩斑斓的马赛克在阿尔罕布拉宫的屋顶顶棚、瓷砖壁毯饰面和墙裙装饰上都有娴熟的展现，也在地面拼花大理石、圆柱基座的釉土表面，以及门楣与窗框的线脚上常用（图5-53）。

马赛克瓷砖饰面多以蓝紫色、宝蓝色、湖蓝色、亮蓝色、中绿色、浅蓝绿色为主，穿插其中的土黄色、姜黄色和暗棕红色起到对比互补的作用。在马赛克瓷砖的色彩搭配中，白色是不可或缺的底色抑或是烘托的对象，有了最纯粹的白色，再丰富的色彩组合都显得干净、神圣。蓝色和绿色为主调的装

图5-51　被称作红宫的阿尔罕布拉宫（摄影郭红雨，制图朱泳婷）

图5-52　阿尔罕布拉宫的砖作色彩（摄影郭红雨，制图朱泳婷）

饰色彩是为了表达穆斯林文化中对水和植物等生命意义的颂扬，由此构成的冷色调细碎马赛克块交织点缀于红土砖的建筑拱造型中，给红土砖墙的深宫大院带来阵阵凉意。摩尔人装饰色彩具有自然趣味，擅长抒发细腻的情感，就像科马雷斯宫庭院水景中纤细水线喷涌出的丝丝清凉，在一定程度上化解了皇宫庞大的体量与沉重的内容。

由于穆斯林教义禁止偶像崇拜，认为在装饰图案中描画人物与动物的图像是对神灵的不敬，所以穆德哈风格的装饰图案多用书法纹样、几何纹样和花草纹样来抽象表达世间万物，其中几何图形交叉所形成菱形或星形，突出表现了伊斯兰艺术的繁复、细腻和精致，是阿拉伯艺匠最爱表现在顶棚石膏装饰或墙壁雕饰上的图案。重复、分割、对称和旋转的图案组合方式也是颇具阿拉伯艺术特征的，通过把简单的图案无限重复至最为繁复的形式，也是在阐述真主无处不在的教义。用无休止的重复图案组合构成的石膏雕饰顶棚和镂空花窗，投射下点点耀眼光芒，如满目繁星蕴育了安详静谧的氛围。一些柱头及拱券上精琢细镂的石膏雕花装饰还镶嵌着鳞片状的蓝绿色、蓝紫色瓷片，也有在白色钟乳饰穹顶上点缀亮眼蓝色的做法，好像白云朵间隙里露出的点点蓝天，在静穆之中隐匿着自由生趣（图5-54）。

阿尔罕布拉宫内的圆柱是将珍珠、大理石等磨成粉末，再混入泥土堆砌雕琢而成。

图5-53 阿尔罕布拉宫的马赛克色彩（摄影郭红雨，制图朱泳婷）

图5-54 阿尔罕布拉宫白色钟乳装饰的穹顶上的点缀色彩（摄影郭红雨，制图朱泳婷）

其中夹杂的蓝紫灰、赭红色和土黄色大理石斑块是灰白色石柱的星光点彩元素，在阳光的描绘下令大理石柱更加纤细轻快（图5-55）；木材是阿尔罕布拉宫里富有成熟韵味的色彩来源，尤其是雪松木雕的"泰库布莱"（Techumbre）木屋架，几何图形和植物纹样的图案精美繁密，金银箔片的镶嵌又为沉稳的深栗色木材带来低调的绚丽（图5-56）。

　　位于西班牙南部的格兰那达，有着一年长达300天的长日照天气。阿尔罕布拉宫的穆德哈艺术充分运用了格兰那达地区的充裕阳光，通过内院、回廊、窗洞和镂空装饰把金色阳光切割得细碎并相互交织；淡彩石膏墙面上精细如剪纸的浮雕镶饰加强了密集且细小的阴影刻画；披挂着垂花浮雕的券廊门柱因为浓密交织的阴影而秀丽神秘（图5-57）；抛光的釉面马赛克墙砖在光线的变化中折射闪动（图5-58），斑斓的色彩诉说着往日的耀眼繁华，带来万千感慨和惆怅回忆。特别是在夕阳西下时分，当金色的阳光与历经沧桑的穆德哈风格相遇，斜阳缠绕在柏树枝干上，跳跃在纤细的水线上，依依不舍地徘徊在券柱间，最后，在宫廷回廊里投下长长的橙红色光影，更增加了宫中庭院的神秘幽静，而且宁静中带忧郁，优美中有怅惘，如黄昏的星光般微明闪烁。正所谓，光影越深邃，色彩越迷离。

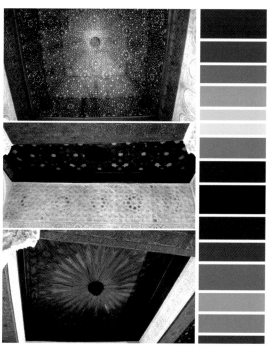

图5-55　阿尔罕布拉宫的大理石圆柱色彩（摄影郭红雨，制图朱泳婷）

图5-56　阿尔罕布拉宫的"泰库布莱"（Techumbre）木屋架色彩（摄影郭红雨，制图朱泳婷）

这样的色彩情调，正适合吉他名曲《阿尔罕布拉宫的回忆》中拨动心弦的、有颗粒感的忧伤震音来阐述。

异域气息浓厚的穆德哈风格，并非完全意义上的独立风格，它是附着在罗曼式、哥特式、文艺复兴或巴洛克等建筑风格之上的装饰元素。穆德哈艺术为西班牙这块文化马赛克装点了浓厚的东方色彩。所以说，西班牙的城市色彩风貌是混血的，是本土文化与异质文化共处了漫长的时光后形成的马赛克斑块式的色彩风景。

在西班牙建筑穆斯林化的同时，欧洲的建筑与艺术手法也在不断更新重塑着西班牙的城市形象。从欧洲传来的精细的哥特风深刻影响了教堂建筑的风格，例如模仿法国教堂风格的托莱多教堂（图5-59）（1226年建成）；当欧洲的哥特风和文艺复兴风格与花纹繁复的摩尔风格

图5-57　阿尔罕布拉宫券柱回廊的光影色彩（摄影郭红雨，制图朱泳婷）

图5-58　阿尔罕布拉宫马赛克墙砖色彩（摄影郭红雨，制图朱泳婷）

图5-59 西班牙托莱多教堂建筑色彩（摄影郭红雨，制图朱泳婷）

相遇后，又成就了墙面铺陈繁复精细、雕饰奇异华美的银匠式风格（Plateresque）。当时正值西班牙发现美洲新大陆的黄金财富期，正需要装饰浮华的建筑艺术表现，所以哥特式繁密的装饰与意大利文艺复兴的精致细节在此无缝对接，同时，还积极地掺入了摩尔式的元素，由此形成了银匠式风格的盛行，建筑师迭戈-德里亚诺（Diego de Riaño）设计的塞维利亚市政厅（1527年建成）即是典例。17世纪中期时，欧洲巴洛克式的活泼艳丽又装饰了西班牙华丽壮观的楚利盖拉风格。楚利盖拉式风格偏好使用繁复装饰和怪异雕饰，特别强调装饰效果，甚至有教堂建筑正面由整体红褐色的石墙雕琢而成，视觉效果颇为震撼。据说，楚利盖拉风格始于西班牙北部城市萨拉曼卡（Salamanca），城中具有强烈西班牙式巴洛克风格的建筑是由来自加泰罗尼亚地区的萧利盖拉一家承建，加泰罗尼亚语的姓转写成西班牙语后就变成了楚利盖拉。由此说明，楚利盖拉风格是一种带有强烈西班牙建筑特征的巴洛克风格。不过楚利盖拉风并不止于在西班牙的盛行，而是随着西班牙的航海之路，一直影响到中南美洲地区，例如墨西哥。

除此之外，西班牙城市色彩形象中较为突出的特征是个人主义的表现风格，这必须归功于西班牙人富于激情、敢于幻想、乐观感性的混血文化和民族个性。西班牙人作为高原民族，具有勇猛剽悍的斗牛士性格和荣誉忠勇的骑士精神。2000多年来不断更迭的统治文化，也培育了西班牙人无拘无束、敢于冒险、追求刺激的先锋主义精神；多民族的融和与风格迥异的自然环境特点造就了西班牙人大情大性、热情奔放的性格。这种异质拼贴并且交融混血的民族个性还培育了许多风格强烈、个性鲜明的艺术家和艺术形式，从立体主义的毕加索到超现实主义的达利和抽象派画家米罗，特别是加泰罗尼亚建筑师安东尼奥·高迪等艺术界的奇才。他们个性强烈的艺术风格和先锋特征对西班牙的城市建设艺术有着不容置疑的影响力和号召力，尤以安东尼奥·高迪的作品为盛，例如始建于1882年的圣家族教堂、自然主义风格的古艾尔公园、现代派风格的巴特罗之家等。

象征主义建筑圣家族教堂的结构与空间是用螺旋、锥形、双曲线和抛物线来描绘大自然的洞穴、花草动物以及各种难以名状的奇幻形态。两百多年来，这个大教堂一直在建造中。可能是为了保持教堂建筑的神圣氛围，圣家族教堂的色彩并没有特别的表现，四个高耸入云的空心塔由淡土红色石材构筑，色彩朴素得像生土雕筑的蚁丘，倒是星形塔尖的黄红色马赛克装饰，为它平添了一丝喜悦（图5-60）。

高迪的马赛克艺术在古艾尔公园中得到盛放。红色砖石构筑的公园观景台和几座公馆的屋顶，都用白色马赛克瓷砖塑成柔软起伏的形态，好像蛋糕上厚厚的糖霜一般甜美可爱。代表了植物的绿色、花卉的黄色、天空的蓝色、夕阳的红色等自然色彩的马赛克瓷片，镶嵌装点了建筑的屋顶、台阶、蛇形长凳。盘踞在主入口阶梯上的色彩斑斓的蜥蜴更是点睛之笔。经色彩缤纷的马赛克瓷砖精心装点的古艾尔公园，色彩风格活泼热烈、生趣盎然，富于魔幻情趣（图5-61）。

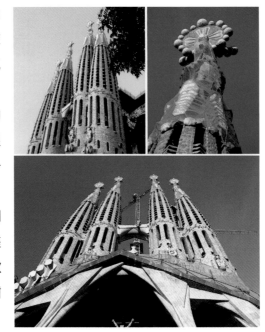

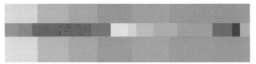

图5-60　西班牙巴塞罗那的圣家族教堂建筑色彩
（摄影郭红雨，制图朱泳婷）

而在高迪另一代表作巴特罗之家，屋顶像巨龙拱起的脊背，覆满蓝绿色鳞片状马赛克，波浪起伏的立面上镶嵌着彩色玻璃和蓝绿色、黄绿色、土黄色的马赛克瓷片，在阳光照耀下，彩色拼贴玻璃和马赛克饰面形成了超现实感的梦幻情调（图5-62）。高迪建筑作品中斑斓色彩的运用与其建筑造型一样，充满了惊世骇俗的想象力和个人幻想的张力，但是从马赛克的色彩应用手法中，还是可以感受到强烈的加泰罗尼亚个性与穆德哈艺术遗风。

西班牙曾经辉煌无比的绘画、雕刻等艺术，也在很大程度促成了建筑色彩的活跃表现，特别是地方传统建筑材料的色彩与质感的表现，使城市色彩更有典型的原创性、深厚的传统性和鲜明的地域性。例如土红色、土黄色与深灰色混搭的陶筒瓦屋面、砖作的红色外墙与拱券、手工抹灰墙（STUCCO）、砌入石块的文化石外墙、土红色的陶艺挂件、

图5-61　西班牙巴塞罗那古艾尔公园的马赛克色彩
（摄影郭红雨，制图朱泳婷）

图5-62　西班牙巴塞罗那巴特罗之家建筑色彩
（摄影郭红雨，制图朱泳婷）

黑色的铁艺装饰以及白色弧形墙等，这些典型的西班牙本土建筑色彩元素（图5-63），都以符号化的色彩形式吸收了卡斯蒂亚高原上的炽烈阳光，融入了西班牙热情似火的气质，表达了西班牙混血文化的艺术风格特征。

当过去的血腥战争和生死悲欢都已成为历史，留下的尽是东西方文化交融混血而成的奇异瑰丽。从古罗马风到伊斯兰式、再到地中海情调，跨地域和民族的色彩风尚在西班牙以一种混血的方式开花，并且结出奇葩。丰富的历史沉积、异域文化与本地文化的碰撞，使得不同思想文化混合、镶嵌如同马赛克般，激发了西班牙人对城市色彩多样性与复杂性的理解与想象，赋予阳光下的西班牙风情万种又奇丽浪漫的城市色彩取向。热情奔放的茄红色、纯净似云朵的雪白色、浓厚的橙黄色、幽静的蓝绿色等，构筑了城市色彩斑斓多姿的马赛克效果。

即使到了现代，西班牙建筑色彩依然继承了斑斓耀眼的传统。让·努维尔在西班牙巴塞罗那设计的阿格巴塔（Torre Agbar），采用双层的立面幕墙系统，60000个透明和半透明玻璃百叶下罩了一层涂装了40种不同颜色的彩色铝板，化解了柱形体量玻璃幕墙常有的膨胀感，关键是用马赛克式的红色、黄红色铝板再现了西班牙传统城市色彩的热情与斑斓（图5-64），为古老的马赛克色彩再次谱写了年轻又时尚的色彩乐章。

图5-63 西班牙本土建筑色彩（摄影郭红雨，制图朱泳婷） 图5-64 西班牙巴塞罗那阿格巴塔建筑色彩
（摄影郭红雨，制图朱泳婷）

5.2.2　远航天涯的故乡色彩

　　西班牙的色彩光芒，充分阐释了南欧文化中马赛克地区的丰富文化内涵，用斑斓多彩的色彩形象描述了不同宗教与不同民族之间的文化融合。而葡萄牙，作为西班牙在伊比利亚半岛上仅有的邻居，同样经历了罗马人、日耳曼人和摩尔人的轮番统治和宗教文化的改变与融汇，在发展历史上有着相似的经历，但是在城市色彩形象上却有着差异性的呈现，这主要是由于葡萄牙的大航海历史带来的色彩印记。

　　所以，在讨论葡萄牙的城市色彩时，更值得关注的是色彩随着她的航海路线所进行的输出与交流。中世纪后期，西方文明的中心开始从地中海转移到大西洋，由此开启了大航海时代。葡萄牙是欧洲大陆结束的地方，也是浩瀚的大西洋开始的地方，因此尽显其在航海探索方面的独特地位。当时的葡萄牙和西班牙分别从欧洲的南端出发，一个向左走，一个向右走，开始扩张海权，争夺新大陆和财富。西班牙向西，越过大西洋，遇见美洲新大陆；葡萄牙则向东，穿越非洲的好望角，一路追寻香料来到东亚，并于1553年在中国的澳门落脚，到了1887年12月1日，葡萄牙又与清朝政府签订《中葡友好通商条约》等文件，正式通过外交文书的手续租借了澳门。

　　虽然历史已经远去，澳门已在1999年回归中国，但是葡萄牙对澳门四百多年的占据史，已经通过种种色彩的印记在城市中得以显性地留存和表现，让我们可以从葡国色彩对澳门的浸染，看到异域文化最直接的嵌入。例如东望洋山顶，白色墙壁、红瓦屋顶和杏黄色装饰线脚的东望洋灯塔（图5-65）；粉绿、粉黄及粉蓝色外墙搭配白色装饰线脚的葡国人住宅（图5-66）；鲜黄色外墙配暗绿色门窗和白色装饰线的巴洛克式圣母玫瑰堂，以及淡黄色外墙配棕红色门窗的嘉谟圣母教堂等宗教建筑（图5-67）；

图5-65　中国澳门东望洋灯塔（摄影郭红雨，制图朱泳婷）

图5-66　中国澳门的葡国人住宅建筑色彩（摄影郭红雨，制图朱泳婷）

图5-67　中国澳门的宗教建筑色彩（摄影郭红雨，制图朱泳婷）

还有各种橘黄、粉黄、粉红色墙面饰以暗绿或深棕色门窗和白色装饰线脚的骑楼建筑等（图5-68）。澳门的葡式建筑和折中葡式建筑的色彩，大胆却不粗莽，鲜亮并不刺眼，总体呈现华丽清雅的暖粉色调，间或穿插清凉色感的粉调绿、黄绿和少许的蓝绿，而白色的装饰线脚总是点亮色彩的提神之笔。对于澳门建筑色彩为什么会呈现出特殊的亮丽粉调，也有来自材料上的阐述：澳门早期传统建筑外墙上的砂浆抹灰料，掺入了产自本地的蚝壳粉，色泽亮白，质感细腻，故而外墙色彩多清新淡雅的明亮粉调。

图5-68　中国澳门骑楼建筑色彩（摄影郭红雨，制图朱泳婷）

　　澳门的西式建筑色彩与大陆地区的建筑色彩风格迥异，有独特的色彩气质和韵味，而这一切都能在葡萄牙的城市色彩中找到源头，例如里斯本城中的巴洛克风格建筑色彩，也大多是粉红色、粉蓝色、粉紫色、淡黄色、橘黄色或是雪白的墙面色，辅以鲜艳的橘红色屋顶，点缀以白色窗框等装饰线脚，显现出艳丽轻快的色彩形象（图5-69）。

　　里斯本的城市色彩在南欧的城市色彩中也是相当艳丽鲜明的，与邻近的西班牙城市色彩相比也更加多彩和明丽。尤其是鲜艳的橘红色屋顶，与西班牙带有沧桑感的淡赭红色屋面有较大差异，墙身色彩也更加活泼艳丽。而且，葡萄牙建筑装饰的花纹图案，比西班牙建筑的装饰纹样少了一些摩尔样式，多了些乡土风情。究其原因，葡萄牙在12世纪时脱离西班牙，实现了统一。因为重新回归到罗马基督教的怀抱，建筑风格上有更多罗马风的影响，建筑色彩也具有相对独立的民族性，更多原生态的材料色彩形象。在15世纪时，葡萄牙是比西班牙更早崛起的海上强国。14世纪末，当西班牙还在进行光复战争，西欧还处于英法百年战争、英国玫瑰战争，德国还在玩着远交近攻的游戏时，葡萄牙已在若昂一世的领导下建立了统一的君主专制国家，成为开辟海洋新航路的先驱。广泛的海外交流为葡萄牙带来了各种建筑风格和元素，而且地理大发现的辉煌也需要华美活跃、装饰精致的建筑风格来表现，在当时辉煌财富的支持和表达需求下，华美的曼努埃尔式（Manueline）建筑风格诞生了。大航海带来的亚、非、欧和南美的各种装饰风格和元素，都可以在曼努埃尔式的建筑中找到，所以曼努埃尔风格又称为"大海风格"。这是葡萄牙特有的建筑风采，与西班牙的穆德哈风格、银匠式风格等艺术风格迥异，色彩以平实

图5-69　葡萄牙里斯本市的新古典主义风格建筑色彩（摄影郭红雨，制图朱泳婷）

的灰白或乳白色石材为主，华丽之处依靠精美又繁复的石刻雕饰来表现，以贝伦塔和杰罗尼莫斯修道院为典例（图5-70）。由此也说明，葡萄牙的建筑造型与色彩并非是从西班牙风格中衍生出来的从属流派，也不是孪生兄弟一样的并行发展关系。葡萄牙与西班牙的建筑艺术与色彩表现就像马赛克的色块组合，既有相似之处，又有独立光彩，再次诠释了伊比利亚半岛上建筑色彩形象的镶嵌感。

　　曼努埃尔式的盛行鼓励了葡萄牙建筑轻松欢愉的风尚，同时，17 世纪大航海带来的金钱财富，让葡萄牙的建筑外立面和装饰更加追求富丽与甜蜜，而巴洛克风格也在此时风靡葡萄牙，尤其是里斯本。此外，1755年，里斯本遭遇了欧洲历史上第一次有科学记录

图5-70　葡萄牙的曼努埃尔式建筑色彩（摄影郭红雨，制图朱泳婷）

的地震，也是迄今为止欧洲破坏力最强的一次地震，里斯本城市85%的建筑被毁坏，当时的葡萄牙首相庞巴尔侯爵作为里斯本重建的领导者，力图用新建的城市环境唤起民众信心，故将新建的建筑风格统一为巴洛克式。大面积浅亮暖色的巴洛克式建筑色彩（图5-68），明朗温暖、清新愉快，也表达了一种重振与复兴的积极信念。

当然，这样热烈又轻松的色彩运用，不会只是一两个决策者的色彩偏好使然，而是有着深厚的文化传统与广泛的民意基础的，尤其与葡萄牙人的民族性格密切相关。葡萄牙处于欧洲大陆的西南端，拥有840公里的海岸线。这样的地理位置与海洋优势，让葡萄牙人成为近代西方最初的海上探险家，培育了他们无畏的冒险精神和开放大胆、勇敢热情的性格。反映在色彩的运用上，则表现为：对各种色相的乐于接纳，对中高纯度色彩的勇于尝试。而且，葡萄牙阳光普照的亚热带地中海式气候，也鼓励了中高明度、中高纯度色彩的大量应用。

因为葡萄牙的海洋文化具有开放外向的特质，加之大航海时代建立的世界性帝国，其版图不仅包括在欧洲本土的领地，还广泛涉及亚洲、非洲和美洲等地的殖民地，致使葡国文化因为融汇了众多欧洲、非洲、美洲和亚洲的外来文化而丰富多元，其城市色彩也因此汇入大量的异域色彩元素和色彩工艺，最典型的例子就是马赛克瓷砖。14世纪由摩尔人带来的瓷砖，在葡萄牙的街道铺装、建筑立面和装饰上广泛应用。广场、道路上黑白两色花岗岩或石灰岩的马赛克石块铺装，有几何图案，也有波浪形以及其他与海洋有关的

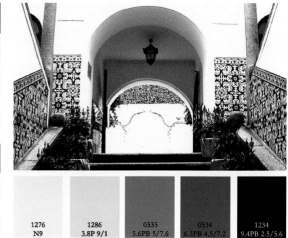

图5-71　中国澳门议事厅前地广场铺地（上图）与葡萄牙里斯本罗西尼广场铺地（下图）色彩对比（摄影郭红雨，制图朱泳婷）

图5-72　中国澳门建筑墙裙的蓝白色瓷砖（摄影郭红雨，制图朱泳婷）

　　图形，已经作为葡萄牙城市文化的一种色彩符号而存在，例如里斯本罗西欧（Rossio）广场上，黑白两色的石块拼出水波纹的图案（图5-71），用以表达城市与大海的紧密联系，阐述航海帝国的文化意向。这种碎石块敷设的广场与道路铺装，随着航海帝国的文化输出，也漂洋过海出现在葡萄牙殖民地的城市，从澳门、里约，到圣保罗等地都可见其踪迹。以澳门议事厅前地、板樟堂前地、岗顶、妈祖庙前地等广场和街道的地面铺装为实例样本来看，黑白两色水波纹的广场砖（图5-71），从色彩、砌块大小与拼装图案都与里斯本的广场地砖相似至极。除了黑白色马赛克石块，还有蓝白色的马赛克墙砖（图5-72），也以葡萄牙文化符号的形象，镶嵌在澳门的城市色彩中。

　　这些源自16世纪，由波斯传入葡萄牙的小石块，深深嵌入了葡萄牙的城市文化中，也随着葡萄牙人的远航来到澳门，再次嵌入了澳门的城市文化里。这样的马赛克拼砖，让我们可以想见，当年的葡萄牙人对自己的海上强国地位是多么自豪。可是，终于来到遥远的东方后，他们又是多么地想家。这满地的黑白马赛克和满墙的蓝白马赛克，简直就是为"低头思故乡"的诗配画，是葡萄牙人直把他乡当故乡的色彩画面表达。

　　从摩尔人的远征，到葡萄牙人的远航，南欧地区的文化里始终充满了异族与异域的矛盾，满载着离乡与思乡的痛苦。如果不是这样，西班牙弗拉明戈（Flamenco）的曲调为什么唱不尽悲愤和忧伤，葡萄牙法朵（Fado）明媚的歌声里怎么会满是落寞与伤感呢？

当然，文化的迁移与交汇不会只是带来痛苦，也必定混血新生，形成新的文化力量。南欧就是这样混合镶嵌的文化马赛克地带，而城市色彩就在其中起着记录文化历程的功能，也有着承载文化输出的价值。就像马赛克色彩从北非来到欧洲，又远渡重洋踏上了澳门一样，一路上用色彩承载了文化、也传播了文化。这样也可以理解阿拉伯人带着色彩走天涯、入欧洲的家乡情怀了。不过，现代人的远行，不只是空间上的路途，还有着时间距离。在世界多变的现时期，每个人的家乡都在沦陷，"故乡"成了一个回不去的地方。在故乡失落的今天，珍藏故乡文化的色彩去远行，携着家乡的色彩去他乡才不会孤单吧。

5.3 礼制东方的儒化色彩——齐鲁文化核区的城市色彩

对于塑造地域特征强烈的城市色彩形象来说，把握本土色彩的基因，了解地方色彩的脉络是必要的前提，只有了解过去才能设计未来，重视城市色彩的历史才能创造未来城市色彩的更大价值，才能更充分地规划城市色彩的理想蓝图。中国上下五千年的历史和广阔的地理版图，不仅有着丰富多样的自然环境，社会经济环境亦不尽相同，不同地域之间的文化差异非常显著，在漫长的历史发展过程中，形成了多元的地方文化精神以及相应的文化分区。

就中国的人文环境而言，文化分区不能简单对应行政区划或自然地域分区。文化区不仅是一个单纯的空间概念，还包含着自然地貌与气候环境的影响、民族集团的分布及其文化特征的差异、经济社会历史发展的背景、历史演变过程等内容，是一个随时间的演替、历史的发展而不断变化的综合地域范畴。

认识中国的文化分区，首先需要细分各种文化类型。本文在此采用典型的人文地理分区理念，尤其是根据王会昌先生等在《中国文化地理》中的研究来划分：在东部农业文化区和西部游牧文化区两大一级文化区下，划分多类文化亚区和文化副区，主要包括以燕山南北及长城地带为重心的北方文化副区、以山东为中心的东方文化副区、以关中（陕西）晋南豫西为中心的中原文化副区、关东文化副区、内蒙古文化副区、新疆北疆文化副区、新疆南疆文化副区、吴越文化副区、淮河流域文化副区、荆湘文化副区、巴蜀文化副区、闽台文化副区、珠江三角洲为中心的南方文化副区等文化分区。

多元的文化分区包含了多样的地方文化性格和地区精神，并在城市色彩特点与偏好上有着鲜明生动的反映，从而塑造了带有典型文化地理特征的城市色彩文化以及色彩审美特征。

5.3.1　礼制儒化的齐鲁文化

中国北方东方文化副区下的齐鲁文化区，以黄河下游的山东为中心，东临海洋，西靠大陆。因占据黄河下游地区的沃野，又濒临黄河入海口，自古就是农业历史悠久、经济文化繁荣之地，培育了铸就中国传统文化根基的齐鲁文化。齐鲁文化的源头最早可以追溯到新石器时代，东夷创造的北辛、大汶口和山东龙山等文化系列。齐鲁文化孕育于西周初年齐、鲁建国之始，生成于春秋，繁荣发展于战国，至汉代得以吸收兼容。

在春秋战国时期，无论是齐国的经济还是鲁国的农桑和文化，在当时都无出其右者。在这一时期，齐鲁之地是公认的文化中心，诞生了孔子、孟子、墨子、孙膑、吴起、管仲、晏子、齐桓公、齐威王以及匠师鼻祖鲁班等大批文化巨人及思想理念，建立形成了传统的宗法等级专制统治秩序和思想意识形态，构筑了齐鲁文化在整个中华传统文化中至高的话语权。

从先秦时期直到秦汉一统，齐鲁文化在整个中华民族悠久的历史文化中始终起着核心和主干作用。进入秦汉大一统之后，齐鲁仍长期保持礼仪之乡、文化之邦的特殊地位。汉武帝独尊儒术以后，齐鲁文化实际获得了政治和文化上的支配地位，成为一种政治大一统背景下的官方文化，最终成为中国传统文化的主流，对中国历史的发展产生了深远的影响。从这个意义上讲，齐鲁文化虽然不能等同于中国传统文化的全部内容，但中国传统文化的主要源头和思想精华是确定出自于齐鲁文化的，并成为此后两千多年来中国传统文化的主体。可以说，齐鲁文化的基本精神奠定了中国社会儒化精神的基础。所以，齐鲁文化一直具有中华传统政治文化的象征意义，基本代表了华夏文化传统的正宗脉络，在中国传统文化中居于"长子"的重要地位。

尤其从齐鲁文化与江南文化的区域特质差异比较中，可以更清晰地领略其内涵特征：相对江南文化的思想自由和灵活知变，儒化的齐鲁文化更注重品格德行，故谨守迟动；江南文化较欣赏道家自我自在的精神追求，齐鲁文化更具儒家思想的教化意义。所以，与江南诗意文化代表文人的寄情山水、放飞自我的自由精神不同，齐鲁文化所代表的儒、墨、管、兵等学派，都主张积极入世和经世致用的救世精神，有崇德尚仁的道德追求和士志于道的古典人文精神[1]，讲合群、讲和谐、讲统一的群体精神突出，是中国传统文化崇尚集体主义的思想源头。齐鲁之地虽然不在皇权中心，但是齐鲁文化的根本特征是"礼乐文化"，有积极维护礼

---

❶ 魏建，贾振勇. 齐鲁文化特质及其演变复杂性的再认识 [J]. 齐鲁学刊，2000（3）：102-107.

制秩序的态度，并有着非官方的正统性，由此铸就了封建社会礼制的思想基础。

齐鲁文化与江南文化最大的差异就在于，江南文化表现出批判和超越封建礼制的精神自由，而齐鲁文化极力用尊亲崇德的方式捍卫礼教制度，所以，江南是写意的天堂，齐鲁是儒化的现实。

5.3.2　仁智各显的齐鲁色彩

不过，齐鲁文化并不是一种单一的文化。就像齐鲁的古称为海岱，意为泰山和大海的组合一样，齐鲁文化也是鲁文化和齐文化的融合。春秋时期的鲁国，产生了以孔子为代表的儒家思想学说，蕴育了依内陆山岳发展农业的鲁文化，而东临海滨的齐国却吸收了当地土著文化东夷文化并加以发展，促生了沿海岸河口地区发展工商业的齐文化。在西周和春秋长达六七百年的时间里，齐文化和鲁文化沿着各自独特的道路发展前行。

鲁文化是颇具代表性的大陆文化，其文化构成以周文化为主，以东夷文化为辅，核心内涵为讲求礼乐仁义，注重人伦纲常，讲究义理尊卑和宗法秩序，尤以"尊尊亲亲"❶的方针维护世卿世禄的制度。而且，鲁地以农耕为主的生产活动，又加剧了鲁文化封闭和保守的大陆农业文化特征，所以鲁文化是尊传统、尚伦理的道德型、仁者型的传统文化❷。

而齐文化是典型的沿海文化，其文化内核以东夷文化为主，以周文化为辅，文化特征颇为积极进取，主张成就霸业，而且农、工、商并举的齐国社会经济更加激发其文化的开放性，因而相较鲁文化，齐文化稍显宽松自由，具有一定的变通革新与兼容的特点，是开放务实且尚功利的智者型传统文化。总体而言，齐鲁文化是中国传统礼制思想体系的源头，尤其是其中的鲁文化，最本质的特征是对礼制规矩的遵从和维护。

以典型鲁文化地区的城市济南市为例，可以清楚解析礼制文化的色彩形象表现。深受

---

❶ 亲亲尊尊是西周立法和司法的根本原则和指导思想，其意思是要亲近应该亲近的人，尊重应该尊重的人，"亲亲"要求"父慈、子孝、兄友、弟恭"，互相爱护团结，"尊尊"不仅要求在家庭内部执行，贵族之间、贵族与平民之间、君臣之间都要讲尊卑关系，讲秩序和等级，即是维护等级制。司法诉讼制度必须遵循宗法制的原则，诉讼首先考虑是否违反父子之亲，君臣之义。在认为符合宗法制度之后，再来考虑罪行大小、损害轻重，决定刑罚裁量。《礼记·王制》说："凡听五刑之讼，必原父子之亲，立君臣之义以权之。"

❷ 周立升，蔡德贵. 齐鲁文化考辨［J］. 山东大学学报（哲学社会科学版）. 1997（1）：1-13.

鲁文化熏染又地处于山东内陆的济南，儒家思想文化土壤深厚，农耕文化特点鲜明，城市文化具有稳定持重、遵规守矩、质朴务实、讲求礼数的特点，人文性格富于中庸厚德、重礼守矩、质朴保守的品质。这样的文化性格必然映射在城市色彩的形象特征上，这其中既有民间工艺和建筑器物等物质实体的色彩表达，也有色彩使用偏好的体现。

为此，在我主持的济南市三个重点片区的城市色彩规划项目❶中，我们剖析济南的社会发展历史和人文环境背景，调研人文环境色彩，从39种日常生活场景中提取92种色彩；从31种民间活动中提取110种色彩；从10种节庆活动中提取47种色彩，共计调研了80种人文活动，提取人文色彩共计249种。特别对鲁文化外在符号的长清木鱼石、黑陶等非物质文化遗产、民间工艺色彩、节庆活动装饰色进行了色彩特征解析。由色彩分析可见，济南的人文环境色彩中，民间工艺品和节庆活动多用代表乡土热情、吉庆传统的色彩，主要集中在中至中低纯度中明度的R、中明度的YR等色彩；代表龙山文化历史感的黑陶漆墨色也是重要的民俗色彩。简言之，济南最具代表性的人文环境色彩即是厚浊的黑色、深沉的红调与暖褐的黄调，这些色彩既有乡土民俗的色彩倾向，如中纯度与中高明度的黄红与黄色，更有权利地位的象征，如浓厚的黑色和庄重的红色等。此外，济南的人文环境色彩还表现出喜好相近色彩的搭配，较少强对比色彩关系的用色偏好等。这些厚重深沉的色调，温和内敛的色彩，相近的用色范围，不见锋芒的色彩个性等，都形象地体现出鲁文化中庸守矩、质朴内敛的文化个性（图5-73）。

这些人文环境的色彩特征与使用偏好，又与济南的城市文化特点一起影响塑造了城市人工环境，尤其是建筑环境的色彩。我们通过分析济南典型建筑特征，调研人工环境色彩谱系，对济南市建筑环境色彩进行剖析，其中对济南市区的1883栋建筑以及部分道路桥梁、街道家具等人工环境进行调研测色，共计分析的色彩样本多达9890个。为了探寻鲁文化对城市建筑色彩的长久影响与塑造，特别对传统建筑色彩做了大量的测色调研分析。

---

❶ 济南市三个重点片区的城市色彩规划项目包括：《济南市奥体中心片区色彩规划》，济南市规划局委托项目，获得第七届色彩中国大奖。项目负责人：郭红雨；主要研究人员：郭红雨、雷轩、谭嘉瑜、金琪、张帆、朱咏婷、何豫、陈虹、龙子杰、陈中、许宏福等。

《济南市西客站片区色彩规划》，济南市规划局委托项目。项目负责人：郭红雨；主要研究人员：郭红雨、谭嘉瑜、金琪、张帆、雷轩、陈虹、何豫、麦永坚、肖韵霖、郑荃、邓祥杰、洪居聘等。

《济南市北湖片区色彩规划》，济南市规划局委托项目。项目负责人：郭红雨；主要研究人员：郭红雨、谭嘉瑜、金琪、张帆、雷轩、陈虹、何豫、麦永坚、肖韵霖、郑荃、邓祥杰、洪居聘等。

济南民居是典型的北方系四合院布局型制，如济南的芙蓉街民居和沿街的两层青砖店铺等建筑，大多是青砖墙、小青瓦或灰瓦带花脊的色彩形象，搭配红漆勾边的黑漆大门和白色线条描绘的线角，再加暗红色的门窗框点缀，形成灰色调与黑色、棕色和暗红色的色彩组合，整体色彩形象朴素庄重、平和厚重。分析其传统建筑的色彩来源可以发现：喜好厚重暖色的色彩偏好，很好地在朱漆棕柱上显现出来；黑陶的历史感写在了入户大门的黑漆涂装上；严正内敛的色调偏好在中明度、低彩度Y色调暖灰砖墙和低彩度、中低明度PB色调的小青瓦屋顶上演化；灰砖、棕柱、小青瓦或黛瓦的色彩关系清晰传达了厚道质朴、硬朗实在的文化性格（图5-74）。

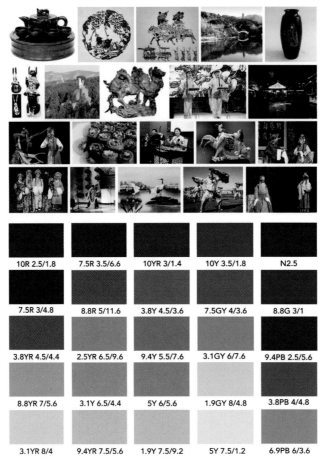

图5-73　济南市人文环境色彩代表色（引自《济南市西客站片区城市色彩规划》）

如同齐鲁文化，尤其鲁文化，是中国传统礼制文化的根基一样，几乎所有的中国北方正统的传统建筑色彩都可以在济南的传统中式建筑色彩中找到源头。庶民的灰色砖墙、官家的黑色屋瓦和黑漆大门、象征权力与尊贵地位的红色柱廊与楹联、反映中国东部农耕文化特点的棕褐色木构等，这些济南传统建筑色彩的主要构成，表达了一种讲规矩尊礼教，同时也是集体主义的色彩伦理，与鲁文化的人文环境色彩特征一脉相承。

济南传统建筑色彩还表现出用色范围较狭窄，主辅色多用相邻色与相近色（图5-75），易产生建筑色彩形象面孔模糊的问题。其实，建筑色彩的明度、纯度或色相之所以靠近，是因为使用者原本就不想拉开差距。这样相互接近的颜色，谨慎又保守，就是为了成就群体和

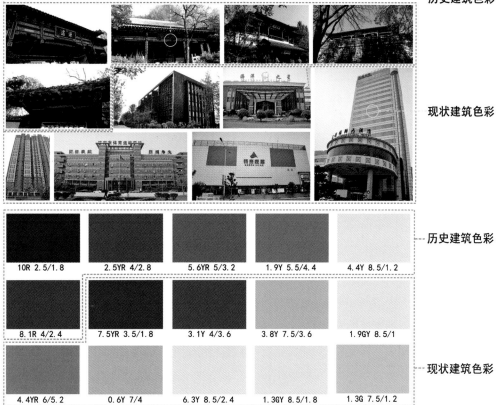

历史建筑色彩

现状建筑色彩

历史建筑色彩

| 10R 2.5/1.8 | 2.5YR 4/2.8 | 5.6YR 5/3.2 | 1.9Y 5.5/4.4 | 4.4Y 8.5/1.2 |

| 8.1R 4/2.4 | 7.5YR 3.5/1.8 | 3.1Y 4/3.6 | 3.8Y 7.5/3.6 | 1.9GY 8.5/1 |

现状建筑色彩

| 4.4YR 6/5.2 | 0.6Y 7/4 | 6.3Y 8.5/2.4 | 1.3GY 8.5/1.8 | 1.3G 7.5/1.2 |

图5-74　济南市建筑色彩代表色（引自《济南市北湖片区城市色彩规划》）

图5-75　济南市现代住区建筑常见的相邻色彩组合（改绘自《济南市北湖片区城市色彩规划》，制图郭红雨）

谐的建筑色彩面貌，用以表达中庸保守的鲁文化性格。在这样儒化的精神语境中，相近相似的建筑色彩，用一套不言自明且深入精髓的秩序规范，深刻演绎了"尊尊亲亲"的礼制思想。

因为传统建筑色彩的群体相似性较强，也抑制了色彩个性的发展，城市色彩因此少了提神亮眼的地方，倒也可以避免强烈的色彩冲突与混乱。这主要是城市文化中持重中庸的个性使然。"中庸"这个词，在中国其他地方多含贬义，但是在济南，被深刻地理解为遵规守矩的稳重品质，语义内涵相当正面。在济南城市色彩规划的各种研讨会议上，时常可以听到当地文人雅士对济南中庸文化性格的褒奖，并呼吁在城市色彩中予以重视和体现。著名学者徐北文先生更将中庸上升到济南典型风貌的价值予以颂扬："济南虽以其湖山秀丽，古迹众多，名贤辈出闻名，却从未享有全国京师的殊荣，历来仅有作为县、州、府、省的份儿，现在也只是全国的一座中等城市。然而在众多的省会城市中，它既是文化古城，又是近代史上自动开辟商埠招商引资的最早的一个。它既有'家家泉水、户户垂杨'的风柔日丽之美，又处于巍巍泰山滔滔黄河之间。它位于内陆，又离海洋不远；地处华山，却又潇洒似江南。它的特色是在西陆东海之间，古文化与今文明之间，城市不大也不小，一切都那么中不溜儿的具有'中庸之道'的状态，正因为如此，它才有其典型的意义"❶。在此，中庸即是不疾不徐的适度，是不左不右的适中，最适合用色相相邻、色度相近的颜色表示，这应该就是济南传统建筑色彩保守和谐、稳定持重的文化寓意。济南传统建筑色彩虽无个性锐利的色彩之光，但是有中规中矩的色彩基调，的确体现了儒化遵礼的仁者型鲁文化对城市色彩的深刻塑造。

重礼守矩的济南传统建筑色彩，也是非常讲究尊卑礼数、主次有序的。从春秋始就在礼制观念熏陶下的济南，而后历经明、清与民国直至今日，都是地方的政治中心，必然加深了济南人尊礼敬制的思想观念。这样的文化价值观，在建筑色彩上表现为以靠近社会主流色彩形象为荣，向权利之色红色接近的色彩偏好，但是又会用压低艳度以降低身段的方式，表现绝不逾制的克制态度，例如暗红的窗框和棕红的木构涂装的色彩表现等。如此这般的传统建筑色彩明艳适中，既不出众，也不杂乱，倒也稳定和谐，久而久之就形成了济南城市平和持重的色彩气质。

但是，当城市的现代化带来建筑功能的扩展和形态的改变之后，原来平铺在大地上的低层建筑逐渐被高层、超高层和庞大体量的综合建筑体所替代，建筑材料也从传统的砖石

---

❶ 张继平编. 泉城忆旧 [M]. 济南：济南出版社，1998：序.

青瓦，变为钢筋混凝土和玻璃，济南的城市建筑色彩就走到了十字路口。一种色彩走向是，现代建筑色彩依然延续着暖色调的色相偏好和相邻色组合的色彩搭配方式，特别是中明度、中低彩度的YR、Y色调为主的相邻色组合（图5-75）。这种色彩使用偏好在现代的济南城市，甚至是新城区也有不少，尤以住宅建筑和高层写字楼中常见。但是这种厚重质朴的传统建筑色彩运用在大体量的现代建筑上就显得颇为沉闷单调，如果是成片的高层住宅群就更易形成严肃压抑的色彩环境。

另一种发展趋向是，弃济南的传统色彩于不顾，直接运用其他地区或城市的色彩形象，或者由时下流行的建筑材料来决定建筑色彩。显然，这样没有文化根基的建筑色彩是难有未来延续的。

因此，我们在济南市奥体中心城市色彩规划❶项目中，以人文环境色彩和自然环境因素的综合调研为基础，特别分析济南文化特征对城市色彩的影响，综合奥体中心片区的功能定位、建筑现状与发展愿景，为该片区研究提取专属的推荐色谱。在推荐色谱的提取中，特别针对济南传统人文环境色彩和传统建筑色彩的特征，衍生推演出了延续济南人文

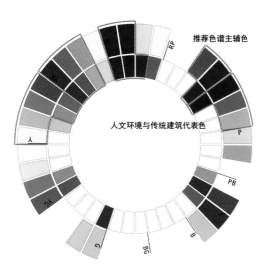

图5-76 济南市人文环境色彩与传统建筑色彩的衍生（引自《济南市北湖片区城市色彩规划》）

环境色彩脉络，又具传统建筑色彩基因的现代建筑色彩色谱（图5-76），由此确定济南城市色彩的发展方向和特质。

其中，济南市奥体中心片区城市色彩推荐色谱主要由温暖厚重的低彩度红褐色系、阳光感丰富的黄与黄红色系、在沉着色调环境中易于引人瞩目的低彩度青绿灰色系、浓淡晕染的墨彩系构成，即明亮阳光色、温暖棕土系、典雅青绿灰、浓淡黛色系四大色系（图5-77）。其中，用延续济南传统建筑色彩倾向的"棕土暖阳"的基调色谱，表达鲁文化朴实内敛、尊礼持重的内涵，同时，为了

---

❶《济南市奥体中心片区色彩规划》，济南市规划局委托项目，获得第七届色彩中国大奖，项目负责人：郭红雨，主要研究人员：郭红雨、雷轩、谭嘉瑜、金琪、张帆、朱咏婷、何豫、陈虹、龙子杰、陈中、许宏福等。

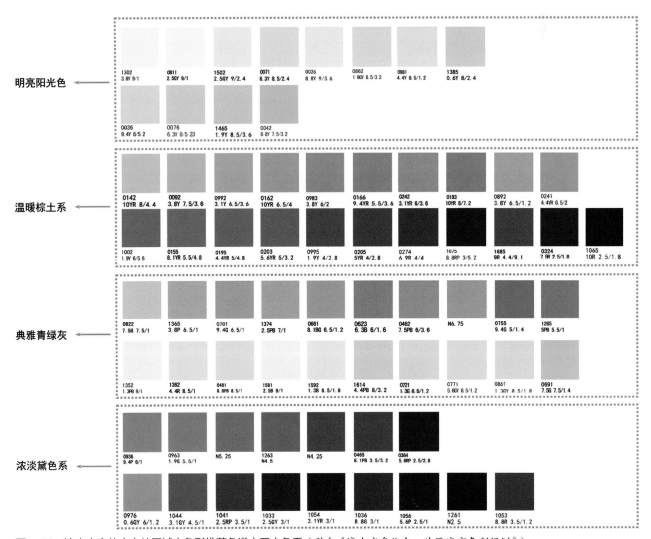

明亮阳光色

1302 3.8Y 9/1	0811 2.5GY 9/1	1502 2.5GY 9/2.4	0071 6.3Y 8.5/2.4	0026 8.8Y 9/3.6	0862 1.9GY 8.5/3.2	0981 4.4Y 8.5/1.2	1385 0.6Y 8/2.4

0036 9.4Y 8/5.2	0076 6.3Y 8.5.23	1465 1.9Y 8.5/3.6	0042 8.8Y 7.5/3.2

温暖棕土系

0142 10YR 8/4.4	0092 3.8Y 7.5/3.6	0992 3.1Y 6.5/3.6	0162 10YR 6.5/4	0983 3.8Y 6/2	0166 9.4YR 5.5/3.6	0242 3.1RY 6/3.6	0193 10YR 8/7.2	0892 3.8Y 6.5/1.2	0241 4.4R 6.5/2

1002 1.9Y 6/5.6	0155 8.1YR 5.5/4.8	0195 4.4YR 5/4.8	0203 5.6YR 5/3.2	0995 1.9Y 4/2.8	0205 5YR 4/2.8	0274 6.9R 4/4	10/5 8.8RP 3/5.2	1685 9R 4.4/9.1	0324 7.5R 2.5/1.8	1065 10R 2.5/1.8

典雅青绿灰

0622 7.5B 7.5/1	1365 3.8P 6.5/1	0701 9.4G 6.5/1	1374 2.5PB 7/1	0661 8.1BG 6.5/1.2	0623 6.3B 6/1.6	0462 7.5PB 6/3.6	N6.75	0755 9.4G 5/1.4	1265 5PB 5.5/1

1352 1.3PB 9/1	1362 4.4R 8.5/1	0481 8.8PB 8.5/1	1581 2.5B 9/1	1592 1.3B 8.5/1.8	1614 4.4PB 8/3.2	0721 1.3G 8.5/1.2	0771 5.6GY 8.5/1.2	0861 1.3GY 8.5/1.4	0691 7.5G 7.5/1.4

浓淡黛色系

0936 9.4P 6/1	0963 1.9G 5.5/1	N5.25	1263 N4.5	N4.25	0465 8.1PB 3.5/3.2	0364 5.6RP 2.5/2.8

0976 0.6Y 6/1.2	1044 3.1GY 4.5/1	1041 2.5RP 3/1	1033 2.5GY 3/1	1054 3.1YR 3/1	1036 5.6P 2.5/1	1056 5.6P 2.5/1	1261 N2.5	1053 8.8R 3.5/1.2

图5-77　济南市奥体中心片区城市色彩推荐色谱之四大色系（引自《济南市奥体中心片区城市色彩规划》）

适应奥体中心片区大量高层和大体量建筑的形态特征与材料要求，提供了"水色云天"的辅调色谱，在坚实暖褐的基调上，渲染理性、清朗的色彩，特别强调在高层建筑集中片区，用清雅通透的青绿灰色调化解大体量建筑的压迫感，并且随着建筑体量增大和高度增加，逐渐提高色彩明度，逐渐降低色彩艳度。

　　与鲁文化共同构筑礼制齐鲁的齐文化，对城市色彩的影响塑造又另有侧重。故此，齐文化影响下的青岛，则是另一种色彩的面孔。具有欧洲城市色彩风情的青岛，是以青山绿

图5-78 青岛市天主教堂建筑色彩（摄影郭红雨，制图朱泳婷）

图5-79 青岛市八大关花园洋房建筑色彩（摄影郭红雨，制图朱泳婷）

树、红瓦黄墙、碧海蓝天作为标志性城市色彩特征的。1897年前后，德国在侵占青岛后的17年时间里，将青岛作为永久殖民地投资建设并整体规划。在此期间，拆除大部分滨海渔村建筑，新建大量德式建筑，在城市中留下了众多殖民风格的欧式建筑，例如由德国设计师毕娄哈设计的，融汇了哥特式与罗马风的青岛天主教堂（图5-78）。尤其从20世纪初期开始，在欧洲复古主义建筑思潮的影响下，早期民居建筑的青砖灰瓦逐渐被红砖红瓦取代，建筑的外墙也多用明快的黄色饰面，并用剁斩花岗岩做墙基装饰。由此，青岛的建筑风格渐趋一致，并随着岁月的沉淀成就了中国本土上少有的红瓦黄墙的城市色彩环境，典型代表建筑如德式的青岛火车站，集中了俄式、英式、法式、德式等二十几个国家建筑风格的八大关花园洋房（图5-79），以及西方洋楼与中国四合院形式结合的里院式住宅建筑等。

同一时期，山东的烟台、济南等城市也同样经历了开阜通商和西方建筑文化的大规模入侵，都有过欧式建筑色彩的植入，然而建筑色彩的风貌则是不同的景象。例如济南，传统中式建筑的灰砖、灰瓦、棕柱、黑门的色彩形象深刻强烈，是深受民众认同的济南城市色彩基本特征，而青岛红瓦黄墙的德式建筑色彩盛行，异域色彩风貌鲜明。

虽然济南与青岛两地，被异族侵入的程度有差别，时间有不同，但是青岛有更多德式色彩的植入，表现出对外来文化开放性的接受态度。其实在德国入侵之后，青岛还有被日本侵占的两个时间阶段（1914—1922年，以及1938—1945年期间），但是和式风格以及和洋式风格建筑并未在青岛大规模流行，现存建筑也极少，对青岛城市色彩的欧洲风格几乎没有造成影响。甚至在日本第二次的占领时期（1938—1945年），青岛的建筑色彩依然延续了红瓦黄墙的德式色彩风格。所以，在齐文化滋养下的青岛，对于异域的建筑色彩不只是被动的接受，更有主动的汲取与选择。齐文化积极兼容、开放务实、灵活变通的智者型文化对城市色彩的影响可见一斑。

即使是到了20世纪30年代的民国时期，在中国传统建筑复兴的浪潮席卷下，青岛的中国固有样式建筑色彩也是比较绚丽活泼的。例如青岛市大礼堂（1934—1935年）、青岛水族馆（1931—1932年）、栈桥回澜阁（1932—1933年）（图5-80）等，多用绿琉璃、黄琉璃或黄红色琉璃瓦，红色粗花岗岩与红色礁石装饰外墙，并点缀以大红色柱廊与门窗木构，整体色彩艳丽明快、喜庆热烈，体现出中西合璧的特点。

时至今日，青岛的城市色彩面貌（图5-81），依然用鲜明的红瓦黄墙和中强度的色彩对比关系，极好地诠释了齐文化影响下的自由灵活、外向开放的色彩风尚。

以此为例可以说明，仅在山东省内，在齐鲁文化区之下，不同地方的文化发展也有着各自的特点，城市的色彩形象也因此呈现出不同的面貌，再次印证了文化是色彩的内涵，色彩是文化的表征。因为文化的方向决定色彩的趋向，所以文化的色彩，是最鲜明的地方语言。

图5-80 青岛市回澜阁建筑色彩（摄影张帆，制图朱泳婷）

图5-81 青岛城市色彩形象（摄影郭红雨，制图朱泳婷）

5.4 诗画江南的写意色彩——吴越文化核区的城市色彩

5.4.1 诗情画意的写意江南

中国辽阔的疆域和悠久的历史交融蕴育了多元丰富的地域文化分区。其中，位于中国东南部水网湖泽处的江南文化区是中国文人特征和诗画气质最鲜明的文化区。

江南从南朝以来便是有名的"江南佳丽地，金陵帝王州"，自唐宋起就以发达的经济、傲世的文采、雅致的生活，成为中国文人的诗意栖居地。在政权上偏安的江南，始终是中华文化的核心。江南是天堂，也是中国文化的故乡，她的繁华富庶、亭台楼阁、诗词歌赋、琴棋书画等等社会文化成果，综合成就了中国传统文化的诗情与画意，享有上有天堂，下有苏杭的美誉，只有了解了江南的风情，才能理解中国的风韵。

在中国，江南既是一个自然地理区域，也是一个社会经济区域，更是一个文化区域，而且不同的江南划分标准，所覆盖的江南范围也有差异：通常以江南丘陵为标准划分的自然地理上的江南，主要是指长江中下游以南地区，包括安徽的芜湖、马鞍山、徽州等皖南地区，湖南、江西沪昆线北部南昌、九江、上饶、景德镇、岳阳、长沙、益阳、常德等地，以及湖北长江南部地区；以典型江南气候梅雨天作为划分标准的气象学中的江南范围，以初夏梅雨天气的覆盖为界，淮河以南，南岭以北，湖北宜昌以东直至大海，都是江南；从社会经济角度看江南，自东晋中原士族衣冠南渡定都金陵起，江南地区便取代中原地区成为中国经济文化最发达的核心地带，在明代就已形成了经济最为繁荣的长江三角洲经济区，范围包括太湖周边的苏州、松江、常州、嘉兴、湖州诸府地区，也就是江南经济区，到了北宋中期，江南已经处于全国经济最重要的核心地位，明清时期的江南已成为经济最为发达的地区，而如今的长江三角洲依然是中国经济最发达的地区之一。正是发达的社会经济赋予了江南繁华而不张扬、温柔细腻的文化气质，所以社会经济的划分标准也同样不可忽视。

从江南范围的多种划分指针可以看出，江南的概念是复合多义的。江南一词其实与江北、中原、塞北等一样，并非精准的范围边界，而更多的是一种方位概念，尤其是一种文化特征的方位指向。在所有的江南分类中，最为世人所认可，也最多关注的还是文化的江南。江南的文化意义在于其超越尘俗的审美品位，诗情画意的人文精神，代表着诗意栖居的精神理想与空间意象，江南也是中国文化的故乡。文化的江南，其地域相当于江东地区，包括江苏南部（及扬州）、上海地区、浙江北部、安徽南部、江西东北部地区，以吴越两地为主，包括江南丘陵大部分地区，也有江南梅雨气候的部分地区，对这个实际边界模糊，但文化意涵明确的地区，我在此称之为泛江南地区。

在泛江南地区中蕴育形成的江南文化，深具诗画意境的审美文化和艺术品位，尤以反叛儒家礼制的诗意精神为最本质的特质，可谓是中国文人追求自由精神的文化情怀所在。而成就江南诗情画意的最核心方式是写意！所谓写意，是借鉴中国画不求工细形似，只求以精练之笔勾勒景物的神态，抒发作者情怀的一种画法。用这样形简意丰的表现手法抒写心意，是中国文人借用抽象描绘手段表达对象物神韵的一种超脱又抒情的技巧。

在江南文化意涵抒发方面，最重要的写意表达就是城市色彩的表现。凝练抽象的"黑、白、灰"色调和雅致静逸的色彩氛围，不同凡响地表达了超凡脱俗的江南文化神韵。"黑、白、灰"的建筑色调，用一种无色彩胜过多色彩的写意手法，体现了江南文人充满了哲学气息的文化思考。随着江南文化的影响覆盖，几乎浸染了泛江南的全部范畴，从苏到浙，从徽南到赣东北，都常见黑白灰色调的传统建筑，成为了泛江南地区区域性的城市色彩标识。

"黑、白、灰"色调是江南文化提炼融合之后的产物，是江南文化意境的写意表达。在泛江南区域文化的大背景下，传统城市色彩往往被笼统的概括为黑白灰的江南水乡色调。其实，即使是黑白灰色调，也会因为江南各地的具体地区文化特征而有所差异：在空间范畴中，会存在着江南文化区之下各地文化特质的独特与精彩，例如吴文化、越文化与徽文化等地域文化分支的表现；在时间轴上，江南各地也会有不同历史时期的辉煌时刻，例如"宋版"的杭州、"明式"的苏州等朝代特色。

江南文化区中的主体当属吴越文化核心区。吴越，自春秋时代始，就是位于此地的两大强国——吴国和越国。吴越文化深受晋室衣冠南渡带来的"士族精神、书生气质"影响，是江南文化中精致典雅的审美取向的代表。自南宋以来，吴越文化愈发向精致华丽的方向生长。吴越文化具有江南文化内核的同一性，两者同属越族，同源同出，几乎"同俗并土、同气共俗、同音共律"❶，但是又和而不同，有着吴文化和越文化的精细差异。

---

❶《越绝书》记载说："吴越为邻，同俗并土"、"吴越二邦，同气共俗"。《吴越春秋·夫差内传》云："吴与越，同音共律，上合星宿，下共一理。"

吴文化主要覆盖浙西六府，主要包括苏锡常松嘉湖地区，越文化则主要处于绍兴为中心的浙东和浙中地区。由于历史发展原因，吴文化接受中原地区的先进生产技术与士大夫精神较多，更多委婉雅致的文化趣味；越文化则更富于本土文化，保留了较多百越文化的质朴特色。吴文化受益于江南鱼米之乡的平安富足，且自吴王夫差北上争霸失败以后，历代执政者多有一种"偏安"的情结，以割据江东为满足，多秉持求稳怕乱的守成心态，故而在文化意趣上讲求温雅、精巧和柔美的风格；而临海滨江的越地，因自然地形的险峻，造就了越人相对悍勇、进取的性格，越文化也就更多通俗、朴野和阳刚的特征。

以下，以我主持的苏州市、无锡市和绍兴市与绍兴县的城市色彩规划设计项目为例，分别解析文人的苏州、工商的无锡和家国的绍兴的城市色彩特征与差异，由此解读吴越地区的文化异同及其对城市色彩个性的塑造。

5.4.2　尚白的文人苏州

"君到姑苏见，人家尽枕河。古宫闲地少，水巷小桥多（杜荀鹤《送人游吴》)"。在人间天堂的苏州，玲珑秀丽的庭院、临水而筑的街巷和屋檐错落的建筑都沉浸在一片深浅浓淡的"黑、白、灰"色调中（图5-82）。由粉墙、黛瓦、灰砖构成的黑白灰调，虽然在一定程度上受到当地建材的影响，但是屋瓦黑得深沉，粉墙白至超脱，砖石灰之意会，更多的是表达了江南义人超越功利的青云之志，不施丹青的色彩形象也象征了不染市侩气息的文人傲骨。

黑白灰色调在建筑上的艺术化呈现，如同饱含诗意的着墨与飞白（图5-83），传达着吴风雅韵的文人意趣，托物咏志地表述超然物外、归隐天然的诗画意境，抒发了从身体到精神都追求自由的高雅审美趣味；而且，强烈的色调对比程度（图5-84），恰如"于无声处听惊雷"的表现效果，甚合江南文化诗情画意的情绪表达。与其说，泛江南地区的"黑、白、灰"是一种色调对比关系，不如说是高洁超脱的人生态度和哲学思考的写意表达，是吴文化思想的显性物化。

在吴越城市色彩之间的对比中可以发现，苏州在区域性的"黑、白、灰"色调中，更善于表现白色。在苏州的黑白灰色调中，浓浓的黑瓦多以墨色勾描的形象出现，类似中国画白描的手法，石库门的水磨青砖也以浅墨青灰的笔触点缀其间，共同衬托粉墙的白色。黑白灰色调中的白色，是苏州黑白灰色调的主角，是大写的留白，诗意地书写了超凡的雅韵。

图5-82　苏州城市色彩的黑白灰色调（引自《苏州城市色彩规划》）

图5-83　苏州传统建筑色彩的着墨与飞白（摄影
郭红雨，制图朱泳婷）

图5-84　苏州古典园林"黑、白、灰"色调的强
对比（摄影郭红雨，制图朱泳婷）

图5-85 苏州传统建筑中"有色彩的白色"（摄影郭红雨，制图朱泳婷）

图5-86 被简单处理的"黑、白、灰"色调（摄影郭红雨）

虽说是寓意超脱的白粉墙，但是苏州传统建筑上的白色却没有一个是无彩色的纯白，也极少有冷峻生硬的白色。无论是园林建筑白墙照壁，还是民居的白粉墙，基本上是极高明度、极低纯度的黄色、黄红色或红色（图5-85）。偏暖调的白粉墙承载了超越尘世的志向，也沉淀了世俗的烟火。一些建筑的白粉墙上有黄绿色苔痕，如实记录了江南梅雨天留下的痕迹；有些民居的白粉墙墙角泛起黄色与褐色，是旧时人家为了方便引炉灶，捏了潮湿的字纸，掷在墙脚做纸脚饼形成的点点斑驳。色彩含义丰富的白粉墙，从墙基的黄色、黄绿甚至是黄褐色，退晕渐变为白色，直到与墨意深沉的黑瓦屋顶相遇，完成了在尘世中成熟，又到精神世界里升华的过程。苏州传统建筑色彩的白色，是铭记着人间暖意的色彩。偏暖调的白色，带着光阴的温度、岁月的尘埃和复杂的心绪，在黑白灰的世界里闪烁着微明的光辉，展露着阅尽繁华依然向往纯真、历经沧桑却始终相信美好的微笑。

苏州曲折的水街小巷和层叠错落的粉墙黛瓦，形成平远舒缓的构图，经黑白灰色调的诗意渲染，就有了深远的意味和超凡的雅致。

但是，如果将"黑、白、灰"色调简单理解为具体的色彩，或者流于形式，运用为无彩色系里的黑色、灰色与白色（图5-86），就成了少年不识愁滋味而要强说愁的无趣了。而且没有灵性，没有生命力的黑色、白色与灰色也令江南水乡的色彩环境失色不少。这种对传统色彩外壳的简单模仿，正是缺乏对城市色彩深层次文化意义的认识，而造成的传统城市色彩基因的失落，这也是本书在城市色彩文化内涵上着墨较多的原因。

依循这样的思路，我们在"苏州城市色彩规划"❶中，详尽深入地分析了"黑、白、灰，淡、素、雅"的苏州城市色彩传统的江南文化内涵，梳理苏州的城市色彩脉络与文化印记，并提取典型色谱。由此，我们的苏州城市色彩规划用雅致淡泊的抒情色调，传承传统城市色彩的基因，阐述苏州以吴文化、姑苏文化、园林艺术等传统文化为底蕴的城市文化追求，为苏州研究建构了"浓墨淡彩、写意江南"城市色彩形象，通过总体城市色彩形象的表现（图5-87），表达了对传统苏州色彩脉络的传承，也体现了现代苏州的时尚色彩趋向，演绎了苏州城市文化的意涵。

在分区层次的城市色彩形象塑造中，着力形成既有整体性，又具有各自色彩倾向和差异的城市色彩图景，例如位于古城中心地区的观前及平江历史街区，是苏州传统商业街道高度集聚的商贸旅游中心区，也是园林与古建筑保护区集中地，在此，我们使用古城建筑推荐色谱，营造古雅与清丽的色彩风貌，尤其运用尚白的色彩表现，表达苏州古城雅致脱俗的城市色彩意象（图5-88）。

5.4.3　尚灰的工商无锡

吴文化对城市色彩的另一种影响，可以在无锡传统城市色彩的特征中品阅。被誉为"太湖明珠"的无锡，是中国近、现代阶段，由传统封建社会的"农业经济"向近现代具有资本主义形态与因子的"工商经济"转型最突出的地方。因此，无锡的吴文化表现与苏州有着明显的差异，最突出的特点就是"经世致用"的文化精神构成了无锡社会文化的重要基础，无锡望族商儒合一的世俗化倾向也加强了无锡"讲实在、兴实业、求实惠、重实效"的商业文化和民本思想，崇文重教的学理性、兼容并蓄的和谐性、道济天下的责任意识在促进工商经济的目标下得以发展。同时，无锡作为吴文化的发源地，其船桥相望的水乡文化，委婉悠扬的江南丝竹，清秀细腻的吴歌、吴乐、昆曲、评弹等，都谱写了精致婉转的吴语文化和温良平和的民风性格，与当地独特的工商文化一起，塑造了无锡务实灵活、细致婉约的人文特征。

---

❶ "苏州城市色彩规划"，苏州市规划局委托项目，获得第五届色彩中国大奖。项目负责人：郭红雨；主要研究人员：郭红雨、蔡云楠、龙子杰、朱泳婷、陈虹、赵婧、李井海、刘洁贞、吴绍熙、黄雯、邓颖娴、何莹莹、陈平等。

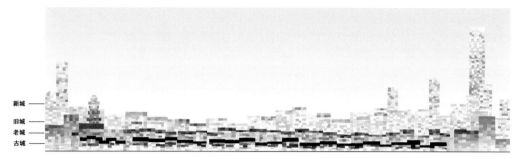

图5-87　苏州总体色彩形象之城市色彩高度分布（引自《苏州城市色彩规划》）

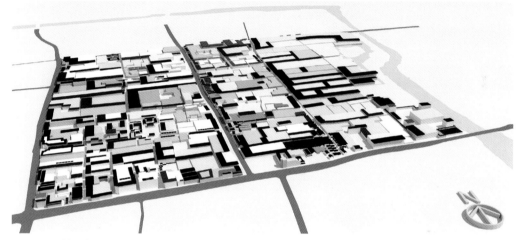

图5-88　苏州市观前平江历史街区城市色彩模型（引自"苏州城市色彩规划"）

　　所以，无锡城市文化影响下的"黑、白、灰"色调，没有苏州文人寄情的白色那样超脱，也没有绍兴家国意识凝练的黑色那么深沉，却更擅长在浓淡相宜的墨意中调和，在灰色中深藏丰富与从容（图5-89）。而且，无锡的灰，不仅仅是无彩色系列的灰色变奏，还包括很多中低纯度的黄色、黄红色和蓝紫色等多彩灰色系，例如紫砂壶的黄红和红紫，饱含了无锡吴文化的质朴与宁静古雅；以天然植物蓝草色素为染色的蓝印花布的蓝紫色，承载着江南水乡的灵动和乡野的气韵；太湖石工艺品的青绿灰，浸润了太湖波涛和岁月风云的颜色等，都令无锡的灰色复合多彩又内敛深刻。

　　在我主持的"无锡锡东新城商务区色彩规划"❶项目中，我们对作为文化外在符号的

---

❶ "无锡锡东新城商务区城市色彩规划"，无锡市锡东新城管委会委托项目，获得第八届色彩中国提名奖。项目负责人：郭红雨；主要研究人员：郭红雨、谭嘉瑜、金琪、张帆、雷轩、何豫、朱泳婷等。

图5-89　无锡城市色彩的灰色调（摄影郭红雨，制图朱泳婷）

民俗活动、生活色彩、民间工艺进行色彩分析，提取了包括惠山泥人、宜兴紫砂陶技艺等69种包括非物质文化遗产在内的人文环境色彩的303项色谱，这些色彩分布多在中低纯度、中低明度的黄（Y）、黄红（YR）、红（R）以及蓝紫（BP）范围（图5-90），有着朴实无华的江南水乡风韵和传统，为无锡的复合灰调提供了本土化的色相来源。

在这些灵秀温婉人文环境色彩与务实致用的无锡文化性格的影响下，无锡的传统建筑色彩也是平静淡泊、柔和内敛的。我们通过对无锡部分老城区的建筑、街道家具、桥梁构筑物等人工环境色彩调研，共计提取5956种色谱样本。从人工环境代表色的分析中得出：无锡传统建筑色彩明显受到吴文化精神与人文环境色彩的影响，虽然有着泛江南地区共有的"黑、白、灰"色彩倾向，但是表现出尚灰的独特性格。

在无锡传统建筑色彩中，几乎没有无彩色系N系列的灰色，灰色调多是低纯度、中低明度的红紫（RP）、红（R）等色，黑色和纯白亦是如此。浓重的黛瓦由极低纯度和明度的蓝紫色（PB）、黄红（YR）、红（R）充当，部分极高明度、极低纯度的红紫（RP）和黄（Y）几乎以褪尽颜色的姿态来扮演粉墙的白调，以迎合吴文化的清秀淡雅。无锡的"黑、白、灰"色调，尤其是其中灰色，绝不纯粹，却内涵丰富，且深具温暖的生命感。此外，无锡传统建筑中，古雅深刻的低彩度红色是从节庆活动的喜悦热烈的黄红（YR）、

5.6P 2.5/1	1.9YR 4/4	7.5R 3.5/5.6	7.5R 3/4.8	9.4PB 2.5/5.6
2.5GY 3/1	1.9Y 6/5.6	7.5R 3.5/6.6	9.4RP 3.5/2.8	6.3PB 3.5/7.6
1.9G 5.5/1	8.8Y 8/8	4.4YR 5/4.8	6.3R 7/5.2	4.4PB 7.5/5.6
0.6GY 6/1.2	8.1Y 9/5.2	8.1Y 8.5/8	6.3Y 8/6.4	8.8B 8.5/1.4
8.1Y 6.5/2	7.5Y 9/1	6.9Y 9/1	8.1Y 8.5/2	10YR 8/1

图5-90　无锡人文环境色彩代表色（引自"无锡
锡东新城商务区城市色彩规划"）

黄（Y）和红（R）色演变而来的，点缀在斗栱构件上的中高明度、低彩度的远山蓝紫（BP）是从纯朴的蓝印花色彩变化而成的。这种委婉丰富的色调关系，有着内敛的光芒和深藏不露的力量，充分展示了无锡城市和谐婉约、灵活务实的文化特点和无锡望族亦商亦儒的精神志向（图5-91）。

　　发展到现代，无锡建筑中的黑白灰调依然延续。虽然现代建筑材料的色彩表现力更强了，但是走向无彩色的白色却显得了无生气，N系列的灰色也多了单调、少了趣味。工业产品化的青玻、蓝玻也因为整齐划一的纯色，而多了理性和效率，失去了文化的情感。整体上，成品化的建筑材料应用，促成建筑色彩从暖灰为主的色调向冷灰转变，工业化、国际化的建造技术和材料，使建筑色彩失落了地方性人文环境的色彩基因。细节上，现代建筑简洁立面上的色彩变化较少，色彩形象亦显得单调。

　　将塑造地方性格的吴文化体现在城市色彩上是极有价值也是颇有难度的事情，由于无形的人文环境色彩内涵难以具体呈现，常使得城市色彩传承人文意义的理想流于空谈。在"无锡锡东新城商务区色彩规划"项目中，我们通过城市人文色彩环境的调研，分析提取出人文环境的基本色，以色相环的形式直观表达人文环境的色彩特点，并进行人文环境与建筑色彩的匹配分析，通过采用传统人文环境色彩的衍生变化以及对比色彩的互补点缀等方式，调整校验推荐色谱。例如节庆活动喜悦的黄红色调和乡土的蓝印花色彩虽然不宜直接用在建筑上，但是传统文化的色彩情结还需要延续。因此，采用红（R）、黄红（YR）色彩向富有历史感的低纯度、中高明度的绛色调衍生，蓝紫（BP）色彩向饱含诗意江南韵味的烟紫灰色调变化的方法来继承人文色彩的脉络（图5-92）。同时，特别吸收无锡传统民宅灰砖瓦楞的浅墨色、太湖石的青色灰、太湖珍珠的珠白色，形成了代表吴文化意

历史建筑色彩

现状建筑色彩

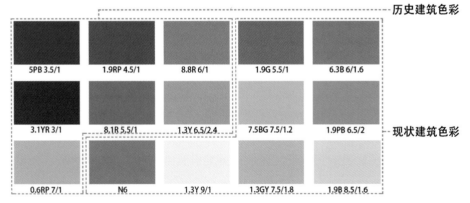

历史建筑色彩

现状建筑色彩

5PB 3.5/1	1.9RP 4.5/1	8.8R 6/1	1.9G 5.5/1	6.3B 6/1.6
3.1YR 3/1	8.1R 5.5/1	1.3Y 6.5/2.4	7.5BG 7.5/1.2	1.9PB 6.5/2
0.6RP 7/1	N6	1.3Y 9/1	1.3GY 7.5/1.8	1.9B 8.5/1.6

图5-91　无锡城市建筑环境色彩代表色（引自"无锡锡东新城商务区城市色彩规划"）

蕴，且层次分明、色蕴丰富的黑白灰色调，建构了"古雅绛调、江南烟紫、浓淡墨韵、山水光华"的锡东新城推荐色谱（图5-93）❶。

　　除了将吴文化特质抽象地融入推荐色谱，形成锡东新城色彩形象的基本色调之外，还

---

❶ "无锡锡东新城商务区城市色彩规划"。项目负责人：郭红雨；主要研究人员：郭红雨、谭嘉瑜、金琪、张帆、雷轩、何豫、朱泳婷等。

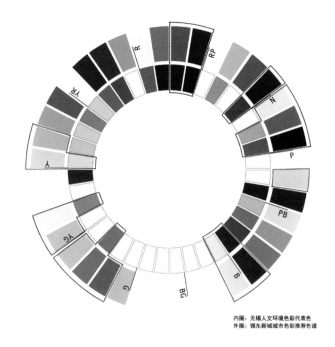

内圈：无锡人文环境色彩代表色
外圈：锡东新城城市色彩推荐色谱

图5-92　无锡传统人文环境色彩的衍生和继承（引自"无锡锡东新城商务区城市色彩规划"）

主辅色谱			点缀色谱	
屋顶色谱	墙面色谱			

图5-93　无锡锡东新城推荐色谱（引自"无锡锡东新城商务区城市色彩规划"）

需要以点睛的方式强调其色彩的个性。故此，我们从无锡的文化环境中符号化地提取了紫砂壶的红褐色，以及惠山泥人常用的火红、藤黄、石青等鲜明活跃的色彩，形成与淡雅丹青、水韵江南的主辅色互补映衬的点缀色谱，用以强调无锡地方文化的独有特质。

5.4.4　尚黑的家国绍兴

发起于宁绍平原的越文化，以河姆渡文化、马家浜文化、崧泽文化、良渚文化为源头，主要覆盖范围为绍兴，以及宁波、浙东丘陵的舟山、台州和浙中金衢盆地上的金华等浙东、浙中地区。越文化与吴文化一起，共同构成了江南文化的精神内核。

如同吴越文化间存在着文野之别一样，绍兴与苏州的文化特征也是具有差异性的。与苏州清雅超脱的文人意趣相比，绍兴文化中厚重的家国意识和乡土情结则更显突出。不过，绍兴的文化气质并不淡薄，反而有更多古老深厚的文化艺术蕴藏，例如晋朝书法家王羲之、王献之父子为绍兴带来的"书法之乡"的盛名，山水诗派的创始人谢灵运兴起的寄情自然的山水文艺，等等。人文底蕴丰厚的绍兴，饱含越地的深厚文渊，也兼具越文化朴野自然的文化特质。

处于山地与海洋之间的越文化保留了较多百越地区的质朴特色，而且多山地、丘陵、亦陆亦海的环境条件，迫使越人要勇于

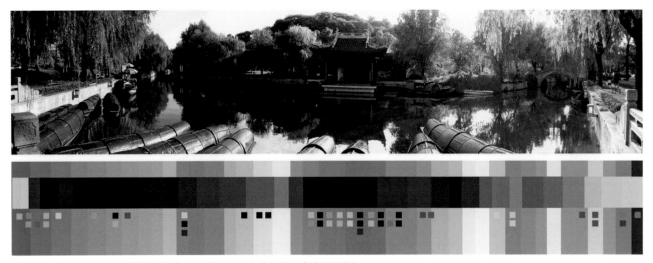

图5-94　绍兴水系与乌篷船色彩（引自"绍兴市城市色彩与高度规划"）

斗争以求生存，培养了越文化中悍勇争胜和开拓进取的气质特征。在绍兴历史中最具悲壮色彩的卧薪尝胆复仇史，又衍生出"十年生聚，十年教训"❶的文化精神，增加了绍兴人的尚武与坚韧精神。这样悲情励志的情绪在越文化的诸多形式上都有体现，包括朴素又无山野之气的越剧、绍剧等，表现出重情感且偏悲情的特点；文学作品中也极具端庄深邃的品格，最具代表性的当属鲁迅先生的作品，既有深刻理性的思想，又具烈火燃烧的情感。

　　作为鉴湖越台名士之乡的绍兴，除越王勾践、范蠡外，众多名人大家也多具壮烈的勇毅气质和浓厚的家国情怀，例如女侠秋瑾、以文为剑的鲁迅、民主革命家徐锡麟、南宋爱国诗人陆游等，他们深沉的家国意识和强烈的民族情感足以让越人为傲。

　　由此塑造而成的越文化，深具寄情山水、坚韧深沉、勇悍进取的品格气质，反映在城市色彩中，就体现出深厚凝重、庄重幽玄的色彩倾向。因此，在泛江南地区地域性的"黑、白、灰"色调中，绍兴人更愿意用黑色调来表达文化的深沉和凝重。从绍兴著名"三乌"（乌干菜、乌毡帽、乌篷船）就可以看出，绍兴人对厚重深沉的墨色情有独钟，特别是涂上"黑油"的乌篷船（图5-94），墨色的船身在淡雅秀丽的鉴湖上游弋，无疑是一

---

❶ "十年生聚，十年教训"意为军民同心同德，积聚力量，发愤图强，以洗刷耻辱。出自《左传·哀公元年》，公元前496年，越王勾践采用文种的"十年生聚，十年教训"的策略，卧薪尝胆，聚积力量，积极发展农业与军事，最终带领越国军民一雪前耻。

图5-95　绍兴台门建筑色彩（摄影来自绍兴城市色彩规划调研组，制图朱泳婷）

图5-96　绍兴台门建筑的门之色（摄影来自绍兴城市色彩规划调研组，制图朱泳婷）

道墨笔点染的风景。

　　在绍兴，用黑色来书写沉重家国情怀最显著的还属建筑色彩。已历经25个世纪的绍兴城，自春秋战国时期就是越国都城，有众多名胜古迹。只是，在绍兴，园林寺院并不是重点，民居台门建筑（图5-95）才是城市建筑的精华所在，也是传统城市色彩重点着墨的地方。

　　台门是绍兴独特的传统民宅形式，是一种平面规整、纵向展开的院落组合式宅院。台门建筑的基本特征为：屋宇高大、石箍门框、外墙砖砌、青石板为基、人字屋顶、白墙黑瓦。台门的两道大门大多用黑漆装饰，第一道门由横钉竹排的四扇大门组成，俗称"丝竹台门"，也有用木质门扇上黑漆组成的大门。台门上黑漆，绍兴人称之为玄色。门斗内的排门也漆成黑色。台门中构件多用黑色，木窗也漆成黑褐色（图5-96）。一片幽玄黑色，令建筑色彩的黑白色调尤为分明，气氛庄重而肃穆。一进进台门建筑组成的城镇空间，像是笔沉墨酣的水墨画或是端严雄健的书法大作一般，富有浓厚的书卷韵味。依照国画理论中"墨即是色"，且是"寒色"的理解，绍兴建筑突出的墨色也是沉重的冷调（图5-97），像沉寂的水色，足以表现越文化中厚重内省的文人意识、深沉凝重的家国情怀和强韧坚持的越人性格。

　　因此，在我主持的两个绍兴的城市色

图5-97　绍兴城市色彩印象（引自"绍兴市城市色彩与高度规划"）

彩规划项目❶中，我们通过调研分析绍兴的历史文化脉络，解读绍兴传统城市色彩所蕴藏的越文化内涵，特别是在吴越之间的文化比较中，为绍兴市和绍兴县提炼城市色彩推荐色谱（图5-98）。其中，为绍兴市确立的城市色彩体系由"凝灰淡彩，墨韵华章"为特征的城市色彩推荐色谱构成，色彩谱系中的"凝灰"源于古老石乡绍兴的典型地方建材——浅色角砾凝灰岩，其色彩多呈红褐灰色、黄褐灰色和暗绿灰；"凝灰"色调既表达了自然复合的色彩，也在江南地域性的"黑、白、灰"色调中明确了绍兴的地方传统色彩倾向；"淡彩"阐述了绍兴城市色彩中温婉雅致的用色偏好，延续了传统城市色彩基因的用色原则；"墨韵华章"则提取了传统台门建筑浓墨点染的色彩特征，再现了越文化强烈的家国意识，表达了厚重而有风骨，隐忍且具强韧的文化特征，并且

---

❶ "绍兴市城市色彩与高度规划"，绍兴市规划局委托项目。项目负责人：郭红雨；主要研究人员：郭红雨、蔡云楠、陆国强、黄维拉、王炎、李秋丽、何豫、朱泳婷、陈虹、陈平等。
"绍兴县城市色彩与高度规划"，绍兴县规划局委托项目。项目负责人：郭红雨；主要研究人员：郭红雨、蔡云楠、何豫、雷轩、陈中、许宏福、陈倩丽等。

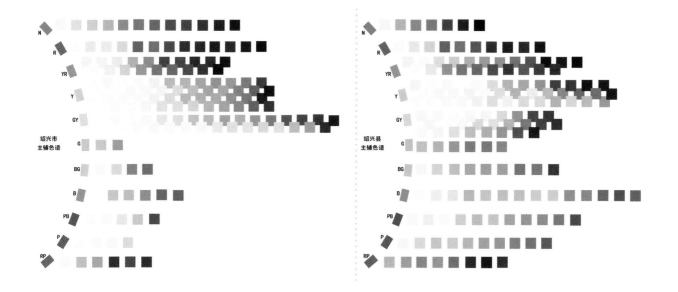

图5-98 绍兴市（图左）与绍兴县（图右）城市色彩推荐色谱（引自"绍兴市城市色彩与高度规划""绍兴县城市色彩与高度规划"）

借用中国写意画和书法艺术的墨色渲染方法，标志了书法之乡绍兴的文化符号，使绍兴的尚黑城市色彩文化意蕴，在现代城市生活里抒写新的华章。此外，绍兴县城市色彩推荐色谱的特征为"水墨丹青、锦绣点彩"，既体现了城市色彩对江南地域性黑白灰色调的延续，也特别强调了以墨韵为代表的地方性色彩特征，而"锦绣点彩"则以小面积、中高彩度的华丽点缀色彩，呼应了绍兴县柯桥作为国际轻纺贸易中心的织物色彩特点。

从苏州、无锡、绍兴三地的城市色彩与文化分析以及我们的城市色彩规划实践中可以看出，对于江南文化区这些积淀深厚的历史文化名城而言，文化才是最核心的决定因素。对文化的尊重和取舍，决定了城市色彩形象的走向；城市色彩环境的优化与指引，其实体现了城市是否具有对本土文化的自信，是否具备对文化品质的自控和把持。当我们面对苏州的城市色彩规划、无锡锡东新城的色彩规划或者是绍兴的城市色彩与高度规划时，最重要的工作的就是为这些泛江南地区的城市厘清文化的脉络。通过城市色彩特征表达城市个性，以独特且具体的色彩形象为语言阐释各自城市的社会文化价值，诠释城市文化精神，营造具有标志意义的城市色彩环境，让城市色彩环境的发展建设，有一种符合自身文化生命的节奏。最终，用色彩表达的方式，为各自城市的文化找到回家的路。这是传统城市色彩有机更新的重要途径，也唯有如此，传统的城市色彩才能在奔腾向前的城市生活里，演绎新的华章。

所以，文化的视点，决定我们要在城市中留下何种色彩基调，又应该在城市中凸显何种色彩的点缀；文化的特点，决定了城市色彩的风格；文化的视线，勾勒了城市色彩的形象；最终，是文化的视野，引导我们的城市色彩应该在哪里回想历史，在哪一条街巷遇见乡情，又在哪里展望未来。

蕴含了深厚且丰富的文化内涵的传统城市色彩基因，应该是最适宜阐述江南文化的本质，最能还原江南文化精神本质的风物。无论是尚白的文人苏州的城市色彩意象，还是尚灰的工商无锡的城市色彩谱系，或者是尚黑的家国绍兴的城市色彩图景，都看到传统城市色彩基因的文化传承力量，也都借助写意的色彩表现手法，续写城市文化精神，表达城市文化个性。因此，用水墨丹青的色彩、"黑、白、灰"调的雅韵，文人墨客的情怀，再次写意渲染的江南城市，才是一个诗画的江南，一个"风景旧曾谙" [1] 的江南，如此，"能不忆江南"？

5.5　海峡文明的绚丽原色——闽台红砖文化亚区的城市色彩

5.5.1　闽台同质的乡土原色

建筑色彩是鲜明的地域性文化的物化外显，是独特的民族性与地域性文化的重要组成部分。在中国的文化地理分区中，东南沿海的东南文化区，分为闽台文化亚区和岭南文化亚区两部分。其中，闽台文化亚区的福建与台湾岛，尽管有着台湾海峡的分隔，却是自然地理紧密相连、文化历史特别相关的文化亚区，这主要归因于海峡两岸的自然地理条件和移民活动作用。在此背景下形成的福建闽南和台湾岛内的城市色彩，也蕴含了闽台地区共有的自然环境、民间信仰、民俗工艺等诸多因素，以绚丽原色的形式阐述了闽台两地在地缘、亲缘、文缘、物缘、神缘等方面的深刻内在关联。

---

[1] 白居易《忆江南》。

野柳地质公园　野柳地质公园

龟吼　龟吼

图5-99　台北市野柳地质公园与龟吼景区的海蚀地貌色彩（摄影郭红雨、何豫、雷轩，制图朱泳婷）

根据古地质学和考古学的研究证明，在全球四次冰期和间冰期的作用下，海平面曾大幅度升降，造成台湾岛与大陆的四次相连又四次分离。由此，闽南东山岛至台湾南部，存在着一条东西走向的海底隆起地带，即联结东山岛与澎湖群岛的"东山陆桥"。所以两岸地质环境有着极为相似的关联，尤以两岸海岸线上壮丽的自然景观色彩为甚。

在闽地的厦门、平潭等地，由燕山晚期的花岗岩所组成的千礁百屿，饱受海风吹打和海浪、潮汐侵蚀，水和各种风化作用顺着岩石的节理透入，造就了特殊的海蚀地貌。坚固且不透水的花岗岩体在海洋动力的作用下，形成了形态奇妙的土黄色石蛋地形。因为大陆架相连的自然地理结构作用，海蚀自然景观也是平等无偏的"两岸相对出"的效果。在平潭县几十海里以外台北市野柳地质公园和龟吼景区也有大面积的海蚀造型地貌呈现，这里的岩石同样是受不等量挤压抬升呈倾斜的层状沉积岩，并在海浪风雨及生物化学作用的侵蚀下，形成的蕈状蘑菇石、烛状石及拱状石等土黄色奇形岩体，其中的女王头像已成为当地的旅游标识（图5-99）。与之类似成因的和平岛、龟吼景区的海蚀崖及各种海蚀地形也极富色彩与造型之美，尤其是龟吼景区的花岗岩节理更富冲蚀质感，为土黄色的岩石平添了行云流水般的色彩肌理。所以，同一气候带和同类自然地貌下，类同的土壤岩石基底色彩以及植物景观色彩，早已铸就了闽台地区相似的环境色彩基调。

丰富的岩石地质环境，使得闽台地区的建筑比中国其他地方的建筑都更多使用砖石材料，甚至还有从墙壁到屋架都使用全石料的建筑做法。中国其他地方的传统民居基本以木构为主，很少使用石料，但闽南民居却大规模使用当地盛产的花岗岩，如南安的泉州白、惠安的青斗石等作为台基、阶石、廊柱以及半墙高的墙裙等，隆重地表现当地灰白色花岗岩的突出品质。意犹未尽之下，还创造出闽南地区特有的"出砖入石"建筑工艺。"出砖入石"的做法最早可以在明永乐年间（1403—1424）的古厝中觅见踪影，这是闽南人用旧屋的残砖剩石建新居的一种混合砌筑方法，在红砖墙的墙体中，嵌入白色或淡黄色花岗石等大体块石材，也有嵌入少量的暗青色辉绿岩的做法，用以筑墙、起厝、铺埕，后来发展为一种地方专属性的砌筑工艺。

"出砖入石"的经典砌筑方法为：石为竖砌，砖为横叠，砌筑到一定高度后，石块与砖互相对调，使其受力状态平衡。墙厚40厘米左右前后砖石对搭，使用泥水浆与石灰的混合物，或辅于蛎壳灰、红糖水黏合，加强塑性和粘聚力。砖墙面与石块略微凸凹，即为"出砖入石"的形象特点。在闽台各地的民居中，以福建泉州的宗祠和民居大厝的"出砖入石"最为典型，点状、条状和块状等形态各异的石块，在密集的红砖肌理中随意又暗藏规律地点缀着灰白色斑块，白色石块面与红色砖瓦穿插组成了韵律多变的构图，甚至有着风格派画法的洒脱与鲜明。古朴拙实的"出砖入石"做法突出了红白石材的对比映衬，令色彩形象更显明艳生动，也烘托出砖石结构建筑的浑厚气势（图5-100）。台湾民居大厝中也可见"出砖入石"的做法，只是有的建筑会因地制宜地改变材料，例如图中台湾地区大溪镇某民宅院墙的"出砖入石"形象（图5-101）。

"出砖入石"的技法只是闽台建筑绚丽乡土色彩的一种建造技法，最惊艳的应属红砖、红瓦的红色基调。在中国的传统建筑中，被誉为"红砖白石双坡曲，出砖入石燕尾脊"的闽台传统建筑，以罕见的红调色彩著称。红砖、红瓦的大厝民宅与宗庙建筑，具有明确的闽台地区专属性，故从建筑文化的分区中，将此类建筑的主要分布地带闽南、台湾等地称为闽台红砖文化区。由于在中国传统色彩应用体系中，对于民居色彩形制等都有明确的等级制度规定，民宅多用青灰色砖墙、黑灰色瓦，整体呈现黑灰色，极少见到红色的民居建筑。所以，人们对闽台地区的大厝为何是红色基调，有过不少揣测，甚至还有红色建筑基调是源于闽王所赐一府"皇宫起"的宫廷色彩传说，但是最有依据的由来还是本地自然环境提供的建筑基材所致。

闽台地区的地带性土壤为红壤、砖红壤和赤红壤，其中闽南与台湾南部的赤红壤尤为鲜艳，土色如民间俗语所云，是"土红如血"的颜色（见图2-9）。赤红壤含铁量高，制砖坯在窑里烧透后，熄火让砖自然冷却，窑中的氧气与砖坯中的铁元素反应生成红色的三氧化铁，故红砖呈现鲜亮土红色，而且红砖因闽台地区土壤中含铁量的不同，会焙烧出颜色不一致的红砖。整体上，红砖均为温润暖艳的红调，但是平原地区土壤烧制的砖多鲜

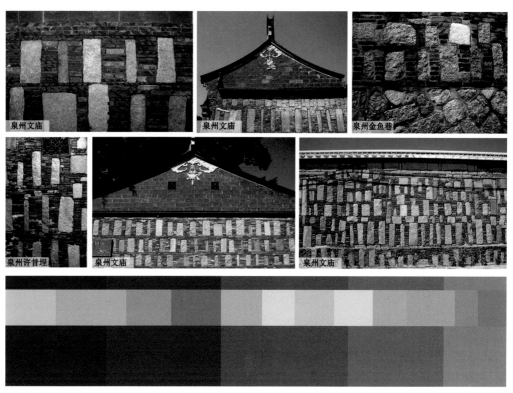

图5-100　泉州市传统建筑的出砖入石色彩（摄影许龙权，制图朱泳婷）

红，山区的砖较深红。烧制红砖时，常用乡土树种针叶植物马尾松的松枝作为烧窑薪柴，据说可以使烧制的砖上带有松枝的油分，以抵御闽南地区海风的侵蚀。用此方法烧制的红筒瓦、红墙砖与红地砖，凝固了土壤的红色，毫无保留地将大地的鲜亮红调挥洒在海天之间的民居建筑上，也将灰绿色松枝的烟雾刻画在砖料上。带有黑紫色纹理的红砖，被称为"烟炙砖"，也因为黑紫色条纹衬托得红色砖石更加娇艳，而被称为"胭脂砖"，可谓是"一方水土，塑一方色彩"的典例。

闽南地区颇具地方水土特质的建筑类型即是名为"大厝"的民居住宅。为抵御地方性台风的侵害，大厝低矮沉着的屋架显现出优美的曲线，檐角高翘带来如翚斯飞的轻盈。更具地方性特征的则是大厝的色彩，赤红壤烧制成的红筒瓦、红墙砖和红斗底砖地面铺装，呈现整体统一的中高彩度、中低明度的砖红色调，与高明度的灰白色石条墙基，屋檐脊尾上高纯度的蓝、黄、绿等原色剪贴装饰，以及山墙上炭泥雕塑的火纹、云纹和绿釉花窗、绿釉瓶式栏杆等，形成丰富跳跃的色彩对比关系，构成绚丽耀眼的乡土色彩风貌（图5-102）。骄人的色彩与重装饰性的色彩应用，表现了人们对地方性土壤基材毫不掩饰的热爱和自豪，对美好生活的向往也如同海上日出的红调喷薄而出。同处于红砖文化区的台湾传统民宅和宗祠建筑，同样传承了红砖红瓦的地带性土壤色彩的特征，质朴热烈的红调与绚烂鲜亮的装饰色彩，表达了闽台同质的色彩基调。

图5-101　桃园市大溪镇民宅的"出砖入石"色彩（摄影郭红雨，制图朱泳婷）

5.5.2　缘起中原的海峡文化

与地带性土壤色彩特征相比，人的因素显然是文化分区中更重要的影响力。历史上的福建就是内陆中原移民北方战乱迁移的主要目的地和向海外移民的集散地。从西晋的永嘉之乱、唐代的安史之乱、黄巢举义到北宋的靖康之变等历朝历代的战争和灾荒，都促使中原汉人逐步南迁，由此形成了中国特有的客家民系。客家人先后从中原迁到赣北、再到赣南又至闽西。部分客家人滞留于闽西北，大多数前往闽南或广东，其中有部分人则渡海赴台，开发台湾岛，或走向东南亚甚至更远。除了自发迁徙的移民外，历史上还有多次大规模的集中输入式迁徙。有史学研究显示，汉武帝征讨闽越国后，曾用行政手段把大量的闽越人迁于江淮地区之外，因而有台湾高山族的先民来源于闽越支系的

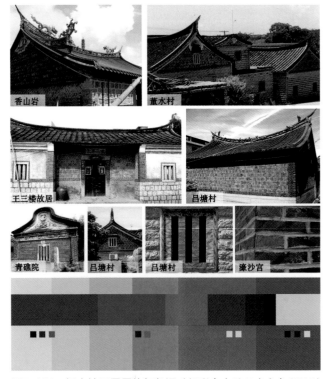

图5-102　闽南地区民居的红色调（摄影来自厦门城市色彩规划调研组，制图朱泳婷）

研究论述❶。而更为重要的几次移民高峰，则是在明末清初郑成功收复台湾、清初康熙收复台湾以及国民党入台时期。

千里迢迢东渡海峡的内陆移民活动，不仅是单纯的人口迁徙，更是文化的传播。具有强烈地缘性和血缘性社会文化关系的大陆移民，由大陆原乡带来了从生产生活到文化艺术形式等各种大陆文化的内容，使闽台地区渐次得到开发的同时，更加强了闽台地区的海峡文化与中原文化的同源关系。来自内陆的农耕文化，与尚处于原生态阶段的海洋文明相遇后，蕴育了贯通中原内陆宗教信仰、传承儒家核心思想的特殊海峡文化，也影响了台湾岛内的社会文化路径。所以也有台湾民居研究者认为："在20世纪之前，几乎台湾的文化即是闽粤社会之延长而已"❷。

同时，产生于北宋至南宋期间，以朱熹为代表的集大成者的"闽学"学派，使闽地成为理学中心，逐渐由以闽中为核心的区域性文化上升为全国性文化，成为中国封建社会后期的正宗思想。随着移民活动的传播，至清代时，儒学已经在台湾岛内生根发芽，并以闽学为思想主流渗透于原住民社会，以程朱理学为核心的儒学开始成为台湾岛内的主流文化。由此说明，海峡文化的源头是来自内陆中原的儒化理学思想。深厚的儒化精神源流，使处于海疆地带的闽台文化，没有因为地理位置的偏远而远离中国内陆传统文化的内核，更没有因为面朝大海而自由花开。

此外，在中国封建社会制度下，海洋对于中国的文化与政治中心地来说，是作为海疆

---

❶ http：//www.mzb.com.cn/html/Home/report/276539-1.htm,中国遗传学所进行的国家863计划重点研究课题——中华民族基因组研究成果之一的DNA研究成果表明，海南黎族人和台湾岛内的阿美、泰雅、布农、排湾族4个少数民族有着共同的祖先——7000多年前发源于浙江河姆渡的古代百越人，他们是"兄弟"关系。课题组介绍，国际著名的群体遗传学家金力教授和中科院遗传所的杜若甫院士于1998年前分赴台湾岛和海南岛采集了台湾岛内五个少数民族和海南岛黎族人的血样。他们对采集的血样进行了DNA研究，发现台湾岛四个少数民族，即阿美、泰雅、布农、排湾族人男性的主要Y染色体类型与海南黎族人男性的主要Y染色体类型完全一致。DNA研究结果表明，海南岛黎族人主要有三种类型的Y染色体，台湾岛内的阿美族人只有其中一种类型的Y染色体，泰雅、布农、排湾族人有其中两种类型的Y染色体。他们这种相对较纯的Y染色体类型与发源于浙江河姆渡的古代百越人简单的Y染色体类型相一致，而不同于南洋各民族的复杂类型。关于这项研究成果的论文已在《美国科学院院报》(*PNAS*)、《自然综述》(*Nature Reviews*)、《科学》(*Science*)等学术杂志上发表。中华民族基因组课题由国家人类基因组南方研究中心承担，上海复旦大学生命科学学院遗传学研究所人类群体遗传学实验室完成。

❷ 李乾朗，阎亚宁等著. 台湾民居 [M]. 北京：中国建筑工业出版社，2009：22.

存在的。长期"迁界禁海"的消极海防政策和制海权的丧失，没有培育出外向、独立的海洋文明。尽管闽人有无所畏惧面对大海、信奉"爱拼才会赢"的彪悍理念，但更多的是在大一统的农耕文化下无奈困守陆地的一面。

而且闽台地区还有好祭祀崇拜的地区文化特点，在《宋史·地理志》中就对此有论述："向学喜讲诵，好为文辞。信鬼神祠，重浮屠之教。"意为闽地既重视儒家思想宣教，又信鬼神，喜好建造宗教场所❶。即使是从闽台地区丰富的民间信仰来看，闽越先民"好巫尚鬼""种淫祀"的神明崇拜也多是源自内陆文化的祖先崇拜、泛神灵崇拜和道家崇拜等的复合式信仰。以航海保护神妈祖为信仰代表的原生态海洋文化，其实是作为生产力较低的海疆人民的精神支柱而存在的，是对狂躁的大海敬畏有加的膜拜，并非征服驾驭海洋的信仰。

虽然，闽台地区的人民在开山搏海求生存的过程中培育了敢于冒险、轻生彪悍等精神特质，已经算是中国最具海洋精神的人群了，但是无论是闽还是台，都没有形成外向的海上强权，也都没有诞生"海霸王"。因为闽台地区的海峡文化，是处于边缘状态的农耕文明与初级阶段的海洋文化的融合，绝非独立、外向、开创的大航海文化。

所以，可以追溯到内陆中原地区的闽台海峡文化，是中原汉文化在东南沿海辐射和延伸的结果，以闽方言为主要载体，传承了中原汉文化，又富于鲜明区域特色的海峡文化，具有内向、边缘、融合、民俗的文化特征，在色彩上表现为强烈的内陆文脉的影响，甚至都没有太多的拼贴和镶嵌感。

内陆移民主导的闽台文化，决定了农耕文化的重要影响力与儒家思想的主体地位。这是闽台海峡文化的特别之处，尤其是与希腊、葡萄牙、西班牙等外向的海洋文明的明显差异。因此，闽台海峡文化影响下的城市色彩中，外来的色彩风尚较少，本土色彩传统厚重，特别明显延续了中原文化色彩的特征，致使从内陆到闽南直到台湾岛的闽台海峡文化区，顽强地保留了中国传统色彩基因和民俗色彩偏好。例如"出砖入石"做法，原本是一种材料应用的方式，在长期的生产生活中被闽台住民们以"金包银""鸡母生鸡仔""百子千孙"等名称赋予各种图案以吉祥寓意，渐渐成为安宅建屋时祈求大富大贵、繁衍不息的文化传统，也衍生出富于中原文化特征的建造色彩文化。同样，闽台地区大厝所用的红砖，最初是一种当地土壤环境的再现与表达，而后也发展成为一

---

❶ 何绵山. 闽文化概论［M］. 北京：北京大学出版社，1996：12.

种独特的建筑材料工艺，再往后，则沉淀为一种承载民族记忆和地方历史的建筑色彩传统，并且随着移民的迁徙，传播直至琉球群岛。在日本冲绳的首里城，至今依然可以赏阅红砖红瓦的传统建筑色彩（图5-103）。

图5-103　日本冲绳首里城建筑色彩（摄影郭红雨，制图朱泳婷）

5.5.3　祈福驱邪的装饰色彩

尽管，闽台地区相似的传统建筑色彩、民俗色彩、民艺色彩等城市色彩，都顽强地保持了祖籍地的汉文化传统，体现出源自中原文化的传统理念，传达了闽台红砖文化区的色彩渊源。但是闽台地区热情绚烂、乡土浓艳的色彩装饰，尤其是宗庙建筑中屋檐瓦脊的装饰色彩，却与内陆其他地区的建筑色彩大不相同。包括只此一处的厦门嘉庚建筑风格，都是完全跳出建筑常规范式的色彩形象。

从专业角度看，闽台地区传统建筑的装饰色彩，似乎过分张扬炫耀，也不太符合建筑造型与结构的逻辑。对此，林徽因也曾评价："南方屋瓦上多加增极复杂的花样，完全脱离结构上任务纯粹的显示技巧，甚属无聊，不足称扬❶。"但是从闽台海洋文化的角度来解读，就可以理解这种绚丽原色的意义了。闽台地区人民以渡海跨洋、犯禁经商谋生，面对险象环生的海洋和"刀头舐血"与"日进斗金"并存的生活状态，只有依靠多神崇拜祈

---

❶ 林徽因. 论中国建筑之几个特征［J］. 中国营造学社汇刊，1932，3（1）.

求平安，故竭尽可能地在庙宇上堆砌富丽的装饰。这是将对暴躁海洋的恐惧转化为虔诚的妈祖信仰、强烈的民间祈愿和强大的佑护法力的表现，是闽人勇敢彪悍、尚功务实、野性原始力量勃发的特有表达。热闹奔放、对比强烈的装饰色彩，好像驱邪祈福的锣鼓点一般喧闹响亮，正符合闽台海峡文化的要义。

　　根据装饰色彩与形象特点，闽台传统建筑可细分为北方式和南方式。北方式大多分布在我国闽北、闽东和台湾部分地区；南方式建筑多出现在我国闽中、闽南和台湾大部分地区。南式建筑屋顶曲线悠扬，富于繁琐华丽装饰；北式屋顶则多用形态端正的琉璃屋顶，造型以气势取胜。其中，南方式是闽台地区传统建筑最主要的代表。在南式建筑的正脊、檐角都有优美的曲线和飞翼般的起翘，正脊两端常用末端分叉起翘的"燕尾脊"，极富自由舒展的轻盈感。这样的屋顶不仅在宗庙建筑上使用，在品质较高的民居中也常见。富于装饰的南式建筑，在曲线屋顶和山墙上叠加运用剪贴、交趾陶、泥塑和彩绘等装饰手法，用各色人物、动物、花卉、鱼鸟等生动逼真的彩瓷图案，把屋顶脊饰装点得喧闹喜庆，诉说着民间信仰的吉祥祈愿，满载着闽台文化的质朴乡情（图5-104）。

图5-104　闽南地区传统建筑屋檐脊饰色彩（摄影来自厦门城市色彩规划调研组与许龙权，制图朱泳婷）

南式建筑装饰中最具个性和地方特色的当属剪黏工艺，也称剪贴工艺。剪黏技艺不仅是闽台地区装饰的灵魂，也是广东潮汕地区传统建筑的特色。其具体工艺是裁剪瓷片、玻璃和各类贝壳，用彩色碎瓷片黏结在灰泥塑成的雏形上拼成各种色彩艳丽图案的装饰方式，将屋顶塑成一个异常热闹的装饰体系。这种装饰工艺在闽南地区被称之为"堆剪""剪花""剪碗""堆花""剪瓷雕""贴瓷花"，此类匠人也被称为"剪花匠"。剪黏工艺之所以在此盛行，一个重要的原因是闽地自古就是陶瓷的产销地，尤其是德化、泉州以及闽北的建阳一带，陶瓷生产历史悠久，有大量的破损废弃瓷片可供剪贴装饰利用。近代还有剪贴匠师与陶瓷作坊合作，特地烧制各种鲜艳彩釉的低温薄瓷碗，专供剪贴之用。近期甚至有直接以瓷土注模，上釉烧制而成，再依各个部位的需要着色的做法。除了大量的陶瓷片外，剪贴材料里还会运用玻璃和镜片等高亮泽度材料作局部的剪粘材料，甚至闽台地区丰富的贝壳材料也被因地制宜地运用在屋顶装饰上，在阳光折射下的熠熠光芒增添了瓷色的耀眼。剪黏色彩多以高纯度的明黄、浅黄、浓绿、翠绿、海碧青、宝蓝、红豆紫、胭脂红、褐色、金色等原色为主，用色讲究冷暖色组合，好用强烈的对比色搭配。常见的剪黏色彩为蓝绿色基辅调，加粉红、鹅黄的点缀色，再用白色轮廓线作装饰，色彩形象绚丽缤纷，祈福吉祥意义浓郁，富含闽台民间信仰的文化意蕴（图5-105）。

交趾陶工艺是闽台传统屋顶装饰色彩绚丽的另一个来源。低温多彩釉软陶类的交趾陶，融合了软陶与广窑陶艺，涵括了捏塑、绘画、烧陶等技艺的民俗工艺技法，它的前身

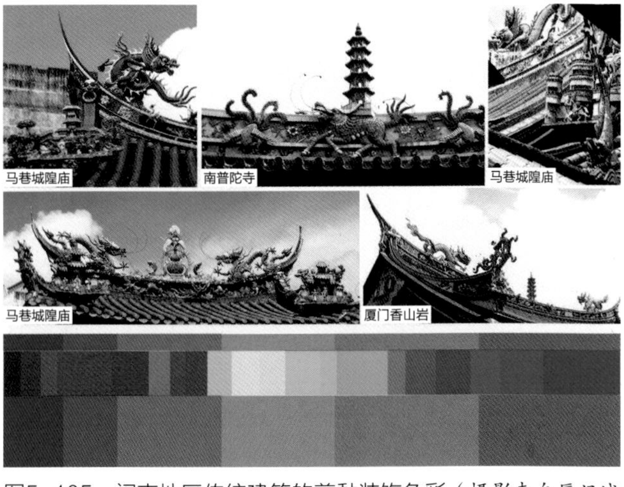

图5-105　闽南地区传统建筑的剪黏装饰色彩（摄影来自厦门城市色彩规划调研组，制图朱泳婷）

可以追溯到汉代的"汉绿釉"，经历唐代唐三彩到宋代五彩传至清代的斗彩演变而来，到清代更受外销贸易和低温釉盛行的影响，配釉方式融汇了江西景德镇釉上彩、山西琉璃与法花彩，以及西洋传入的珐琅彩等技艺，从早期的三彩、五彩发展成多彩交趾陶。交趾陶具体成型并得名于清道光咸丰年间广东岭南地区，因这一地带旧属秦汉交趾郡，古称交趾，故这一地的陶器被称为

"交趾陶体系"，所以建成于清光绪二十年（1894年）的广州陈家祠，就有诸多交趾陶的鲜亮色彩点缀在屋檐脊饰上（图5-106），其中屋檐边活泼瑰丽的交趾陶鳌鱼，有着希冀陈氏后人能独占鳌头的寓意，强烈契合了陈家祠作为陈氏子弟备考科举的书院功能。

当然也有学者认为交趾陶起源于漳州窑素三彩瓷。无论起源于两广地区还是闽地，有共识的结论为：交趾陶是从"唐三彩"和"宋三彩"发展演变而来，在清代随福建、广东移民传入台湾岛的装饰工艺。交趾陶晶亮艳丽的宝石釉彩，鲜艳生动、活泼喜气，呈现了多元丰富的汉族民俗风格，主要饰于闽南、广东和台湾地区庙宇或传统建筑的屋顶装饰、墙壁上的水车堵、身堵和墀头上。交趾陶造型丰富，背后衬以山林楼阁，形象以人物故事为主，内容多为祈福教化、趋吉避凶、忠孝节义、古圣先贤等题材，用以传扬伦理秩序、善恶分明、三纲五常的精神，如圣帝君庙常以三国演义为范本；关帝庙常表现唐宋英雄人物故事情节，如"薛仁贵征东""岳飞传""穆桂英挂帅"等；妈祖庙常以妈祖故事或二十四节气为题材；海神寺庙则常见"八仙闹东海""哪吒闹东海"等主题，用以表达敬神祛邪、教化人心及吉祥献瑞的意涵，即所谓"图必有意，意必吉祥"，体现了中国儒释道思想的传承。交趾陶在脊装的运用中最为繁复华丽，在厦门马巷城隍庙、香山岩、钟氏祠堂、泉州文庙大成殿等这些寺庙、宗祠建筑的屋脊上，常见装饰有龙凤或八仙等造型，两侧或背面则饰有花鸟鲤鱼、龙凤等装点陶塑，以表达吉祥喜庆的寓意（图5-107）。

在厦门，雕梁画栋、脊饰富丽的南普陀寺，是将剪黏与交趾陶结合运用最为成功的例子。冷色调的绿琉璃

图5-106 广州陈家祠交趾陶装饰色彩（摄影郭红雨，制图朱泳婷）

图5-107 闽南地区传统建筑交趾陶装饰色彩（摄影来自厦门城市色彩规划调研组与许龙权，制图朱泳婷）

图5-108 厦门南普陀寺的脊饰色彩（摄影来自厦门城市色彩规划调研组与许龙权，制图朱泳婷）

图5-109 台湾地区三峡镇、高雄市传统建筑的屋檐脊饰色彩（摄影郭红雨，制图朱泳婷）

瓦屋面与热闹的交趾陶和精湛的剪花工艺相遇，为寺庙营造了既隆重又艳丽的华丽色调。大殿正脊上矗立的宝瓶流光溢彩，碧蓝镶金的双龙飞檐走脊，屋脊燕尾的花卉剪贴热烈浓艳，脊堵上的麒麟和双凤牡丹也竞相争艳，朱红、宝蓝、浓绿、鹅黄等众多高艳度原色在屋檐脊饰上昂扬登场，补色、对比色等色彩搭配热闹非凡（图5-108）。这个被民间信仰色彩和民俗工艺装点得喜气洋洋的佛教寺院，虽然有一些脱离了佛教生死轮回的寂静思考，却饱含了人们热爱生活的意趣，表现出了中国传统文化中儒家思想的入世情怀，以及闽台地区质朴的民间审美取向。

交趾陶在传入台湾地区后的150年间，落地生根，开花结果，发展了胭脂红、翠绿色等釉料，逐渐形成了赤色如红宝石、黄色如琥珀、绿色如翡翠的宝石釉色彩特质。交趾陶和剪贴艺术在台湾地区寺庙与民宅建筑上的装饰运用，几乎是闽地传统建筑的移植。交趾陶来到台湾地区后进一步发展了釉彩技术，而且又汲取了当地歌仔戏等地方戏曲的服饰色彩，丰富了色彩种类，发展了地方色彩特征，使得屋檐脊饰的色彩装饰更加艳丽（图5-109）。

在台北，位于艋舺片区的龙山寺，是成功表现剪黏艺术的寺庙建造例证。该地区由早年晋江、南安、惠安三地人士搭建茅屋数栋的小村落发展而成，因而有"先有艋舺后有台北"之说。在当年恶劣的生存环境下，为祈得神灵佑护，晋江潘湖黄氏移民会同三邑人（晋江、南安、惠安）共同倡议兴建台北艋舺龙山寺，于乾隆三年（1738年）恭请晋江安海龙山寺的观世音菩萨分灵来台而建成龙山寺。据史料记载，建寺时曾特邀请剪黏和交趾陶名家数人现场斗技，因而龙山寺剪黏和交趾陶工艺精美细腻成为典例。大概是为了凸显寺庙宗祠建筑的重要地位，也为了适合此类建筑多用雕饰廊柱的需要，闽台地区的寺庙宗祠建筑与民宅红砖、红瓦、白石条的明艳色彩基调不同，多使用高密度、耐腐蚀的辉绿岩（俗称青斗石，又名青石、陇石、青岛石、青草石等）作为墙身材料，如厦门南普陀寺、台北艋舺龙山寺等。龙山寺建筑墙面、廊柱的三种石材由暗绿色的辉绿岩、观音石以及部分泉州白石组成，与曲线悠扬的红瓦屋顶相配，构成了沉着稳定的色调，加强了寺庙的庄重感。龙山寺屋檐脊饰纷繁华丽，正殿正脊中央用剪贴宝塔点睛，两侧龙凤相对。剪贴与交趾陶脊饰以宝蓝、翠绿的冷色为主，琥珀黄、胭脂红等暖色剪贴与交趾陶作为点缀，与暖调的红瓦屋顶整体形成热烈喜悦的色彩形象。檐下层层叠叠的斗栱、雀替闪烁熠熠金光，把重檐歇山顶的阴影区提升到醒目的视觉地位，少了一些原生质朴的乡土色调，多了一些华贵富丽的世俗氛围，也在一定程度上消减了浓丽原色的强烈对比效果（图5-110）。

台北县三峡镇的清水祖师庙也以剪贴、交趾陶的华美色彩著称。原名长福岩的三峡清水祖师庙，创建于清乾隆三十四年（1769年），当时福建泉州移民来此地开垦，为求泉州人的守护神清水祖师佑福平安，在此兴建祖师庙。现在的庙宇复建于1947年，由李梅树先生主持修建。清水祖师庙的雕梁画栋和檐脊装饰质感突出，不仅有朱红、金黄、靛蓝等中国传统色彩的剪贴与交趾陶登场，更有精美的石

图5-110　台北市龙山寺建筑与屋檐脊饰色彩（摄影郭红雨，制图朱泳婷）

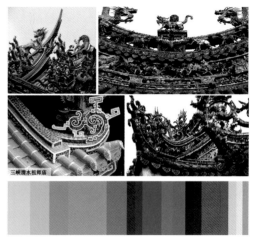

图5-111　台北县三峡镇清水祖师庙建筑色彩（摄影郭红雨，制图朱泳婷）　　图5-112　台北县三峡镇清水祖师庙屋檐脊饰色彩（摄影郭红雨，制图朱泳婷）

雕、木雕、铜塑等雕饰出演。脊饰上的雕饰、剪贴和交趾陶的内容都取材于中国历史上忠孝节义的故事，如"花木兰代父从军""岳飞精忠报国""孔子问礼于老子""苏武牧羊""田单火牛阵复国"以及《三国志》《封神榜》《西游记》等的故事题材，造型繁复，色彩缤纷。檐下和廊柱上的桧木与樟木木雕在白、红、黄底漆上饰有金箔，颜色富丽堂皇。石雕柱廊采用观音石❶等石料，颜色青灰，再加上精细雕镂的阴影，更加重了建筑墙身与廊柱色调的古旧暗沉（图5-111）。与其他庙宇的红瓦屋顶配蓝色点缀的醒目色彩感不同，清水祖师庙的琉璃瓦屋顶处于深橘黄色到暗橘红的色彩范围内，色调稳定平实，屋檐脊饰的剪贴、交趾陶等点缀色虽然色彩多样，但仍然以绿色与蓝绿色为主，与檐头瓦当、滴水的绿色琉璃毫无冲突地糅合在一起，使屋顶与脊饰色彩形成从暗橘色到暗绿黄色为主的组合（图5-112），构成富于沧桑历史感的整体色彩形象。

　　闽台地区的剪粘工艺随着华人移民的迁徙而流传，也远播到东南亚各地。自清末以来，剪粘工艺也在泰国、新加坡、印尼、马来西亚、越南等东南亚地区的华人庙宇中闪烁光辉，例如新加坡华人寺庙福德祠的剪贴装饰，简化但依然保有了华人祈福吉祥的主题；又例如在泰国大皇宫、郑王寺（黎明寺）等神庙建筑中，被当作装饰手法借鉴移植的剪

❶ 观音石也称安山岩，产自台北大屯火山群最西北边的观音山。火山作用所喷发出的岩浆冷却后就形成玄武岩和安山岩，安山岩由于质地较玄武岩坚硬细密，自清代起就常作为建筑与雕刻使用，俗称"观音石"。

黏，形成了与异域文化嫁接而成的异彩（图5-113）。

此外，彩绘是闽台传统建筑中挥洒绚丽原色的又一色彩利器，主要用来施画水车堵和脊堵的堵框、书写故事的题名、彩色上色和化色等。厦门泉州等地的宗祠、寺庙建筑中常见的彩绘色彩多用深红、深绛、宝蓝、淡蓝、金黄、月白、翠绿等颜色（图5-114），为宗庙建筑的华丽色彩增添了突出的色彩表现，台湾岛内传统建筑的彩绘则受来自粤地潮州师傅的影响，设色雅致华丽，较为内敛。

无论是剪贴、交趾陶的浓艳色彩还是雕镂贴金的华贵质感，闽台宗庙建筑都被竭尽心力地精心装扮，尤其是繁复华美的屋顶脊饰，好像为建筑披挂的凤冠霞帔一般华美庄严。也许是因为闽台地区自古就是一个远离中国政治权力中心的地方，建筑营建更易于平民化和现实化，建筑装饰色彩也更加世俗化。但是，无论如何，这样华美喧闹的色彩氛围，都不是为了单纯地营造一种清心寡欲的佛境，而是在强烈地渲染现世的美好，用充满激情的色彩表现民俗的精神，传达对美好生活的祈愿。这是儒道佛思想与世俗观念相结合后的色彩表现，也足以说明闽台文化中入世的儒化思想的力量，并再次体现了闽台地区的海峡文化并非是外向的、独立的海洋文明，而是中原文化在闽台地区传播后的本地化产物。

图5-113 泰国、新加坡等东南亚国家庙宇宗祠建筑中的剪黏色彩（摄影郭红雨，制图朱泳婷）

图5-114 闽南地区寺庙宗祠建筑的彩绘色彩（摄影来自厦门城市色彩规划调研组与许龙权，制图朱泳婷）

5.5.4 异域色彩的本土融汇

自近代（1841—1949年）西洋建筑来袭后，洋楼建筑增多和中西合璧式建筑的出现，使得闽台建筑的色彩产生变迁。以厦门鼓浪屿"殖民地外廊样式"的洋楼建筑为例，早期建筑材料主要是来自海外的建筑材料，如水泥、西式瓦、彩色玻璃等。在厦门的建造过程中，洋楼建筑逐渐吸收闽南本土建筑材料，如红砖、红瓦等，形成了独具特色的"鼓浪屿洋楼建筑"。同时，厦门传统建筑色彩也在洋楼建筑本土化的过程中，因建筑造型和建造技术的变革而渐变。例如洋楼的屋面瓦为改良后的西式釉面波形瓦，尺度较本土的红瓦小，有较强的耐久和耐污染能力，较之传统大厝的屋顶，色彩从红色系转向黄红色系，多呈橘红和褚红色调，色彩也更鲜艳，外墙红砖色彩较大厝墙砖的纯度和明度都有所降低。此外，素混凝土、水泥灰粉刷、拉毛水泥、水刷石等新材料成为鼓浪屿洋楼的重要建材。这些水泥饰面和水泥构件多呈灰白色调，纯度与明度都比闽南大厝的花岗石低，与橘红色的屋顶和清水红砖墙一起构成了中高明度、中高纯度的红灰和黄红灰色调为主，中明度的灰白色调为辅的色彩面貌（图5-115）。

图5-115　厦门鼓浪屿洋楼建筑色彩（引自"厦门城市色彩调研与城市建筑推荐色谱研究"）

从20世纪初期至20世纪30年代，随着西洋建筑逐渐增多，厦门城市中其他地区的建筑色彩也在被水泥墙柱等西洋建筑色彩入侵改变。其中，在中华街区等片区，就形成了以西式骑楼街为主的建筑组群，大大改变了厦门城市传统建筑的色彩特征和发展趋势（图5-116）。

这一时期，厦门还有一类独特的建筑风格，即是产生于1913年起修建的集美学校建筑的"嘉庚式风格"。这是一种中西合璧又具浓郁闽南特色的建筑风格，典型形象为较大体量的红砖建筑，顶置闽南传统大屋顶和燕尾脊，多铺以绿色或橙色琉璃瓦，也就是所谓的"嘉庚瓦"。此类建筑墙身由花岗岩与红砖砌筑，部分建筑为粉黄、粉蓝、灰白等浅亮色彩的抹灰墙面。墙面装饰色彩的特别之处在于，借鉴闽南红砖民居中"出砖入石"朴拙做法，用本地白色花岗岩与釉面红砖镶嵌迭砌，在柱头梁底、拱券墙角、窗套门框和外廊立柱上拼接成花纹图案，成为彩色"出砖入石"的建筑工艺。集美学村建筑也饰有浓烈南洋风格的花草装饰图案，在西洋式的墙身上，常见南洋建筑的窗楣与线脚，形成了高檐红顶、"穿西装""戴斗笠"的嘉庚建筑风格（图5-117）。嘉庚风格最突出的成就，并非纯

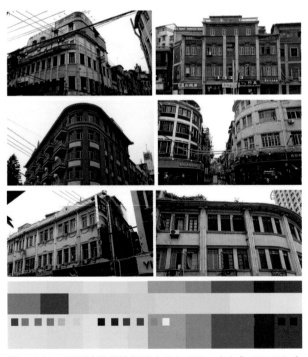

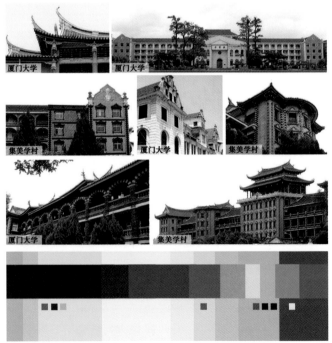

图5-116 厦门骑楼建筑色彩（引自"厦门城市色彩调研与城市建筑推荐色谱研究"）

图5-117 厦门嘉庚式建筑色彩（摄影来自厦门城市色彩规划调研组，制图朱泳婷）

粹的建筑艺术，而是对西式建筑风格的主动拿来与应用的态度，而且是一种以闽南传统文化为主导的融合。所以，著名园林专家陈从周教授在评价嘉庚风格时，直指其文化意涵："陈嘉庚先生思想和艺术境界的主导构思是乡情、国思跃然其建筑物上"。

台湾地区，近代建筑色彩的西化路径是依循被殖民的时间展开的。自16世纪下半叶以后的400多年中，台湾历史上前后有16次遭到日、美、英、法、荷、西诸国占据侵略，其中最长时期的殖民时期分别是荷兰（1624—1662年）和日本（1895—1945年）的占据期，建筑色彩的西化也因此大致分为欧式和日式两大阶段。

荷兰人曾于1624年在今天的安平及台南市一带建造了"热兰遮城"，西班牙人则在1626年于北部鸡笼（今基隆）外的社寮岛（今和平岛）上建造了"圣萨尔瓦多城"（San Salvador），1628年在沪尾（今淡水）建造了"圣多明哥城"（San Domingo）。但是这些欧式建筑色彩风貌对台湾城市色彩的整体风格影响较小，洋风建筑与中国传统建筑的结合多为局部个案，未能兴起西洋建筑的色彩风尚。当西洋建筑损毁后，原址上取而代之的还是闽台风格建筑。例如台南的著名历史保护建筑赤嵌楼就是在荷兰人的普罗民遮城原址上兴建的中式祠庙，其海神庙和文昌阁均是红瓦重檐歇山顶、红砖墙体和红砖地面，搭配补色和对比色的孔雀绿釉花瓶栏杆与海蓝色门窗涂装，一派浓郁的闽台乡土色彩风貌（图5-118）。

西洋建筑色彩不如闽台传统建筑色彩有影响力，其原因在于民族文化的渊源与信仰的力量。虽然殖民者都有文化侵略的举措，但是闽台文化稳定的内向性和深刻的儒化精神，致使西洋文化在台湾岛内并无显著影响，荷兰占据台湾地区时期推行的西方宗教教义就不

图5-118　台南赤嵌楼建筑色彩（摄影郭红雨，制图朱泳婷）

第五章　文化的色彩，地方的语言　271

敌中国儒释道精神和闽越的民间信仰。所以，体现西方宗教理念的建筑色彩与民俗色彩也很难在此地扎根生长。

闽台传统建筑色彩因为承载着源自中原的文化命脉，饱含着地方水土的色彩基因，并且直接服务于本土宗教与民间信仰的功能，而在闽台文化区广泛流传与延续。所以，城市色彩最强大的根基是社会文化。这正是西班牙与荷兰等欧式建筑色彩，如同短暂跳跃的过渡乐段，没有改变台湾地区建筑色彩乐章整体走向的重要原因。

相较欧式建筑色彩，日式建筑色彩在台湾岛内的影响就显得较为明显。一方面是因为日本占据台湾后，有计划地开始展开政治、文化、城市建设等多方面的改造，从宗教信仰到语言文字都推行日本化，如推行消灭闽南话和汉字的"语言同化""国语（日语）家庭制"等举措，以加强文化殖民。1931年日本侵华战争爆发前后，日本在台湾地区推动"皇民化运动"，通过大量建造神社建筑等方式移植日本文化，并将日本佛教的八宗十二派传入台湾地区，压制台湾岛内固有的传统文化信仰；另外，中日同属东亚文化的大背景，有相同的佛教信仰，是日本文化易于渗透并改变台湾地区社会文化内容与精神信仰的重要因素。

但是日本与台湾地区的社会文化内容还是有着质的不同。日本占领时期，被改造的台湾佛教也大多是形式上的日本化。其主要原因是：中华民族历史文化中最深厚的理念基础是儒家思想，而非佛教思想。中国的佛教也是经过儒化的教义，儒家思想也同样融汇了佛教与道义在内的思想，其实自魏晋南北朝以来的中国传统文化就是儒、佛、道三家汇合而成的文化形态。所以，中国的民族文化与宗教信仰重视人心的教化与现实的和谐，而吸收了神道教思想的日本佛教，则表现出神秘与出世的特点。这样的文化差异是不易从根本上瓦解消弭的。而且日本佛教的传输也没有能够代替中华民间的亲情文化、平民文化，如妈祖信仰等。具有旺盛生命力和民间信众支持的闽台民间信仰，在日本占领期间也从未消亡。彼时，依然有不少信众通过分身、分香等途径，请来大陆的妈祖、观音、关帝、清水祖师等延续闽台的宗教信仰，中式庙宇建筑也在用红瓦红墙和原色脊饰的强烈色彩，顽强地传达着闽台文化的本土精神。

日本文化影响下的台湾地区城市色彩，主要体现在木造日式住宅和日式公共建筑这些类型建筑上。台式日系木造住宅建筑在用材有一定的本土化，并有西洋风格的渗透，最典型的即是雨淋板、阳台殖民样式与木骨石造样式，但这些都并非原汁原味的日本风格，而是明治初期日本"拟洋风"盛行下，日本建筑亦步亦趋西化过程的记录，是经由传播路线

图5-119　日本和洋式建筑色彩（摄影郭红雨，制图朱泳婷）

上的国家和地域所改造过的风格。其中阳台殖民样式是英国殖民者为了适应印度的炎热气候而建造并带到日本的建筑风格；雨淋板样式则是起源于欧洲一角，越过大西洋，在美国的新英格兰地区扎根扩展到整个美国，又在日本落地的殖民样式；木骨石造是美国乡村车站和仓库类建筑，在木构造的骨架外侧叠砌石材的建筑样式，这些风格总称为"和式拟洋风"建筑。

　　明治四十一年末，日本建筑家伊东忠太的"建筑进化论"适时地推动了"和洋折中式"建筑的出现，和式大屋顶开始盖在洋式比例建筑的顶部，东京帝室博物馆（现长野公园内国立博物馆）、日本银行大阪支行旧楼等都是此类风格的典例（图5-119）。发展到昭和时期，又发展形成了国粹主义的"帝冠式"。"拟洋风"与"和洋折中式"在明治时期蔓延到日本的各个地区❶，也影响到日本境外的殖民地区，此类建筑如天津的武德殿，关东军司令部（现长春市的吉林省委）等。在台湾地区也有很多典型代表，例如建成于1920年的台湾地区原总督府、西门红楼、台大医院旧馆等（图5-120）。此类建筑多采用带有日本色彩清雅特点的青绿色调的屋顶，但是与日本本国"和洋折中式"建筑多为米黄和米灰色石材的墙面基调、铜绿屋顶为辅调的色彩不同，台湾地区的"和洋折

---

❶《日本近代建筑》藤森照信著，黄俊铭译，山东人民出版社，2010-9，387；

中式"建筑立面吸收了闽台红砖的地方建材,多以红砖色为主墙基调,洗石子仿石材的横带装饰为建筑提供了灰白、黄白的点缀色彩,与青绿色屋顶和艳丽的红砖色一起组成了清新又温暖的色彩格调。

上述对于台湾地区日式建筑的梳理,希望能够解析台湾岛内日式建筑色彩的由来,无论是雨淋板系的日式住宅还是"和洋折中式"建筑,都是被日本人改造过的西洋风格,在移植到台湾地区后又吸

图5-120　台湾地区和洋式建筑色彩(摄影郭红雨,制图朱泳婷)

收本土材料而改良的"和洋风格"。因此,从文化的归属方面看,"和洋风格"建筑的色彩毕竟是作为舶来品而存在的,尤其是对文脉渊源深厚的闽台文化而言,其色彩意涵并没有与儒化的闽台文化思想和民间信仰真正融合,所以对台湾地区城市色彩带来的变化是一种表面化的日本化。另一方面,台湾地区的日式寺社建筑虽然保持了日本的原味,仅有少量的材料变化,但是日本神道教的思想是日本佛教与禅意的根本,寺社建筑枯寂清冷的色彩形象其实是日本佛教"和、静、清、寂"的修行精神的体现。而儒化的中国佛教思想并不排斥现实之美,妈祖等民间信仰也更加包容世俗。所以,台湾地区的中式庙宇建筑依然是色彩华丽、热闹非凡,与日式寺社有着本质不同的色彩取向,毕竟神道教为本的思想信仰和民族性不是汉民族的文化个性。

受到日式寺社建筑枯寂清冷色彩以及"和洋风格"建筑中水泥与洗石子高明度色彩与青绿色屋顶的影响,台湾地区的城市色彩似乎被日式的色彩审美习惯改变了不少,例如青绿色屋顶在中国传统建筑的应用中并不常见,但是自日式建筑影响后,清雅的淡绿色调屋顶有了较多的使用,此外还有灰白的水泥、石材装饰条和洗石子饰面的加入,也提亮了建

图5-121　台北市迪化街色彩形象（摄影郭红雨，制图何豫）

筑色彩的明度，降低了建筑色彩的艳度。或者说，台湾地区建筑色彩的用色与闽南地区相比，表现得较为内敛，这同样也有闽台文化受到异邦文化压抑的作用。台湾地区的城市色彩受到日本的影响是毋庸置疑的，但是细看之下会发现，日本文化带来的是一层色彩艳度的滤网，被抑制滤掉的只是色彩的艳丽而已，内在的色彩偏好和色彩审美取向还是中国式的。所以日本占领时期为台湾城市色彩带来的改变更多的是表面化的日本化，而不是内在的。这终究是因为人不同，民族不同，民族的文化性格有着最根本的不同。

　　具有相当强的稳定性和本土生命力的闽台文化色彩，传承了中原文化的脉络，延续了中国传统色彩文化中的伦理教化思想，讲求色彩的象征寓意和人格化表达，追求色彩美好寓意，深具喜乐入世的情怀。即使到了现代，符号化的民俗色彩，依然是表达欢乐祥和之象、传达吉祥喜庆寓意的重要语言，在完成活化更新后的历史街区建筑中，还可常见传统民俗色彩的再现。例如剥皮寮传统街区的建筑色彩、迪化街的店招点缀色彩（图5-121）等，用热闹的红色、黄色、绿色与蓝色等高艳度色彩表现祈求富贵兴旺之意，浓郁绚丽的原色对比好似过年的锣鼓声一样热闹非凡，令人兴奋雀跃。

　　20世纪50年代之后，影响城市色彩的主要动因是流行的国际主义风格和建筑技术与材料的国际化。以厦门城市色彩为例，现代建筑材料多为涂料、砖石、水泥砂浆、外墙饰面砖、石材、玻璃等，由此形成以中高明度、中纯度的黄色或黄红色为主辅色的色彩特征。1978—1990年期间，建筑色彩再次随建筑风格、建筑材料的变化而转变，特别是因为水泥、涂料、石米、马赛克和瓷砖等建筑材料的丰富，使得建筑色彩的用色自由度提升，中明度的无彩色白、中明度且中纯度的红、黄、蓝色成为主辅色。1990年之后直至今日，高技派建筑风格和建筑材料的风行，致使厦门建筑色彩趋向冷色调，形成以无彩色系（N）、金属银与中高明度低纯度蓝（B）、蓝绿（BG）、蓝紫（BP）、绿（G）等为主的主辅色调（图5-122）。台湾地区现代建筑色彩也同样受到国际主义样式和流行建筑材料的影响，表现出类似的混凝土无彩色化、高技派金属色与冷色调的色彩倾向（图5-123）。这种国际化风潮导致城市色彩面貌日益趋同、特色消减的趋势，印证了愈现代愈相似，越发展越雷同的全球化弊端。

因此，通过解析闽台地区的城市色彩脉络，不仅可以明确闽台地区地域性的城市色彩共性，也有助于厘清彼此的色彩差异与缘由，更重要的是由此获得各自城市色彩特征的归属与依据。闽台地区城市色彩的共同特征是强烈的乡土原色，无论是红砖红瓦的鲜亮红调，还是屋檐脊饰的多彩装饰，都有着高纯度的原色应用，形成了海峡文化绚丽的色彩风景。这里所说的原色，对于闽南地区而言，主要是指色彩的高艳度和红、黄、蓝、绿色的强对比关系，对台湾地区来说，原色为本来的色彩、起源的色彩、根本的色彩之意，更多意指传承了中原文化脉络的闽台文化的原乡之色。

共性之外，闽南地区与台湾地区的城市色彩还是有着清晰的差异。因为各自的城市色彩发展路径有所不同，受到异邦文化影响的程度和时间也大不相同。因此，在地域文化的大背景下，需要更加明确各自的色彩属性和特征，以此为基础提炼专属的城市色彩体系。在我主持的"厦门城市色彩规划"❶中，我们在对厦门红砖红瓦和重装饰色的传统建筑色彩特征深入分析的基础上，详细梳理厦门的建筑风格与材料的变化，并融入自然环境与城市文化性格等因素，为厦门提取制定了"大色淡渲，彩墨画意"的城市色彩推荐色谱及其应用指引和示例。其中"大色"就是借用了闽南传统建筑在屋檐瓦脊上常用的强烈装饰色

❶ 厦门城市色彩规划工作主要包括"厦门城市色彩调研与城市建筑推荐色谱研究""厦门城市建筑色彩规划导则研究"两个项目，均为厦门市规划局委托项目。项目负责人：郭红雨；主要研究人员：郭红雨、龙子杰、朱咏婷、陈虹、赵婧、吴少熙、何莹莹、潘柱强、谢雯敏、刘小丽、梁炜炜等。

建筑年代	建筑风格	材质	典型建筑照片	主辅色	点缀色
清代及清代以前	闽南红砖传统建筑	石材、涂料、砖、瓦、木材等			
近代（1840-1949）	骑楼风格、欧陆风格	涂料、砖、石材、水泥、外墙饰面砖、石米等			
现代（1949-1978）	嘉庚风格、现代主义风格	石材、砖、涂料、石米、外墙饰面砖、玻璃、大理石等			
当代（1978-1990）	现代主义风格	涂料、玻璃幕墙、金属饰面板、马赛克、大理石、石材等			
当代（1990年至今）	现代主义风格、后现代风格等多元风格并存	外墙饰面砖、涂料、玻璃幕墙、金属饰面板、马赛克、大理石、石材等			

图5-122　厦门城市色彩演进色谱（引自"厦门城市建筑色彩规划导则研究"）

图5-123　台北市城市色彩印象（摄影郭红雨，制图朱泳婷）

概念，以表达厦门传统建筑的色彩偏好，"淡渲"则阐述了色彩艳度控制的原则，以及由此形成的具有闽南彩墨画韵的色彩氛围（图5-124）。

由此例说明，专属的城市色彩基因与特有的城市色彩表达，有赖于文化归属感的支撑。因为，城市色彩毕竟是文化的反映，富有本土文化精神的城市色彩才是最具地方属性的语言。

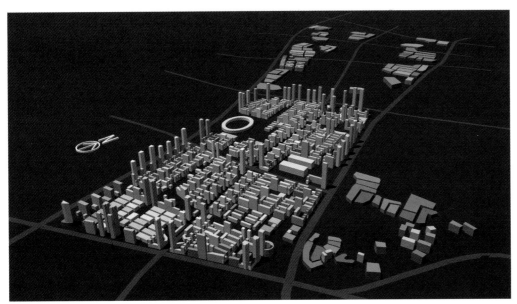

图5-124 厦门市重点片区城市色彩规划图景（引自"厦门城市建筑色彩规划导则研究"）

第六章

城市色彩之路——从各美其美,走向美美与共

本书用各类特色鲜明的城市色彩例证，从不同的角度阐述了城市的色彩是自然的风景和文化的表达，其中有自然环境对城市色彩的刻画，也有人文环境对城市色彩的浸染。这些地域属性鲜明的城市色彩典例，仅仅是这个世界上丰富多样的城市色彩的一个断面。世界各地的城市原本就应具有多样丰富的色彩表现，强烈的色彩差异和深厚的历史感，可以形成独特的色彩景观，使色彩的表现成为城市的第一道风景线。但是，在全球化浪潮的席卷下，城市形象的趋同现象不断蔓延，城市色彩的特质在逐渐消失，城市色彩是继建筑形态、生活特质之后，即将失落的城市记忆，有可能是城市特色的最后一道防线。

　　不过，就是因为现实状态的不美好，我们才要追寻美好、刻画美好。对各类城市色彩特征的分析，对其色彩基因的探寻，以及对其色彩形象发展演进的把握，是城市色彩研究的重要课题，也是建构优美城市色彩环境的核心内容。随着对城市色彩研究的深入，特别是城市色彩规划的开展，我们会发现，具有独特地方属性的城市色彩因素还有很多，然而被忽略和正在消失的也不在少数。这也说明了人们对城市色彩特质的认识还不够全面，更缺乏深刻的理解。自然的、人文的，有形的、无形的，感观的甚至是心理的，所有记录文化发展、蕴含自然风土的城市色彩形象，都应成为被珍视并解读的城市地域特征。仅在中国的城市色彩实例中，已经有那么多令人激赏的自然环境色彩和让我们骄傲的人文环境色彩，那么扩展到世界范围来看，这样地域属性的城市色彩特质更是不胜枚举。

　　当然，认识和发掘城市色彩地域属性的目的，并非限于描述现状和回顾过去，更重要的是为了要面向未来。城市色彩的地方性格与历史脉络需要以一种继承与发展的态度，在现代城市生活中创造新的价值。也唯有如此，城市的历史文化精神和自然风貌，才不至于成为博物馆中仅供观赏的化石，才能在地方专属性的色彩表达中营造新的特色，在发展变化的时代中获得新的生命力。

　　对于城市色彩地域属性的认识，往往是从发现别处的精彩开始，再到认识自己的独特。但是并不应该是只欣赏自己而排斥别人的狭隘的民族主义意识。如此偏颇又极端的认识，是因为没有真正了解到这个世界有多么丰富和深刻，还不能体会到此地与彼地、本国与别处都应该和谐表现各自的色彩特征，由此共同构成丰富多样的世界色彩之美。正如费孝通先生所言："各美其美，美人之美，美美与共，天下大同。"这也正是发掘城市色彩地域属性，并应用地域色彩特征塑造城市色彩形象的主要目标与路径。

　　深刻认识自身的特色与脉络，守护自己的色彩地域独特性，是"各美其美"的根本，具有鲜明地方专属性的城市色彩特质才是有生命力和文化根基的，正所谓"民族的才是世界的"。当我们在中国多个历史文化名城和自然禀赋突出的城市做城市色彩规划时，深为这些城镇浓郁的人文环境所感染，为当地的自然环境所震撼。所有这些构筑城市色彩基调的环境特质，尤其是其历久醇厚又平和低调的文化，让我们的城市色彩规划工作有了灵感，更有了依据。

在区域性城市色彩趋同的情况下，"各美其美"的独特性表达，就显得更有意义。在我主持的泛江南地区的苏州、无锡、绍兴、扬州等城市色彩规划中，尤其需要在区域性"黑、白、灰"的大背景下，寻找城市色彩的地方性特质，为各个地方的城市色彩找到"回家的路"，并用色彩的语言表达各自城市的历史与期望，使其城市色彩形象建设，符合自身文化生命的节奏。

客观科学地认识世界范畴内城市色彩的多样性、尊重不同国家地区间城市色彩的差异性与个性，以"美人之美"的态度，吸收学习其他地区城市色彩的优秀特质，不仅不会削弱自身的色彩独特性，反而可以增强色彩特征的个性。虽然自然环境和人文环境都是城市色彩地域属性的构成因素，但是在不同地区和历史条件下，二者的表现作用是不同。对于大多数城市来说，自然环境往往孕育了该地区独特的城市色彩基因，文化脉络则决定了其城市色彩走向的选择。

自然环境的山水基调、土壤岩石都从整体到细节上铸就了地域性城市色彩的独有基因，需要准确把握并以色彩谱系的方式提取再现。近年来，随着城市色彩的科学性逐渐得到人们的认同，城市色彩实践中的技术手段、科学理念越来越得到加强，从自然环境中提炼城市色彩推荐色谱，不能再像传统建筑营造那样，依靠经验判断和感性直觉来选择，而需要客观科学的技术手段来达成，甚至需要使用气候分析和气候适应性设计方法的协助。这是城市色彩科学发展的必然要求。借助科学技术的力量，为感性的城市色彩理想提供理性的坐标和路径，为城市寻求专属的色彩体系，是在全球趋同的时代背景下，追求"各美其美"的城市色彩理想目标，也是以"美人其美"的方式塑造独特魅力的重要途径。

对于我国众多的历史文化名城来说，文化的决定作用尤为显著。城市色彩形象塑造的具体方式纵有千万种，首要的任务是寻找根植于当地文化脉络中的色彩基因，并对当地人文环境给予满怀敬意和深情的色彩表达。尤其是积淀深厚的历史文化名城，文化才是最关键的决定因素。对文化的尊重和取舍，可以决定城市色彩形象的走向，是遵从城市传统文化的脉络，还是追随城市短期发展利益，放弃城市历史文化的格调？而对城市色彩的控制指引，则是体现了城市对内在文化品质的自控和把持。所以，城市的文化精神划定了城市色彩的控制底线，也决定了城市色彩的形象目标。但是从规划研究到实施与实现还有相当长远的距离。实施的过程，不同于理想化的图景描绘，许多发展与保护的矛盾、固守还是放弃的抉择，甚至会改变城市色彩的理想方向。因此，理想图景的绘制需要城市规划建设者的智慧，现实操作与实施更取决于城市管理者的文化。所以，最终是文化的内涵决定了这些城市的色彩格调，也是文化的高度确定了城市色彩的品质。

用"各美其美"的城市色彩来描述一个地区或城市的形象、展现自然的特质、延续文化的脉络、阐述城市的理想，色彩完全能够胜任。当然，塑造城市色彩的最终目标，不仅仅是表现不同自然地域与文化地区之间独特性，以在全球化的世界中清晰地表达自己，更重要的价值是积极参与到世界文化的共同创造中，达到相互包容差异、相互欣赏个性的"美美与共，天下大同"，这才是城市色彩之路的终极目标。各民族和地区以其鲜明的城市色彩特质丰富了世界的城市色彩形象，最终共同构筑一个多姿多彩、丰富和谐的世界城市色彩格局。如此，各地的城市色彩表现才会永远新鲜，有无限可能，这个世界才会因为生动有趣，而值得爱恋。

不过，要能够参与"美美与共"，首先要具有"各美其美"的能力，这就要对自身地域性色彩特征有自觉认识，并且具有再应用的创造能力，这样才能在不同地区色彩的共存中发出自己的声音，并参与全球文化的互动与创新。本书中案例的顺序，也暗合了这样的规律：从欣赏城市色彩的差异表现，到思考城市色彩形成的源流脉络；从赞叹各地城市色彩的特色之美，到追求世界各地区城市色彩的丰富融合；从探索异乡的惊艳色彩，到回归中国的色彩形象塑造。如此，才能达到"既是民族的，又是世界的"理想。这正是本书对于各地区、各类型城市色彩深入剖析的目的所在。

附录

本书中所涉及的城市色彩规划与研究项目

1. "广州城市色彩规划"，广州市规划局委托项目，获广东省优秀规划设计一等奖，全国优秀规划设计三等奖，广州市优秀规划设计一等奖。负责人：郭红雨；主要研究人员：郭红雨、蔡云楠、李井海、刘洁贞、蔡闻悦、朱泳婷、陈虹、何豫、张大元、梁林怡、谈卓枫、刘姜军等。

2. "苏州城市色彩规划"，苏州市规划局委托项目，获得第五届色彩中国大奖。项目负责人：郭红雨；主要研究人员：郭红雨、蔡云楠、龙子杰、朱泳婷、陈虹、赵婧、李井海、刘洁贞、吴绍熙、黄雯、邓颖娴、何莹莹、陈平等。

3. "厦门城市色彩调研与城市建筑推荐色谱研究"，厦门市规划局委托项目。项目负责人：郭红雨；主要研究人员：郭红雨、龙子杰、朱咏婷、陈虹、赵婧、吴少熙、何莹莹、潘柱强、谢雯敏、刘小丽、梁炜炜等。

4. "厦门城市建筑色彩规划导则研究"，厦门市规划局委托项目。项目负责人：郭红雨；主要研究人员：郭红雨、龙子杰、朱咏婷、陈虹、赵婧、吴少熙、何莹莹等。

5. "安康城市色彩形象规划"，安康市旅游局委托项目专题。专题项目负责人：郭红雨；主要研究人员：郭红雨、龙子杰、朱咏婷、陈虹、赵婧、陆国强、黄维拉、王炎、李秋丽、何豫等。

6. "珠海市建筑风貌与建筑色彩规划"，珠海市规划局委托项目。项目负责人：郭红雨；主要设计人员：郭红雨、陆国强、黄维拉、王炎、李秋丽、朱咏婷、何豫、龙子杰、陈虹、赵婧、陈中、李亦然、钟雯等。

7. "绍兴市城市色彩与高度规划"，绍兴市规划局委托项目。项目负责人：郭红雨；主要研究人员：郭红雨、蔡云楠、陆国强、黄维拉、王炎、李秋丽、何豫、朱泳婷、陈虹、陈平等。

8. "绍兴县城市色彩与高度规划"，绍兴县规划局委托项目。项目负责人：郭红雨；主要研究人员：郭红雨、蔡云楠、何豫、雷轩、陈中、许宏福、陈倩丽等。

9. "济南市奥体中心片区色彩规划"，济南市规划局委托项目，获得第七届色彩中国大奖。项目负责人：郭红雨；主要研究人员：郭红雨、雷轩、谭嘉瑜、金琪、张帆、朱咏婷、何豫、陈虹、龙子杰、陈中、许宏福等。

10. "济南市西客站片区色彩规划"，济南市规划局委托项目。项目负责人：郭红雨；主要研究人员：郭红雨、谭嘉瑜、金琪、张帆、雷轩、陈虹、何豫、麦永坚、肖韵霖、郑荃、邓祥杰、洪居聘等。

11. "济南市北湖片区色彩规划"，济南市规划局委托项目。项目负责人：郭红雨；主要研究人员：郭红雨、谭嘉瑜、金琪、张帆、雷轩、陈虹、何豫、麦永坚、肖韵霖、郑荃、邓祥杰、洪居聘等。

12. "襄阳城市色彩规划"，襄阳市规划局委托项目。项目负责人：郭红雨；主要研究人员：郭红雨、张帆、谭嘉瑜、金琪、雷轩、陈虹、何豫、朱泳婷、麦永坚、肖韵霖、郑荃、钟华建等。

13. "南昌市中心城区城市色彩规划"，南昌市规划局委托项目，获得第九届色彩中国提名奖。项目负责人：郭红雨；主要研究人员：郭红雨、谭嘉瑜、金琪、朱泳婷、张大元、梁林怡、何豫、麦永坚、郑荃等。

14. "无锡锡东新城商务区色彩规划"，无锡市锡东新城管委会委托项目，获得第八届色彩中国提名奖。项目负责人：郭红雨；主要研究人员：郭红雨、谭嘉瑜、金琪、张帆、雷轩、何豫、朱泳婷等。

15. "扬州市中心城区城市色彩规划"，扬州市规划局委托项目。项目负责人：郭红雨；主要研究人员：郭红雨、张大元、梁林怡、谈卓枫、刘姜军、许龙权、谭嘉瑜、朱泳婷、陈小苗、麦永坚等。

16. 广东省重大科技专项"广州市海珠生态城低碳建设技术集成与示范"项目子课题"低碳城市控制性详细规划技术集成与示范"（编号：2012A010800011）。课题负责人：郭红雨；主要研究人员：郭红雨、雷轩、张帆、金琪、吴楚风、刘菁等。

参考书目

［1］（奥）卡米诺·西特著. 城市建设艺术：遵循艺术原则进行城市建设［M］. 仲德崑译. 南京：江苏凤凰科学技术出版社，2017.

［2］（英）凯·米尔顿著. 环境决定论与文化理论：对环境话语中的人类学角色的探讨［M］. 袁同凯，周建新译. 北京：民族出版社，2007.

［3］（英）安东尼·吉登斯著. 现代性的后果［M］. 田禾译. 南京：译林出版社，2000.

［4］郭红雨，蔡云楠. 城市色彩的规划策略与途径［M］. 北京：中国建筑工业出版社，2010.

［5］郭红雨. 以色彩渲染城市——关于广州城市色彩控制的思考［J］. 城市规划学刊，2007（1）：115-118.

［6］郭红雨. 为城绘色——广州、苏州、厦门城市色彩规划实践思考［J］. 建筑学报，2009（12）：10—13.

［7］郭红雨. 传统城市色彩在现代建筑与环境中的运用［J］. 建筑学报，2011（7）：45-48.

［8］郭红雨. 城市色彩规划在中国［J］. 理想空间，2010，（37）：90-93.

［9］郭红雨. 城市色彩地域特征的解读与研究［J］. 流行色，2014（06）：96-101.

［10］郭红雨. 为色彩城市而行——城市色彩规划在中国的发展思考［J］. 园林，2013（7）：64-69.

［11］郭红雨. 城市规划的色彩时代［J］. 建筑与文化，2009（8）：50-56.

［12］（日）小林重顺著. 色彩心理探析［M］. 南开大学色彩与公共艺术研究中心译. 北京：人民美术出版社，2006.

［13］（法）让·瑟利耶著. 亚洲人文图志［M］. 王瑞华译. 北京：中国人民大学出版社，2008（08）.

［14］（英）戴维·阿偌德著. 地理大发现［M］. 闻英译. 上海译文出版社，2003.

［15］邓辉编著. 世界文化地理（第二版）［M］. 北京：北京大学出版社，2012.

［16］胡兆量，阿尔斯朗，琼达等编著. 中国文化地理概述［M］. 北京：北京大学出版社，2009.

［17］涂华民. 颜色化学［M］. 北京：化学工业出版社，2017.

［18］龚子同主编.《中国土壤系统分类研究丛书》编委会编. 中国土壤系统分类探讨［M］. 北京：科学出版社，1992.

［19］全国土壤普查办公室编. 中国土壤分类系统［S］. 北京：农业出版社，1993.

［20］中国科学院南京土壤研究所系统分类课题组，中国土壤分类课题研究协作组著. 中国土壤系统分类（修订方案）［S］. 北京：中国农业科技出版社，1995.

［21］周文正，于非，南峰. 庆良间水道的水交换对东海黑潮水团特性的影响［J］. 海洋与湖沼，2017（04）.

［22］张绪琴. 渤海、黄海和东海的水色分布和季节变化［J］. 黄渤海海洋，1989（04）.

［23］张绪琴，张世魁. 海水现场水色色度及渤海水域水色色度分析［J］. 黄渤海海洋，2001（09）.

［24］薛宇欢，熊学军，刘衍庆. 中国近海海水透明度分布特征与季节变化［J］. 海洋科学进展，2015（01）.

［25］王舸. 中国近海及毗邻海域水色和透明度的分布［C］//Second Symposium on Disaster Risk Analysis and Management in Chinese Littoral Regions.Paris：Atlantis Press,2014.

［26］周跃西. 五色审美的发展历程及相关假想［J］. 艺术探索，2003（05）.

［27］张乾元. 画缋考辨［J］. 美术观察，2003（10）.

［28］王文娟. 五行与五色［J］. 美术观察，2005（03）.

［29］冷成金. 论化时间为空间的诗词之美［J］. 中国人民大学学报，2011（04）.

［30］邓乔彬. 诗的"收空于时"与画的"寓时于空"［J］. 文艺理论研究，1991（02）.

［31］陈碧辉，张平等. 近50年成都市日照时数变化规律［J］. 气象科技，2008（12）.

［32］吕倩，罗杰威. 穆迪加尔建筑：神圣领域里的异文同构［J］. 建筑师，2012（03）.

［33］Gerhard Meerwein,Bettina Rodeck,Frank H. Mahnke：Color communication in architecture space［M］. Switzerland：Birkhauser Verlag AG，2007.

［34］Faber Birren.Color & Human Response：Aspects of Light and Color Bearing on the Reactions of Living Things and the Welfare of Human Beings［M］. Hoboken：Wiley,1984.

［35］Faber Birren.Story of Color［M］. Whitefish：Kessinger Publishing Co,2003.

［36］Charles A. Riley.Color Codes：Modern Theories of Color in Philosophy,Painting and Architecture, Literature, Music and Psychology［M］. Lebanon：University Press of New England; New edition,1996.

［37］John Gage.Color and Culture：Practice and Meaning from Antiquity to Abstraction［M］. Berkeley：University of California Press; Reprint,1999.

［38］John Gage.Color and Meaning：Art,Science and Symbolism［M］. Berkeley：University of California Press, 2000.

［39］Megan Watzke.Light：The Visible Spectrum and Beyond［M］. New York：Black Dog & Leventhal,2015.

［40］王云亮. "空间意识"——宗白华中国画理论对西方概念的借用［J］. 世界美术，2008（01）.

［41］单之蔷. 卷首语［J］. 中国国家地理，2006（03）.

［42］"上帝为什么造四川"专辑［J］. 中国国家地理，2003（09）.

［43］胡波. 天空光和太阳光的颜色问题［J］. 物理，1990（11）.

［44］顾为东. 中国雾霾特殊形成机理研究［J］. 宏观经济研究，2014（06）.

［45］中国山地与气候［J］. 森林与人类，2014（09）.

［46］卢宗业. 欧洲风景画的写实风貌［J］. 美术观察，2011（11）.

［47］张可扬. 十九世纪俄罗斯风景画的两个审美特征［J］. 上海艺术家，2011（04）.

［48］《广州华侨新村》编辑组. 广州华侨新村［M］. 北京：建筑工程出版社，1959.

［49］王守昌. 中国传统文化的危机与出路［J］. 开放时代，1997（04）.

［50］赵荣，王恩涌等. 人文地理学［M］. 北京：高等教育出版社，2000.

［51］（日）野村順一著. 色彩心理学［M］. 张雷译. 海口：南海出版社，2014.

［52］浜田信義. 日本の伝統色（第2版）［M］. 東京：パイインターナショナル，2011.

［53］城一夫著. 大江戸の色彩［M］. 京都：株式会社青幻舎，2017.

［54］長澤陽子/監修 エヴァーソン朋子絵. 本間美加子文. 日本の伝統色を愉しむ 季節の彩りを暮らし
　　　に［M］. 東邦出版，2014.

［55］小野寺优. 京の色百科［M］. 東京都：河出书房新社，2015.

［56］早坂優子著. 和の色のものがたり――歴史を彩る390色［M］. 東京都：視覚デザイン研究所，
　　　2014.

［57］永田泰弘監修. 日本の色・世界の色［M］. 東京都：ナツメ社，2010.

［58］日本カラーデザイン研究所著. 配色歳時記 四季のカラーワーク［M］. 東京都：講談社，2007.

［59］福田邦夫. すぐわかる日本の伝統色［M］. 東京都：東京美術，2011.

［60］刘庭风. 中日古典园林哲学比较［J］. 中国园林，2003（05）.

［61］姜周熙. 地中海，高冷植物的原乡［J］. 海洋世界，2014（10）.

［62］卢春莉，郝玉峰，孙林. 城市工房的色彩效应［J］. 山西建筑，2008，34（36）.

［63］武吉华，张绅，江源. 植物地理学（第四版）［M］. 北京：高等教育出版社，2009.

［64］余雯蔚，周武忠. 五色观与中国传统用色现象［J］. 艺术百家，2007（05）.

［65］托尼·海利德（Tony Halliday）（德）主编. 异域风情丛书：德国（第二版）［M］. 祖国霞，吴庆利，
　　　王桂寅译. 中国水利水电出版社，2005.

［66］索飒. 历史化石――西班牙境内的两处伊斯兰文明遗迹［J］. 回族研究，2001（02）.

［67］巴塞罗那历史博物馆，巴塞罗纳城市人居委员会. 巴塞罗那的历史［J］. 城市环境设计，2015（09）.

［68］戴维·伯明翰（瑞士）著. 葡萄牙史［M］. 周巩固，周文清等译. 北京：中国出版集团，2012.

［69］徐亦行主编. 文化视角下的欧盟成员国五国研究：西班牙、葡萄牙、意大利、希腊、荷兰［M］.
　　　上海：上海外语教育出版社，2014.

［70］（美）乔安·埃克斯塔特（Joann Eckstut），（美）阿莉尔·埃克斯塔特（Arielle Eckstut）. 色彩的秘
　　　密语言［M］. 史亚娟，张慧琴译. 北京：人民邮电出版社，2015.

［71］（法）卡洛斯·克鲁兹·迭斯. 色彩的思考［M］. 北京：中国青年出版社，2013（03）.

［72］王林安，王明，霍静思，顾军，侯卫东. 柬埔寨吴哥石窟建筑结构形式及其破坏特征分析［J］. 文
　　　物保护与考古科学，2012（08）.

［73］杨振武. 各国概况·欧洲部分［M］. 北京：世界知识出版社，1993.

［74］朱凯主编. 西班牙―拉美文化概况［M］. 北京：北京大学出版社，2010.

［75］（法）安德烈·瑟利耶，让·瑟利耶著. 中欧人文图志［M］. 王又新译. 北京：中国人民大学出版
　　　社，2008.

［76］（法）让·瑟利耶，安德烈·瑟利耶著. 西欧人文图志［M］. 吕艳霞，王恬译. 北京：中国人民大
　　　学出版社，2008.

[77] 周立升，蔡德贵. 齐鲁文化考辨 [J]. 山东大学学报（哲学社会科学版），1997（1）.

[78] 魏建，贾振勇. 齐鲁文化特质及其演变复杂性的再认识 [J]. 齐鲁学刊，2000（3）.

[79] 张继平编. 泉城忆旧 [M]. 济南：济南出版社，1998.

[80] 绍兴县史志办公室编. 品读绍兴 [M]. 北京：中华书局，2009.

[81] 陈植. 园冶注释 [M]. 北京：中国建筑工业出版社，1988.

[82] 亦然. 苏州小巷 [M]. 苏州：苏州大学出版社，1999.

[83] 周维权. 中国古典园林史 [M]. 北京：清华大学出版社，1999.

[84] 刘敦桢. 苏州古典园林 [M]. 北京：中国建筑工业出版社，2006.

[85] 冯钟平. 中国园林建筑 [M]. 北京：清华大学出版社，1988.

[86] 楼庆西，陈志华等. 浙江民居 [M]. 北京：清华大学出版社，2010.

[87] 雍振华. 江苏民居 [M]. 北京：中国建筑工业出版社，2009.

[88] 李乾朗，阎亚宁等著. 台湾民居 [M]. 北京：中国建筑工业出版社，2009.

[89] 何绵山. 闽文化概论 [M]. 北京：北京大学出版社，1996.

[90] 梅青. 嘉庚建筑与嘉庚风格 [J]. 建筑学报，1997（04）.

[91] 张志远著. 台湾的古城 [M]. 北京：生活·读书·新知 三联书店，2009.

[92] 王浩一编著. 漫游府城：旧城老街里的新灵魂 [M]. 台北：心灵工坊文化事业股份有限公司，2012.

[93] 辛永胜，杨朝景. 老屋颜：走访全台老房子从老屋历史、建筑装饰与时代故事，寻访台湾人的生活足迹 [M]. 台北：马可孛罗文化，2015.

[94] 李百浩. 日本殖民时期台湾近代城市规划的发展过程与特点（1895–1945）[J]. 城市规划汇刊，1995（06）.

[95] 陈炎正. 台湾三峡清水祖师庙的艺术建构 [A] //闽台清水祖师文化研究文集 [C]. 福建省民俗学会，1999.

[96] 蔡子民. 台湾文化的发展与特质 [J]. 台湾研究，1999（04）.

[97] 陈榕三. "光州固始" 与闽台的历史渊源关系 [J]. 台湾研究，2013（01）.

[98] 龚洁. "嘉庚风格" 建筑与闽南文化的创新 [J]. 闽都文化研究，2004（02）.

[99] 陈志宏，翁秀娟，李希铭. 大传统与小传统——近代中国传统建筑复兴思潮中的嘉庚建筑 [J]. 新建筑，2014（03）.

[100]（日）藤森照信著. 日本近现代建筑史 [M]. 黄俊铭译. 济南：山东人民出版社，2010.

[101]（日）青木信夫. 日本的近代和风建筑的系谱 [J]. 建筑史论文集，1999，11.

后记

　　回顾本书的写作内容，基本上以自然的色彩特征和文化的色彩魅力这两条线索展开。其中的自然环境色彩，分析了气候因素、土壤植被等典型自然环境类型色彩的成因，并结合大量例证分析了季相色彩的变化与缘由。季节色彩的感人之处不仅仅是新陈代谢的色彩演替，更有着时光流逝的伤春悲秋。城市色彩中文化涵义与自然现象的紧密关联再一次得到了印证，这是自然环境与人文环境共同塑造城市色彩地域属性最显性的表达，也证明了没有可以超越地域环境和历史文脉的色彩意义。

　　讲到文化的色彩就必须要说到奠定中国传统审美的三大基石的儒家思想、道家思想和审美心理学禅宗。其中，色彩与人格关系的绑定源自于儒家思想拟人化的色彩理念和等级化的色彩制度；中国传统建筑色彩的对比表现，又联系着禅宗顿悟的审美心理方法；而道家思想的五行学说则构筑了中国传统色彩的体系根基。说到五行方位，其中关于东、西、南、北的确定其实是一个文化话语权的定位。这种文化主导性形成的色彩话语权在中国的传统文化和色彩中非常常见，是典型的中国地域环境属性的表现。在我第一本关于城市色彩的书中，为了突出城市色彩规划的实践方法，并没有深入涉及这些内容，尤其没有触碰深奥的五行色彩。事实上，在中国，要想深刻而全面地掌握城市色彩的来龙去脉，要能够准确破解城市色彩难题，这个文化议题是不能回避的，故在本书中对此问题以"文化观念的色彩表征"一节，予以隆重弥补。

　　在本书的文字写作过程中，至少穿插完成了3个城市的色彩规划项目。虽然写作进度因此多次停顿，但是也在不断丰富着我对城市色彩的认识和思考。所以我从来不认为这样的事情对我这本书的写作会有消极的影响，反而愿意为这些有意思的城市和有意义的实践停下来，通过解读一个城市的色彩内涵，梳理一个城市的色彩脉络，撷取一个城市的色彩基因，深刻认识这个城市的色彩特质，最终充满敬意地完成一个城市色彩形象的描绘。迄今为止，我已主持完成国内13个历史文化名城的16项城市色彩规划，涉及的城市地区，从中国的北方到南方，从华南到华北，从岭南到江南，从东南沿海到陕南盆地，自然与人文环境各具风韵。在这些城市色彩规划项目中，我常感慨于不同地区间的色彩差异与个性，也惊异于相隔千里之地的色彩渊源与联系，所有这一切，都促使我更加深入地思考城市色彩现象的来龙去脉，并在本书中解析阐述其中的缘由。

在本书写作过程中，还历经了各种社会热点事件的发生、发展和变化，对于这些事物的关注和思考，也在扩展和影响着这本书的内容：在关于全球化与本土性的色彩思考中，其实也包含了对民族主义、民粹意识的重新认识；在暴雨袭城等各种极端气候重创城市的事件中，也让我对自然的力量及其真实的色彩有更加深刻的理解；从新近确立的新型城镇化之路的发展政策，更加明晰了现代中国文化乡愁的色彩价值；被一纸仲裁搅乱的南海，让大陆地域属性强烈的国民，开始关注南海，也开始展望被我们亏欠已久的海洋。我们过去习惯于"中国有960万平方公里土地"的说法，其实我们的疆域中还有300万平方公里的海洋面积常被忽略。这也促使本书将海洋色彩提到了一个独立篇章，用"海天一色的光芒"章节，向我们的南海致敬。

所以，色彩，从来就不是孤立的存在。富有厚重内涵的城市色彩，承载着自然山水的分量，饱含着人文历史的醇厚，也经历过时代变迁的锤炼。每一道熠熠生辉的城市色彩之光，都是城市社会政治、经济文化、自然气象等众多因素的凝结与折射。

越来越深入的城市色彩研究，好似打开了色彩世界的千重门，也愈加展现了城市色彩的丰富和深刻。世界各地的城市色彩景观，是穷尽一生也无法全部展示的，其中的奥妙也不是一两本书就能张本继末全解析的。正如掌握知识、学习科学的终极目标并非为了佐证已知的事情，而是为了帮助我们开启心智、认识世界、探索未来一样，解析城市色彩的来龙去脉，其实是审视城市文化与自然的视角，是认识现实与历史的线索，也是引领我们探究城市地方属性、寻回失落的城市特色的路径。

希望这本经过广泛调研和深入思考的书，不仅仅呈现浩瀚美丽的色彩世界，而且能够通过解读城市色彩，探究自然之理，分享文化之意。从色彩现象的剖析走向色彩真理的追寻，是这本书最核心的目标，能给城市色彩学界带来这样的思考，已足够令人欣慰。

本书的写作得到了我的城市色彩研究团队的工作支持，书中所涉及的十余个城市色彩规划项目，都是全体团队成员共同奋战的结果，他们在每一个城市色彩规划项目中的辛勤付出，都为本书提供了精彩的城市色彩案例。团队成员中的朱泳婷、陈虹、何豫、陈晓苗、龙子杰、赵婧、王炎、李秋丽、黄维拉、陆国强、张大元、谭嘉瑜、金琪等为本书绘制了大量城市色彩色谱分析图，谭嘉瑜为本书设计了多个版式的封面、扉页、目录页和篇章页，雷轩、何豫、许龙权、张大元、梁林怡、谈卓枫、刘姜军等团队成员为查证各城市背景信息收集了翔实的文字资料，为本书的写作提供了佐证。他们的工作为本书增添了光彩，谨向他们表示衷心感谢。同时，感谢我的老友李东，两次为我的书亲任责编，助本书顺利出版。在此，我还要感谢我的先生，对我全力以赴写作本书的倾力支持；特别感谢我亲爱的妈妈，没有她的全心关爱，本书是不可能完成的。最后，也将本书作为我研究与实践工作的阶段性成果，献给已离开我13年的亲爱的爸爸。

2017.7.22，第一稿
2018.1.31，第二稿
2018.4.10，第三稿
于广州珠江畔